Mehrskalenmodellierung der thermomechanischen Werkzeugbelastung beim Trockenwälzfräsen

Multiscale Modeling of the Thermomechanical Tool Load in Dry Gear Hobbing

Von der Fakultät für Maschinenwesen
der Rheinisch-Westfälischen Technischen Hochschule Aachen
zur Erlangung des akademischen Grades eines
Doktors der Ingenieurwissenschaften
genehmigte Dissertation

vorgelegt von

Nico Troß

Berichter/in:

Univ.-Prof. Dr.-Ing. Thomas Bergs
Univ.-Prof. Dr.-Ing. habil. Prof. h. c. Dr. h. c. Dr. h. c. Bernhard Karpuschewski

Tag der mündlichen Prüfung: 10. März 2023

ERGEBNISSE AUS DER PRODUKTIONSTECHNIK

Nico Troß

Mehrskalenmodellierung der thermomechanischen Werkzeugbelastung beim Trockenwälzfräsen

Herausgeber:
Prof. Dr.-Ing. T. Bergs
Prof. Dr.-Ing. Dipl.-Wirt. Ing. G. Schuh
Prof. Dr.-Ing. C. Brecher
Prof. Dr.-Ing. R. H. Schmitt

Band 17/2023

WZL | RWTH AACHEN UNIVERSITY

Fraunhofer IPT

Bibliografische Information der Deutschen Nationalbibliothek
Die Deutsche Nationalbibliothek verzeichnet diese Publikation in der Deutschen Nationalbibliografie; detaillierte bibliografische Daten sind im Internet über https://portal.dnb.de abrufbar.

Nico Troß:

Mehrskalenmodellierung der thermomechanischen Werkzeugbelastung beim Trockenwälzfräsen

1. Auflage, 2023

Gedruckt auf holz- und säurefreiem Papier, 100% chlorfrei gebleicht.

Wissenschaftsverlag des Instituts für Industriekommunikation und Fachmedien an der RWTH Aachen
Steinbachstr. 25, 52074 Aachen
Internet: www.apprimus-verlag.de, E-Mail: info@apprimus-verlag.de

Druck: CPI Druckdienstleistungen GmbH, Ferdinand-Jühlke-Straße 7 | 99095 Erfurt

ISBN 978-3-98555-158-3

D 82 (Diss. RWTH Aachen University, 2023)

Danksagung

Acknowledgement

Die vorliegende Dissertation entstand während meiner Tätigkeit als wissenschaftlicher Mitarbeiter am Werkzeugmaschinenlabor WZL der RWTH Aachen University. Die darin beschriebenen Untersuchungen basieren im Wesentlichen auf Forschungsaktivitäten, welche aus Eigenmitteln des WZL-Getriebekreises gefördert wurden. Für die finanzielle Unterstützung sowie die konstruktiven Diskussionen im Rahmen der Arbeitstagung Zahnrad- und Getriebetechnik, dem Arbeitskreis Getriebekreis und in der Arbeitsgruppe SPARTA möchte ich mich an dieser Stelle bedanken. Darüber hinaus wurde die wissenschaftliche Qualität dieser Arbeit durch einen kontinuierlichen Austausch mit dem Arbeitskreis Verzahntechnik des VDW-Forschungsinstitut e.V. gefördert und geprägt.

Univ.-Prof. Dr.-Ing. Thomas Bergs gilt mein herzlicher Dank für die wohlwollende Förderung und die Unterstützung bei der Erstellung der Dissertation. Univ.-Prof. Dr.-Ing. habil. Prof. h. c. Dr. h. c. Dr. h. c. Bernhard Karpuschewski danke ich für die Übernahme des Koreferats und Herrn Univ.-Prof. Dr.-Ing. Peter Jeschke für die Übernahme des Vorsitzes während meines Promotionsverfahrens.

Mein Dank gilt weiterhin meinen Oberingenieuren Dr.-Ing Christoph Löpenhaus und Dr.-Ing. Jens Brimmers, die mich sowohl fachlich als auch persönlich gefördert haben und ohne deren Unterstützung die Erstellung der vorliegenden Arbeit so nicht möglich gewesen wäre. Für die kritische Durchsicht des Manuskripts und für die wertvollen Anmerkungen danke ich Melina Kamratowski, Dr.-Ing. Mareike Solf und Dr.-Ing. Jens Brimmers. Zum Erfolg der Arbeit beigetragen haben zudem die Diskussionen mit Dr.-Ing. Markus Krömer und Dr.-Ing. Felix Kühn, von denen ich viel über Wälzfräsen, Werkzeugverschleiß und Verzahnungsfertigung lernen durfte. Christopher Janßen danke für die programmiertechnische Umsetzung kinematischer Zusammenhänge in SPARTAPRO und entschuldige ich mich gleichzeitig für mein ständiges Infragestellen der Programmroutinen.

Bei allen Kolleginnen und Kollegen der Abteilung Getriebetechnik bedanke ich mich herzlich für die jahrelange Unterstützung und kontinuierliche Hilfsbereitschaft. Die kollegiale und freundschaftliche Atmosphäre hat meine Zeit am WZL sowohl persönlich als auch fachlich bereichert. Hervorheben möchte ich hier vor allem das ehemalige und aktive TZF Team, welches mich im Laufe der Zeit begleitet hat: Dr.-Ing. Markus Krömer, Dr.-Ing. Mattias Ophey, Dr.-Ing. Tim Frech, Dr.-Ing. Felix Kühn, Dr.-Ing. Julia Mazak, Dr.-Ing. Mareike Solf, Adrianos Georgoussis, Max Schrank, Patrícia de Oliveira Löhrer, Lukas Klee, Christopher Janßen, Steffen Hendricks, Harry Alexopoulos, Melina Kamratowski, Kevin Broch sowie Lothar und Ingmar Emonts. Letzteren beiden danke ich vor allem für das regelmäßige, «mal eben schnelle» Lösen von technischen Problemen.

Mein Dank gilt weiterhin all meinen studentischen Hilfskräften und Abschlussarbeitern, ohne deren Unterstützung der Arbeitsumfang der nachfolgend beschriebenen Untersuchungen nicht zu bewältigen gewesen wäre. Namentlich danken möchte ich an dieser Stelle Furkan Dogan, den selbst unzählige Schlagzahnversuche nicht verschleißen konnten, und Mariana Wilfinger, für stundenlanges Programmieren und Simulieren.

Mein größter Dank gilt meinen Eltern, Christian und Andrea, sowie meinen Großeltern, ohne deren Unterstützung und Rückendeckung diese Ausbildung überhaupt nicht möglich gewesen wäre. Heinz Troß bin ich leider die Antwort schuldig geblieben, ob man mit einer Protomotion am Ende überhaupt Geld verdienen kann.

Zuletzt gilt mein ganz besonderer Dank Laila Kulsvehagen, für ihre Geduld und Unterstützung während all der Zeit, vor allem in den Wochen vor der Prüfung.

Nico Troß

Basel, im März 2023

Kurzzusammenfassung

Das Wälzfräsen ist eines der meist verwendeten Verfahren zur Herstellung von außenverzahnten Zahnrädern. Zur systematischen Werkzeug- und Prozessauslegung werden beim Wälzfräsen häufig geometrische Prozesskennwerte herangezogen. Diese berücksichtigen allerdings weder die materialphysikalischen Einflüsse noch die beim Wälzfräsen über den Prozess variierende Belastung. Insbesondere liegt ein Mangel an Modellen vor, die die thermische Belastung beim Wälzfräsen beschreiben.

In dieser Arbeit wurde ein Mehrskalenmodell entwickelt, welches Spanungs- und Prozesskenngrößen mit thermomechanischen Belastungs- und Zustandsgrößen auf Basis numerischer FE-Berechnungen verknüpft. Hierzu wurde die thermomechanische Belastung auf der Mikroskala im Linear-Orthogonalschnitt mittels 2D-FE-Simulationen analysiert. Variiert wurden die Schnittgeschwindigkeit v_c, die Spanungsdicke h_{cu}, der Wirk-Spanwinkel γ_{ne} sowie der Schneidkantenradius r_β. Auf Basis der FE-Simulationsergebnisse wurden analytische Modelle zur Approximation der Zerspankraftkomponenten und Temperaturkenngrößen abgeleitet und parametriert.

Die parametrierten Modellgleichungen wurden anschließend auf den Wälzfräsprozess skaliert. Hierzu wurden zunächst die zeitlich und lokal entlang der Schneidkante aufgelösten Spanungs- und Prozesskenngrößen mittels einer ebenenbasierten Durchdringungsrechnung bestimmt. Diese dienen als Eingangsgrößen zur Berechnung der Zerspankraftkomponenten sowie der Temperaturverteilung auf der Spanfläche. Die Validierung des Mehrskalenmodells erfolgte einerseits anhand von Drehmomentmessungen im Schlagzahnversuch und andererseits durch einen Abgleich der Spanflächentemperatur mit 3D-FE-Simulationen.

Das Mehrskalenmodell wurde im Hinblick auf eine Bewertung des Werkzeugverschleißes und die Verschleißprognose von PM-HSS S390 Werkzeugen analysiert. Hierzu erfolgte eine Gegenüberstellung zwischen den experimentell erfassten Verschleißkurven und rechnerisch ermittelten Verschleißbeträgen. Abschließend wurde die geometrische Unabhängigkeit von der Verzahnungs- und Werkzeuggeometrie sowie die praktische Anwendung des Modells zur systematischen Prozess- und Werkzeugauslegung anhand eines alternativen Verzahnungsfalls aufgezeigt.

Das Modell erlaubt eine anwendungsgerechte sowie rechen- und zeiteffiziente Ermittlung des werkzeugseitigen, thermomechanischen Belastungskollektivs beim Wälzfräsen für unterschiedliche Prozessauslegungen mit geometrischer Unabhängigkeit. Die Kenntnis über das vorherrschende, werkzeugseitige Belastungskollektiv unterstützt bei der Interpretation und Beschreibung der daraus resultierenden Verschleißmechanismen und -formen. Durch ein besseres Verständnis der Werkzeugbelastung und des sich ergebenden Werkzeugverschleißes wird die wissensbasierte Auslegung von Werkzeug und Prozess unterstützt und folglich eine Prozessoptimierung ermöglicht.

Abstract

Gear hobbing is one of the most applied technologies for the manufacturing of external gears. Geometric process characteristics are often used for systematic tool and process design in gear hobbing. However, neither the physical influences of the material, nor the varying load during the hobbing process are considered by these characteristics. In particular, there is a lack of models to describe the thermal load of the tool.

In this work, a multiscale model was developed, which combines process and chip characteristics with thermomechanical load and state variables on the basis of numerical FE-calculations. For this purpose, the thermomechanical load was first analyzed on the microscale in the linear orthogonal cut by means of 2D-FE-simulations. The cutting speed v_c, the chip thickness h_{cu}, the working rake angle γ_{ne} and the cutting edge radius r_β were varied. Based on the FE-simulation results, analytical models for the approximation of the cutting and thrust force as well as temperature characteristics were derived and calibrated.

The model equations were then scaled to the hobbing process. For this purpose, the temporally and spatially resolved chip and process parameters were first determined by means of a plane-based penetration calculation. These serve as input variables for the calculation of the cutting and thrust force as well as the temperature distribution on the rake face. The multiscale model was validated on the one hand by means of torque measurements in the fly-cutting trial and on the other hand by comparing the rake face temperature with 3D-FE-simulations.

The multiscale model was analyzed with regard to an evaluation of the tool wear and the wear prediction of PM-HSS S390 tools. For this purpose, a comparison was made between the experimentally observed wear behavior and the calculated wear. Finally, the geometrical independence from the gear and tool geometry as well as the practical application of the model for systematic process and tool design was demonstrated using an alternative gear case.

The model allows an application-oriented as well as computationally and time-efficient determination of the thermomechanical load collective of the tool during hobbing for different process designs with geometric independence. Knowledge of the prevailing load collective assists in the interpretation and description of the resulting wear mechanisms and appearances. A better understanding of the tool load and the resulting tool wear supports the knowledge-based design of tool and process and consequently enables process optimization.

I Inhaltsverzeichnis

Table of contents

II Formelzeichen und Abkürzungsverzeichnis

Formula symbols and abbreviations

Lateinische Formelzeichen

Majuskel

A	MPa	Referenzfließspannung des JC Materialmodells
A_{ij}	-	Koeffizient des GUTMANN Kraftmodells
A_{α}	-	Freifläche
A_{γ}	-	Spanfläche
A_{ϕ}	-	Scherebene
B	MPa	Härtungsmodul des JC Materialmodells
C	-	Kaltverfestigungskoeffizient des JC Materialmodells
CHD	mm	Einsatzhärtetiefe
D_s	$m^2 \cdot s^{-1}$	Diffusionskoeffizient
E	mm	Axialer Einlaufweg
E	MPa	Elastizitätsmodul
F	N	Kraft
F_c	N	Schnittkraft
$F_{c,mod}$	N	Modellierte Schnittkraft
F_c'	$N \cdot mm^{-1}$	Bezogene Schnittkraft
F_f	N	Reibkraft
F_{fn}	N	Reibnormalkraft
F_r	N	Zerspankraft
F_t	N	Drangkraft
$F_{t,mod}$	N	Modellierte Drangkraft
F_t'	$N \cdot mm^{-1}$	Bezogene Drangkraft
F_{ϕ}	N	Scherkraft
$F_{\phi n}$	N	Schernormalkraft
H	-	Entfestigung
H_0	-	Referenzhärte
H_i	-	Häufigkeit
IQR	-	Interquartilsabstand

K	-	Formfaktor
K	-	Kenngröße
K_{ce}	-	Schneidkantenfaktor
K_{cf}	-	Schneidenradiusfaktor
K_{cs}	-	Krümmungssicherheit
K_{ff}	-	Vorschubfaktor
K_{lim}	-	Grenzwert der Kenngröße
K_{mc}	-	Netzvergröberungsfaktor
K_{mg}	-	Netzeinstufungsfaktor
K_{mr}	-	Netzverfeinerungsfaktor
K_{s}	-	Korrekturfaktor
K_{se}	-	Segmente pro Kante
K_{SZ}	-	Standlängenkorrekturfaktor
KT_{max}	µm	Maximale Kolktiefe
$KT_{max,zul}$	µm	Zulässige maximale Kolktiefe
L	m	Verzahnte Länge
L^*	m	Korrigierte verzahnte Länge
L_{pe}	-	Charakteristische Länge der Péclet-Zahl
L_{shift}	mm	Shiftlänge
L_T	m	Standlänge
$L_{T,ziel}$	m	Zielstandlänge
L_T^*	m	Korrigierte Standlänge
M_v	N·m	Drehmoment um v-Achse
N	-	Standmenge
N^*	-	Korrigierte Standmenge
P	W	Leistung
P'	-	Punkt auf Fräserarbeitsbereich
P''	-	Punkt auf Fräserarbeitsbereich
P_c	W	Schnittleistung
P_f	W	Reibleistung
P_n	-	Werkzeug-Schneidennormalebene
P_{ne}	-	Wirk-Schneidennormalebene

P_{re}	-	Wirk-Bezugsebene
P_{se}	-	Wirk-Schneidenebene
P_t	-	Stirnebene
P_x	-	Achsebene
P_ϕ	W	Scherleistung
Q	$J \cdot mol^{-1}$	Aktivierungsenergie
Q_i	-	Schneidenpunkt
R	$J \cdot K^{-1} \cdot mol^{-1}$	Universelle Gaskonstante
R^2	-	Bestimmtheitsmaß
R_m	MPa	Zugfestigkeit
Rz	µm	Gemittelte Rautiefe
Rz_α	µm	Gemittelte Rautiefe auf der Freifläche
Rz_β	µm	Gemittelte Rautiefe auf der Schneidkante (Schartigkeit)
Rz_γ	µm	Gemittelte Rautiefe auf der Spanfläche
S	-	Spurengerade
S_{Pre}	-	Spurengerade der P_{re} Ebene
S_{Pse}	-	Spurengerade der P_{se} Ebene
STD	-	Standardabweichung
SV	µm	Schneidversatz
S_α	µm	Freiflächensegment
S_γ	µm	Spanflächensegment
T	-	Tangente
$T_{A\alpha x}$	-	Tangente an die Freifläche gemessen im Achsschnitt
$T_{A\gamma}$	-	Tangente an die Spanfläche
$T_{A\gamma t}$	-	Tangente an die Spanfläche gemessen im Stirnschnitt
$T_{A\gamma x}$	-	Tangente die die Spanfläche gemessen im Achsschnitt
T_s	-	Tangente zur Fräserhüllschraube
T_{sx}	-	Tangente zur Fräserhüllschraube gemessen im Achsschnitt
U	mm	Überlaufweg
U	-	Umlauf

U_{def}	-	Definierter Umlauf
VB_{max}	µm	Maximale Verschleißmarkenbreite
$VB_{max,AF\text{-}A}$	µm	Maximale Verschleißmarkenbreite im Bereich AF-A
$VB_{max,AF\text{-}B}$	µm	Maximale Verschleißmarkenbreite im Bereich AF-B
$VB_{max,EF\text{-}A}$	µm	Maximale Verschleißmarkenbreite im Bereich EF-A
$VB_{max,EF\text{-}B}$	µm	Maximale Verschleißmarkenbreite im Bereich EF-B
$VB_{max,KF}$	µm	Maximale Verschleißmarkenbreite im Bereich KF
$VB_{max,zul}$	µm	Zulässige maximale Verschleißmarkenbreite
V_{cu}	mm³	Spanungsvolumen
W	J	Arbeit
W_k	mm	Zahnweite
W''	mm	Bezogenes Verschleißvolumen
W_γ''	mm	Bezogenes Verschleißvolumen auf der Spanfläche
$W_{\gamma,\Sigma}''$	mm	Kumuliertes bezogenes Verschleißvolumen auf der Spanfläche
$W_{\gamma,\Sigma,max}''$	mm	Maximales kumuliertes bezogenes Verschleißvolumen auf der Spanfläche
WS	-	Wälzstellung
WS_A	-	Erste Wälzstellung
WS_B	-	Letzte Wälzstellung
X	-	Höchster Punkt auf der Durchdringungskurve
Z'	-	Untere Stirnebene des Werkstücks
Z''	-	Obere Stirnebene des Werkstücks

Lateinische Formelzeichen

Minuskel

a_P	mm	Tauchtiefe
b_2	mm	Zahnbreite des Werkstücks
b_{cu}	mm	Spanungsbreite
c	$J \cdot kg^{-1} \cdot K^{-1}$	Spezifische Wärmekapazität
c_i	-	Modellkoeffizient
c_{wst}	$J \cdot kg^{-1} \cdot K^{-1}$	Spezifische Wärmekapazität des Werkstücks

d	mm	Durchmesser
d_0	mm	Mittendurchmesser des Werkzeugs
d_{a0}	mm	Außendurchmesser des Werkzeugs
d_{a2}	mm	Kopfkreisdurchmesser des Werkstücks
d_{f2}	mm	Fußkreisdurchmesser des Werkstücks
e	-	Residuum
f_a	mm	Axialer Vorschub pro Werkstückumdrehung
$f_{f\alpha}$	µm	Profil-Formabweichung
f_{rel}	mm	Relativer Vorschub pro Werkstückumdrehung
f_z	mm	Vorschub pro Zahn
h_{aP0}	mm	Kopfhöhe des Werkzeug-Bezugsprofils
h_c	mm	Spandicke
h_{cu}	mm	Spanungsdicke
$h_{cu,A}$	mm	Spanungsdicke am Punkt A
$h_{cu,B}$	mm	Spanungsdicke am Punkt B
$h_{cu,C}$	mm	Spanungsdicke am Punkt C
$h_{cu,H}$	mm	HOFFMEISTER Spanungsdicke
$h_{cu,m}$	mm	Mittlere Spanungsdicke
$h_{cu,max}$	mm	Maximale Spanungsdicke
h_{fP0}	mm	Fußhöhe des Werkzeug-Bezugsprofils
h_t	$W \cdot m^{-2} \cdot K^{-1}$	Wärmeübertragungskoeffizient
i	-	Zählvariable
$i_{cu,\Sigma}$	-	Anzahl Schnitte pro Werkstücklücke
i_{Profil}	-	Punkt auf Profil
k	-	Messzähnezahl
k	$W \cdot m^{-1} \cdot K^{-1}$	Wärmeleitfähigkeit
$k_{c1,1}$	-	Koeffizient des KIENZLE Schnittkraftmodells
k_{wst}	$W \cdot m^{-1} \cdot K^{-1}$	Wärmeleitfähigkeit des Werkstücks
l	mm	Länge
l_0	mm	Länge der gleichmäßigen Wärmequelle
l_{A0}	mm	Länge des Fräserarbeitsbereichs
l_{AV}	mm	Länge des Arbeitsbereiches auf der Vorschneideseite

l_{AZ}	mm	Länge der Vorschneidezone
l_{cu}	mm	Spanungslänge
$l_{cu,B}$	mm	Spanungslänge an Punkt B
$l_{cu,C}$	mm	Spanungslänge an Punkt C
$l_{cu,m}$	mm	Mittlere Spanungslänge
$l_{cu,max}$	mm	Maximale Spanungslänge
$l_{cu,\Sigma}$	mm	Kumulierte Spanungslänge pro Werkstücklücke
l_E	mm	Tangentialer Einlaufweg
$l_{e,min}$	mm	Minimale Elementlänge
l_f	mm	Länge des Kontaktbereiches zwischen Span und Spanfläche
$l_{f,mod}$	mm	Modellierte Länge des Kontaktbereiches zwischen Span und Spanfläche
$l_{f,sim}$	mm	Simulierte Länge des Kontaktbereiches zwischen Span und Spanfläche
l_{P0}	mm	Länge der Profilausbildungszone
m	-	Thermischer Entfestigungskoeffizient des JC Materialmodells
m_c	-	Thermischer Entfestigungskoeffizient des BINDER Verschleißratenmodells
m_n	mm	Normalmodul
m_{n0}	mm	Normalmodul des Werkzeugs
m_{n2}	mm	Normalmodul des Werkstücks
n	-	Kaltverfestigung Exponent des JC Materialmodells
n_0	min^{-1}	Drehzahl des Werkzeugs
n_2	min^{-1}	Drehzahl des Werkstücks
n_{i0}	-	Spannutenzahl
n_{pe}	-	Péclet-Zahl
n_r	-	Normale zur Spanfläche
n_s	-	Normale zur Schneide
pr_{P0}	mm	Protuberanzbetrag
p_x	mm	Axialteilung
p_{zH}	mm	Steigung der Fräserhüllschraube

p_{zN}	mm	Steigung der Fräsernutenschraube
r_c	-	Spandickenverhältnis
r_β	µm	Schneidkantenradius
s	µm	Schichtdicke
$s_{e,max}$	mm	Maximale Elementgröße
$s_{e,min}$	mm	Minimale Elementgröße
s_{P0}	mm	Zahndicke
s_γ	mm	Abstand zur Schneidkante auf Spanfläche
t	s	Zeit
t	-	Beobachtung (Regressionsanalyse)
t_H	s	Bearbeitungszeit
u_t	mm	Schneidkantenversatz
v_a	m/min	Vorschubgeschwindigkeit
v_c	m/min	Schnittgeschwindigkeit
v_{ch}	m/min	Spangeschwindigkeit
v_e	m/min	Effektivgeschwindigkeit
v_{rel}	m/min	Relativgeschwindigkeit
v_t	m/min	Tangentialgeschwindigkeit
v_u	m/min	Umfangsgeschwindigkeit
x	mm	Abstand
x_E	-	Erzeugungs-Profilverschiebungsfaktor
x_p	mm	Abgewickeltes Werkzeugprofil
y	-	Beobachteter Wert (Regressionsanalyse)
y^*	-	Modellierter Wert (Regressionsanalyse)
z_0	-	Zähnezahl des Werkzeugs (Gangzahl)
z_2	-	Zähnezahl des Werkstücks

Griechische Formelzeichen

Majuskel

Γ	-	Wärmeanteil
Δ	-	Differenz
$\Theta_{\gamma,l}$	K·m	Temperatur-Weg-Integral

$\Theta_{\gamma,\tau}$	K·s	Temperatur-Zeit-Integral
Σ	-	Summe

Griechische Formelzeichen

Minuskel

α	°	Freiwinkel
α_a	°	Kopffreiwinkel
α_{as}	°	Kopffreiwinkel in der Tangentialebene zur Fräserhüll-schraube
α_{at}	°	Kopffreiwinkel in der Stirnebene
α_f	°	Flankenfreiwinkel
α_{fn}	°	Flankenfreiwinkel in der Schneidennormalebene
α_{fx}	°	Flankenfreiwinkel in der Achsebene
α_m	K^{-1}	Mittlerer Wärmeausdehnungskoeffizient
α_n	°	Werkzeug-Normalfreiwinkel
α_{n0}	°	Normaleingriffswinkel des Werkzeug-Bezugsprofils
α_{n2}	°	Normaleingriffswinkel des Werkstücks
α_{ne}	°	Wirk-Normalfreiwinkel
$\alpha_{ne,min}$	°	Minimaler Wirk-Normalfreiwinkel
β	°	Keilwinkel
β_2	°	Schrägungswinkel des Werkstücks
β_{at}	°	Kopfkeilwinkel in der Stirnebene
β_{fx}	°	Flankenkeilwinkel in der Achsebene
γ	°	Spanwinkel
γ_0	°	Steigungswinkel des Werkzeugs
γ_{an}	°	Kopfspanwinkel in der Schneidennormalebene
γ_{at}	°	Kopfspanwinkel in der Stirnebene
γ_{fn}	°	Flankenspanwinkel in der Schneidennormalebene
γ_{fx}	°	Flankenspanwinkel in der Stirnebene
γ_n	°	Normalspanwinkel
γ_{ne}	°	Wirk-Normalspanwinkel
$\gamma_{ne,m}$	°	Mittlerer Wirk-Normalspanwinkel

$\gamma_{ne,max}$	°	Maximaler Wirk-Normalspanwinkel
$\gamma_{ne,min}$	°	Minimaler Wirk-Normalspanwinkel
γ_{N0}	°	Steigungswinkel der Fräsernutenschraube
ε	-	Dehnung
$\dot{\varepsilon}$	s^{-1}	Dehnrate
$\dot{\varepsilon}_0$	s^{-1}	Referenzdehnrate des JC Materialmodells
ϑ	°C	Temperatur
ϑ_0	°C	Initiale Temperatur
ϑ_R	°C	Referenztemperatur
ϑ_S	°C	Schmelztemperatur
$\vartheta_{\gamma,max}$	°C	Maximale Temperatur auf der Spanfläche
$\vartheta_{\gamma,s}$	°C	Temperatur an der Schneidkante
$\vartheta_{\gamma,s,mod}$	°C	Modellierte Temperatur an der Schneidkante
$\vartheta_{\gamma,s,sim}$	°C	Simulierte Temperatur an der Schneidkante
ϑ_ϕ	°C	Temperatur in der Scherzone
$\theta_{\gamma,f}$	°C	Mittlerer Temperaturanstieg in der sekundären Scherzone durch Reibung
$\theta_{\gamma,max}$	°C	Maximaler Temperaturanstieg auf der Spanfläche
θ_ϕ	°C	Mittlerer Temperaturanstieg in der primären Scherzone
λ	°	Reibwinkel
μ_0	-	Initialer Reibkoeffizient
μ_e	-	Effektiver Reibkoeffizient
$\mu_{e,mod}$	-	Modellierter effektiver Reibkoeffizient
$\mu_{e,sim}$	-	Simulierter effektiver Reibkoeffizient
ρ	$kg \cdot m^{-3}$	Dichte
ρ_{aP0}	mm	Kopfrundungsradius des Werkzeug-Bezugsprofils
ρ_{wst}	$kg \cdot m^{-3}$	Dichte des Werkstückwerkstoffs
σ	-	Faktor
σ_F	MPa	Fließspannung
σ_n	MPa	Normalspannung
τ	ms	Eingriffszeit

τ_{ϕ}	MPa	Schubspannung
ϕ	°	Scherwinkel
φ_0	°	Werkzeug-Drehwinkel
ϕ_{mod}	°	Modellierter Scherwinkel
ϕ_{sim}	°	Simulierter Scherwinkel

Abkürzungen

AF	Auslaufende Flanke
AF-A	Auslaufende Flanke im geradlinigen Flankenbereich
AF-B	Auslaufende Flanke im gekrümmten Bereich am Kopfrundungsradius
ALE	Arbitrary Lagrangian-Eulerian
CAD	Computer Aided Design
CEL	Coupled Eulerian-Lagrangian
CHD	Case Hardness Depth
CSG	Constructive Solid Geometry Model
DDR	Durchdringungsrechnung
DIN	Deutsches Institut für Normung
EF	Einlaufende Flanke
EF-A	Einlaufende Flanke im geradlinigen Flankenbereich
EF-B	Einlaufende Flanke im gekrümmten Bereich am Kopfrundungsradius
FEM	Finite-Elemente-Methode
ICME	Integrated Computational Materials Engineering
ISO	International Organization for Standardization
JC	Johnson-Cook
KF	Kopfflanke
KSS	Kühlschmierstoff
KT	Kolktiefe
LF	Linke Flanke
NC	Numerische Steuerung
OS	Orthogonalschnitt

PM-HSS	Pulvermetallurgisch hergestellter Schnellarbeitsstahl
PSZ	Primäre Scherzone
PVD	Physical Vapour Deposition
RF	Rechte Flanke
SF	Spanfläche
SSE	Summe der Fehlerquadrate
SSZ	Sekundäre Scherzone
SZV	Schlagzahnversuch
U	Umlauf
VB	Verschleißmarkenbreite
WS	Wälzstellung
WST	Werkstück
WZG	Werkzeug

Chemische Elemente

C	Kohlenstoff
Cr	Chrom
Fe	Eisen
Mn	Mangan
Mo	Molybdän
P	Phosphor
S	Schwefel
Si	Silizium
V	Vanadium
W	Wolfram

1 Einleitung

Das Wälzfräsen ist ein etabliertes Verfahren für die Zahnradfertigung, welches breite Anwendung in der Windkraft-, Automobil-, Luft- und Raumfahrtindustrie sowie in generellen Bereichen des Maschinenbaus findet [KARP14]. Aufgrund des unterbrochenen Schnitts und der charakteristischen Prozesskinematik ist das Wälzfräsen durch eine diskontinuierliche Spanbildung und ein heterogenes Belastungskollektiv geprägt [KLOC17]. Zur Bewertung der Werkzeugbelastung und der Interpretation des Verschleißverhaltens werden insbesondere geometrische Spanungskenngrößen herangezogen, welche in der Regel mit einer geometrischen Durchdringungsrechnung bestimmt werden [MUND92, WINK05, SCHA12, SARI16]. Der Nachteil der rein geometrischen Betrachtungsweise liegt in der unzureichenden Beschreibung der Kontaktbedingungen zwischen Werkzeug und Werkstück. So haben Werkstoff, Schneidstoff, Schnittgeschwindigkeit, Schneidkantenform sowie Span- und Freiwinkel zwar einen wesentlichen Einfluss auf den Werkzeugverschleiß, beeinflussen aber nicht die geometrischen Durchdringungsverhältnisse.

Zur Berücksichtigung des tribologischen Kontaktes sowie der Schneidkantenform sind Kontinuum-Methoden wie die Finite-Elemente-Methode (FEM) etabliert [KLOC08]. Mittels der FEM sind physikalische Prozess- und Zustandsgrößen, wie beispielsweise Spannungen, Temperaturen, Kräfte und Wärmeströme, orts- und zeitaufgelöst ermittelbar. Den Vorteilen der FEM stehen jedoch hohe Rechenzeiten, die Notwendigkeit validierter Material- und Kontaktmodelle sowie ein hoher Aufwand bei der Modellerstellung gegenüber, was einen anwendungsgerechten Einsatz erschwert. Zudem ist eine Modellierung und Simulation des Wälzfräsprozesses mittels FEM besonders anspruchsvoll, da in jeder Wälzstellung unterschiedliche Spanungsgeometrien und folglich unterschiedliche Belastungen vorliegen. Zur Berücksichtigung des Belastkollektivs des gesamten Prozesses müssten alle Wälzstellungen simuliert werden, was den Simulationsaufwand exponentiell erhöhen würde.

Während die Spanbildung auf einer mikroskopischen Ebene stattfindet, liegt der Fertigungsprozess auf einer makroskopischen Ebene vor [PULS15]. Zur effizienten Ermittlung des beim Wälzfräsen vorliegenden Belastungskollektivs bietet sich eine Kopplung der beiden Skalen auf Basis der Mehrskalenmodellierung an. Detaillierte Analysen hinsichtlich einer mehrskaligen Simulation beim Wälzfräsen sowie deren Eignung zur Berechnung des thermomechanischen Belastungskollektivs wurden bisher nicht durchgeführt. In dieser Arbeit wird ein Mehrskalenmodell zur Prognose der thermomechanischen Werkzeugbelastung beim Wälzfräsen entwickelt. Das Modell kombiniert die Spanungs- und Prozesskenngrößen aus einer ebenenbasierten Durchdringungsrechnung (Makroskala) mit thermomechanischen Belastungs- und Zustandsgrößen aus FE-Simulationen des Orthogonalschnitts (Mikroskala). Durch die Mehrskalenmodellierung wird eine zeiteffiziente Abschätzung der lokal und zeitlich aufgelösten thermomechanischen Belastung des Werkzeugs für jede Wälzstellung ermöglicht und die Werkzeug- und Prozessauslegung unterstützt.

Introduction

Gear hobbing is an established process for gear manufacturing, which is widely used in wind power, automotive, aerospace and general mechanical engineering industries [KARP14]. Due to the interrupted cut and the characteristic process kinematics, gear hobbing is characterized by discontinuous chip formation and a heterogeneous load collective [KLOC17]. For the evaluation of the tool load and the interpretation of the wear behavior, geometric chip characteristics, which are usually determined with a penetration calculation, are used in particular [MUND92, WINK05, SCHA12, SARI16]. The disadvantage of the purely geometrical approach is the insufficient description of the contact conditions between tool and workpiece. Workpiece and cutting material, cutting speed, cutting edge shape as well as rake and clearance angle have a major influence on the tool wear, but do not affect geometric penetration conditions.

To consider the tribological contact and the shape of the cutting edge, continuum methods such as the Finite Element Method (FEM) have been established [KLOC08]. By means of FEM, physical process and state variables, such as stresses, temperatures, forces and heat flows, can be determined with spatial and time resolution. However, the advantages of the FEM are offset by high computation times, the need for validated material and contact models, and a high level of effort in model generation, which makes an application-oriented use difficult. In addition, modeling and simulating the hobbing process using FEM is particularly demanding, since different chip geometries and consequently different loads are present in each generating position. To take the load collective of the entire process into account, all generating positions would have to be simulated, which would exponentially increase the simulation effort.

While the chip formation takes place on a microscopic level, the manufacturing process is present on a macroscopic level [PULS15]. For the efficient determination of the load collective in hobbing, a combination of the two scales based on a multiscale approach seems appropriate. Detailed analyses regarding a multiscale simulation in hobbing and its suitability for the calculation of the thermomechanical load have not yet been investigated. In the present work, a multiscale model is developed for the prediction of thermomechanical tool load in gear hobbing. The model combines the chip and process characteristics from a geometric penetration calculation (macroscale) with thermomechanical load and state variables from FE-simulations of the orthogonal cut (microscale). The multi-scale modeling enables a time-efficient estimation of the spatially and temporally resolved thermomechanical load of the tool for each generating position and thus supports systematic tool and process design.

2 Stand der Technik in Industrie und Wissenschaft

State of the art in industry and academia

Das Wälzfräsen ist den trennenden Verfahren mit geometrisch bestimmten Schneiden zuzuordnen [PFAU76]. Zur Schaffung eines grundlegenden Verständnisses werden daher zunächst die Grundlagen der Zerspanung mit geometrisch bestimmten Schneiden erörtert. Darauf aufbauend werden die verfahrenscharakteristischen Merkmale des Wälzfräsprozesses beschrieben und die Herausforderungen bei der Ermittlung der Werkzeugbelastung dargelegt, aus denen sich diese Arbeit motiviert. Abschließend werden verschiedene Ansätze und Methoden zur Simulation des Zerspanprozesses diskutiert. Besonderer Fokus liegt hierbei auf der Beschreibung der Simulationsmöglichkeiten der Werkzeugbelastung beim Wälzfräsen sowie den in diesem Themenbereich geleisteten Arbeiten. Das Kapitel schließt mit einer Zusammenfassung der wesentlichen Erkenntnisse sowie einer Ableitung des Weiteren Forschungsbedarfs.

2.1 Grundlagen der Zerspanung

Fundamentals of machining

Spanende Verfahren werden gemäß DIN 8580 den trennenden Fertigungsverfahren zugeordnet, bei denen die Formänderung durch das Aufheben des Zusammenhaltens von Körpern erfolgt [DIN03b]. Beim Spanen werden durch die Schneiden eines Werkzeuges Werkstoffschichten von einem Werkstück in Form von Spänen auf mechanischem Weg abgetrennt [DIN03a]. Die Spanabnahme wird durch eine Relativbewegung zwischen Werkzeug und Werkstück unter Energieübertragung realisiert. Das Spanen umfasst das Spanen mit *geometrisch bestimmten* und das Spanen mit *geometrisch unbestimmten* Schneiden. Das Wälzfräsen ist ersteren Verfahren zuzuordnen, weshalb im Folgenden nur noch von Zerspanung im Sinne von Zerspanung mit geometrisch bestimmten Schneiden gesprochen wird. Diese Verfahren sind dadurch gekennzeichnet, dass sie ein Werkzeug verwenden, dessen Schneiden im Hinblick auf Anzahl, Geometrie und Lage der Schneiden zum Werkstück definiert sind [DIN03a]. In den folgenden Kapiteln werden grundlegende Begriffe und Wirkzusammenhänge des Zerspanprozesses mit geometrisch bestimmten Schneiden näher erläutert. Die Terminologie und Beschreibungen orientieren sich an Standardwerken der Fertigungstechnik nach Klocke und König [KLOC08] sowie Tönshoff und Denkena [TÖNS04].

2.1.1 Der Schneidkeil – Begriffe, Winkel und Bezugssysteme

The cutting wedge – terms, angles and reference systems

Der Teil des Werkzeuges, welcher an der Zerspanung beteiligt ist, wird als *Schneidteil* bezeichnet. An dem Schneidteil befinden sich die *Schneidkeile* mit den Schneiden, die durch eine Relativbewegung zum Werkstück Späne aus dem Werkstoff trennen. Der ideale Schneidkeil wird durch die *Spanfläche* und die *Freifläche* gebildet, welche in der *Schneidkante* zusammenlaufen, vgl. **Bild 2-1**. Die Annahme eines idealen Schneidkeils wird oft für Modellvorstellungen verwendet, in der Realität sind Frei- und Spanfläche im Übergang jedoch in Form einer Schneidkantenverrundung gekrümmt. Die Dicke der durch den Schneidkeil zu trennenden Werkstoffschicht wird als (unverformte) *Spanungsdicke* h_{cu} bezeichnet. Während der Spanabnahme fließt der erzeugte Span über die Spanfläche ab und geht durch die Deformationsvorgänge in die (verformte) *Spandicke* h_c über. Die Freifläche des Schneidkeils ist der neu erzeugten Werkstückoberfläche zugewandt. [KLOC08]

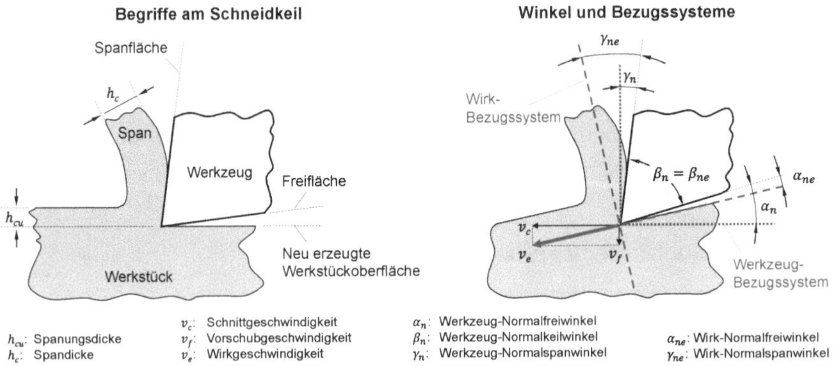

Bild 2-1: Begriffe, Winkel und Bezugssysteme am Schneidkeil nach DIN 6581 [DIN85]
Terms, angles and reference systems on the cutting wedge acc. to DIN 6581

Zur eindeutigen Definition der Winkel eines Schneidkeils sind ein *Werkzeug-Bezugssystem* und ein *Wirk-Bezugssystem* erforderlich, welche in der DIN 6581 definiert sind [DIN85]. Das Werkzeug-Bezugssystem ist zur Bestimmung der Geometrie des Werkzeugs bei der Konstruktion und der Herstellung erforderlich. Das Wirk-Bezugssystem beschreibt die Winkel am Schneidkeil während des Zerspanvorgangs. Grundlage der Bezugssysteme sind verschiedene Bezugsebenen, die orthogonal zur angenommenen Schnittrichtung (Werkzeug-Bezugssystem) bzw. orthogonal zur tatsächlichen Schnittrichtung (Wirk-Bezugssystem) stehen. Der Winkel zwischen Span- bzw. Freifläche und dem jeweiligen Bezugssystem wird als Spanwinkel γ bzw. Freiwinkel α bezeichnet. Der Winkel zwischen der Span- und Freifläche wird als Keilwinkel β bezeichnet und ist unabhängig vom jeweiligen Bezugssystem. Für die definierten Winkel gilt die Bedingung, dass ihre Summe $\sum(\alpha, \beta, \gamma)$ = 90° im jeweiligen Bezugssystem beträgt. Die Winkel können je nach Anwendungsfall in unterschiedlichen Arbeitsebenen nach DIN 6581 angegeben werden. In der vorliegenden Arbeit werden die Winkel konsequent in der Werkzeug-Schneidennormalebene P_n bzw. der Wirk-Schneidennormalebene P_{ne} angegeben, da diese beiden Ebenen identisch sind. Im Werkzeug-Bezugssystem erhalten die Winkel den Index „n" und werden nach Norm Werkzeug-Normalwinkel genannt. Im Wirk-Bezugssystem erhalten sie zusätzlich den Index „e" und werden als Wirk-Normalwinkel bezeichnet. Zur Vereinfachung wird im Folgenden lediglich eine Unterscheidung zwischen Winkel und Wirk-Winkel vorgenommen (z. B. Spanwinkel und Wirk-Spanwinkel). [DIN85]

2.1.2 Wirkzonen bei der Spanentstehung

Shear zones during chip formation

Nach WARNECKE kann der Spanbildungsvorgang unter der Voraussetzung einer kontinuierlichen Spanbildung durch fünf Verformungszonen beschrieben werden, vgl. **Bild 2-2**. Die primäre Scherzone (1) kennzeichnet die unmittelbare Spanentstehungszone, in welcher der Strukturverlauf im Werkstück in den Strukturverlauf des Spans infolge plastischer Verformung übergeht. Die sekundären Scherzonen entlang der Spanfläche (2), im Bereich der Schneidkante (3) und an der Freifläche (4), entstehen durch Reibung an den Werkzeugkontaktflächen. In der Schneidkantenzone (3) erfolgt die Werkstofftrennung zwischen Werkstück und Span. Diese Zone stellt aufgrund der Geometrie des Schneidkantenbereichs, insbesondere bei einer stark verrundeten Schneidkante, eine Stauzone dar. Beim Abgleiten des Spans über die Spanfläche wirken Reibkräfte zwischen der Spanunterseite und der Spanfläche. Diese verursachen in den Grenzschichten weitere plastische Verformungen infolge hoher Spannungen, sodass dort der Werkstoff lokal zu fließen beginnt. In der Verformungsvorlaufzone (5) ruft der Spanentstehungsvorgang plastische und elastische Verformungen des Werkstoffgefüges hervor, welche einen Restspannungszustand im Werkstück verursachen. [WARN74]

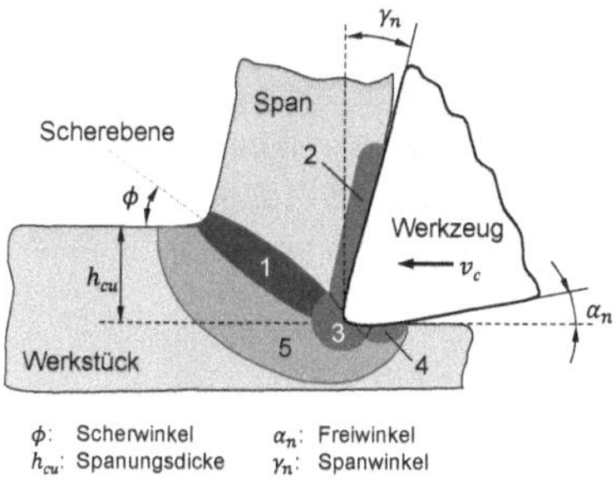

	Wirkzonen	Verrichtete Arbeit
1	Primäre Scherzone	Plast. Verformungsarbeit
2	Sekundäre Scherzone	Reibungsarbeit
3	Sekundäre Scherzone	Trennarbeit
4	Sekundäre Scherzone	Reibungsarbeit
5	Verformungsvorlaufzone	Elasto-plast. Verformungsarbeit

Bild 2-2: Wirkzonen bei der Spanentstehung nach WARNECKE [WARN74]
Shear zones during chip formation acc. to WARNECKE

2.1.3 Werkzeugbelastung

Tool load

Aufgrund der Verformungs- und Trennvorgänge bei der Spanbildung treten mechanische und thermische Belastungen an der Schneidkante auf [WARN74]. Da der Begriff der Belastung vielfältige Verwendung in der Literatur findet, wird in Ermangelung einer einheitlichen Definition die folgende, eigene Definition in Anlehnung an Bezeichnungen aus den Disziplinen der Thermodynamik [BAEH16 S.35], der Mechanik [WITT13 S.38], der Tribologie [GFT02, CZIC10 S.67f] und der Fertigungstechnik [TÖNS04 S.108f] verwendet:

Als *Belastung* werden von *außen* auf einen Körper wirkende *Kräfte* und *Prozessgrößen* (Arbeit und Wärme) sowie chemische Reaktionen verstanden, die zu einer inneren *Beanspruchung* führen und/oder Verschleißmechanismen begünstigen. Der Begriff Beanspruchung bezeichnet durch äußere Belastung induzierte Spannungen im *Inneren* eines Körpers. Die Gesamtheit der von außen wirkenden Belastung zu einem definierten Zeitpunkt oder über einen definierten Zeitbereich wird als *Belastungskollektiv* bezeichnet. Die Art der Belastung kann weiterhin unterschieden werden in:

- *Mechanische Belastung*: Durch äußere Kräfte und am Körper verrichtete mechanische Arbeit induzierte Spannungen sowie Begünstigung von Verschleißmechanismen.
- *Thermische Belastung*: Durch Temperaturänderungen induzierte mechanische Spannungen sowie Begünstigung von Verschleißmechanismen aufgrund erhöhter Temperaturen.
- *Thermomechanische Belastung*: Gleichzeitiges Wirken von mechanischer und thermischer Belastung.
- *Chemische Belastung*: Chemische Reaktionen, die Verschleißmechanismen begünstigen.

Eine wesentliche Größe zur Beurteilung der Werkzeugbelastung ist die Zerspankraft. Am idealen Schneidkeil lässt sich die Zerspankraft F_r vektoriell in die Schnittkraft F_c und die Drangkraft F_t zerlegen, vgl. **Bild 2-3**. Die Schnittkraft F_c wirkt parallel und die Drangkraft F_t orthogonal zur angenommenen Schnittrichtung. Üblicherweise ist die Schnittkraft F_c wesentlich größer als die Drangkraft F_t und hat somit einen maßgeblichen Einfluss auf die Werkzeugbelastung. Neben der Schnitt- und Drangkraft kann die Zerspankraft in die Scherkraft F_ϕ und Schernormalkraft $F_{\phi n}$ oder in die Reibkraft F_f und Reibnormalkraft F_{fn} zerlegt werden. [MERC45]

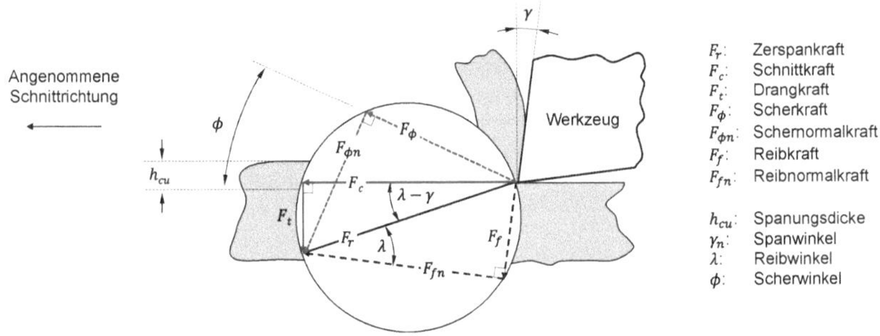

Bild 2-3: Kräfteplan nach MERCHANT [MERC45]
MERCHANT'S force circle

In der Zerspanungstheorie wird zur Berechnung der wirkenden Kräfte angenommen, dass die Zerspankraft proportional zum Quotienten aus der Schubspannung τ_ϕ und der Fläche der Scherebene A_ϕ ist [MERC45]. Die Schnittkraft F_c ergibt sich beispielsweise nach dem in Bild 2-3 dargestellten Zusammenhang nach **Gl. 2-1** in Abhängigkeit vom Reibwinkel λ, dem Spanwinkel γ, dem Scherwinkel ϕ, der werkstoffabhängigen

Schubspannung τ_ϕ sowie der Spanungsbreite b_{cu} und der Spanungsdicke h_{cu}, [MERC45]. Der Scherwinkel ϕ kann unter der Voraussetzung, dass die Lage der Scherebene A_ϕ durch das Minimum der Schnittenergie bestimmt wird, nach **Gl. 2-2** angenähert werden [MERC45]. In diesem Fall liegt die maximale Schubspannung näherungsweise unter einem Winkel von ϕ = 45° vor [KLOC08]. Weitere Ansätze zur Berechnung des Scherwinkels wurden unter anderem von LEE UND SHAFFER [LEE49] und HUCKS [HUCK51] entwickelt.

$$F_c = \frac{cos(\lambda - \gamma) \cdot \tau_\phi}{sin(\phi) \cdot cos(\phi + \lambda - \gamma)} \cdot b_{cu} \cdot h_{cu} \quad \text{Gl. 2-1}$$

$$\phi = \frac{\pi}{4} - \frac{1}{2} \cdot (\lambda - \gamma) \quad \text{Gl. 2-2}$$

Einen alternativen empirischen Ansatz zur Berechnung der Schnittkraft F_c bietet das Schnittkraftmodell nach KIENZLE, vgl. **Gl. 2-3** [KIEN52]. Dieses setzt ähnlich wie das Scherebenenmodell eine Proportionalität zwischen der Schnittkraft und dem Quotienten aus einem Verformungswiderstand, z. B. der Schubspannung, und dem Spanungsquerschnitt voraus. KIENZLE bezog die im Experiment gemessenen Schnittkräfte auf die Spanungsbreite b_{cu}, sodass in diesem Fall von der bezogenen Schnittkraft F_c' gesprochen wird. Die bezogene Schnittkraft F_c' ist die Kraft, die zum Trennen eines Spans mit der Spanungsbreite b_{cu} = 1 mm erforderlich ist. Die Koeffizienten $k_{c1,1}$ und m_c werden in Experimenten in Abhängigkeit von der verwendeten Werkstoff-Schneidstoff-Paarung, der Werkzeuggeometrie sowie von den verwendeten Prozessparametern bestimmt.

$$F_c' = k_{c1,1} \cdot h_{cu}^{1-m_c} \quad \text{Gl. 2-3}$$

Aus der Zerspankraft F_r und dem zurückgelegten Schnittweg l resultiert die während des Zerspanvorgangs verrichtete Arbeit W, welche fast vollständig in thermische Energie umgewandelt wird. Die Energieumsetzung erfolgt in der primären Scherzone durch plastische Verformungsarbeit des Werkstoffes und in den sekundären Scherzonen durch Trennarbeit an der Schneidkante bzw. durch Reibung an den Werkzeugflächen, vgl. **Bild 2-4**. Die an den einzelnen Entstehungsstellen anfallenden Wärmemengen werden durch Wärmeleitung, Strahlung und Konvektion an die Umgebung abgeführt. In der Regel wird die größte Wärmemenge über den Span transportiert. Beim Gleiten des Spans über die Spanfläche wird das Werkzeug aufgrund von Reibvorgängen stark aufgeheizt. Die sich dadurch ergebende Zerspantemperatur hat einen wesentlichen Einfluss auf die Werkzeugbelastung und den daraus resultierenden Werkzeugverschleiß. Je weniger Zeit für die Wärmeleitung zur Verfügung steht, beispielsweise infolge hoher Relativgeschwindigkeiten, desto stärker heizt das Werkzeug auf. Je nach Schnittbedingungen tritt die maximale Temperatur nicht direkt an der Schneidkante, sondern in einem gewissen Abstand auf der Spanfläche auf. Hierbei können Temperaturen von ϑ > 1000°C entstehen. [VIER59]

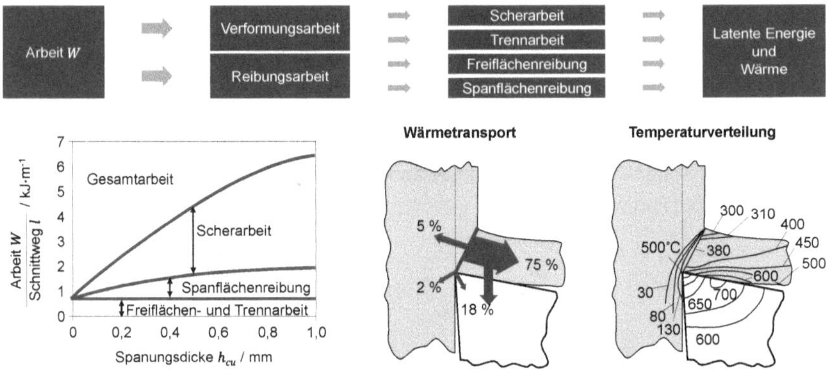

Bild 2-4: Aufteilung der Arbeit und Wärmeverteilung nach VIEREGGE [VIER59]
Allocation of energy and heat distribution acc. to VIEREGGE

2.1.4 Werkzeugverschleiß

Tool wear

Das sich entlang der Schneide ergebende Belastungskollektiv führt zur Entwicklung von Werkzeugverschleiß, welcher nach der GESELLSCHAFT FÜR TRIBOLOGIE als fortschreitender Materialaustrag an der Oberfläche definiert ist, vgl. **Bild 2-5** [GFT02]. Dem Werkzeugverschleiß liegen die vier Hauptmechanismen *Adhäsion*, *Abrasion*, *tribochemische Reaktion* und *Oberflächenzerrüttung* zugrunde [ZUM 85]. Die Mechanismen treten nicht allein, sondern überlagert auf, und sind sowohl in ihrer Ursache als auch in ihrer Auswirkung nur zum Teil voneinander differenzierbar [KLOC08]. Insbesondere die thermische Belastung des Werkzeugs, beispielsweise durch eine hohe Schnittgeschwindigkeit, hat einen entscheidenden Einfluss auf den Werkzeugverschleiß [KOMA01].

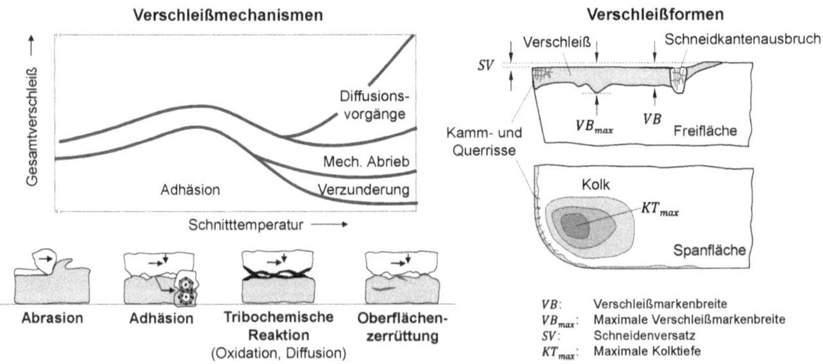

Bild 2-5: Verschleißmechanismen und -formen [ZUM 85, ISO93, KLOC08]
Wear mechanisms and appearances

Abrasion entsteht mechanisch durch das Eindringen der Rauheitsspitzen des Gegenkörpers oder durch als Zwischenstoff vorliegende Partikel während der Gleitbewegung zwischen Werkzeug und Werkstück [ZUM 85]. Hohe Temperaturen begünstigen durch Entfestigen des Schneidstoffs diesen Verschleißmechanismus [KOMA01].

Unter *Adhäsion* wird die Ausbildung von Grenzflächen-Haftverbindungen verstanden. Zwischen Werkstoff und Schneidstoff entstehen aufgrund mechanischer Belastungen und chemischer Reaktionen atomare Bindungen in Form von Mikroverschweißungen, die während der Relativbewegung abgeschert werden [ZUM 85]. Findet ein Ablösen der Hartstoffschicht vom Schneidstoff statt, wird von adhäsivem Schichtverschleiß gesprochen. Werden hingegen einzelne Lagen der Schicht abgeschert, liegt kohäsiver Schichtverschleiß vor [WINK05].

Die *tribochemische Reaktion* beruht auf der chemischen Wechselwirkung zwischen den Elementen des tribologischen Systems. Durch das vorherrschende Belastungskollektiv wird die Reaktivität der Oberfläche erhöht, sodass Reaktionsprodukte wie beispielsweise Oxidschichten entstehen können [ZUM 85]. Neben Oxidation wird üblicherweise auch die Diffusion aufgeführt, welche allerdings einen Verschleiß begünstigenden Transportmechanismus und keinen Verschleißmechanismus im engeren Sinne darstellt [BIND17].

Oberflächenzerrüttung wird durch mechanische Wechselspannungen in der Festkörperoberfläche hervorgerufen. In der beanspruchten Oberfläche entstehen Ermüdungsrisse, die zu Ausbrüchen des Schneidstoffes führen können. [ZUM 85]

In Abhängigkeit von Schnittparametern, Werkzeuggeometrie, Beschichtung, Schneidstoff und Werkstoff sind unterschiedliche Mechanismen am Gesamtverschleiß beteiligt und bewirken unterschiedliche Verschleißformen [ASTA06]. Die Verschleißformen lassen sich einerseits nach Ort des Auftretens in Span- und Freiflächenverschleiß unterteilen und sind in der ISO 3685 klassifiziert [ISO93]. Andererseits können Risse und Brüche auftreten, welche im Übergang zwischen Span- und Freifläche vorliegen.

Freiflächenverschleiß entsteht entlang der Freifläche des im Eingriff befindlichen Schneidteils. Diese Verschleißart resultiert in einer Änderung des lokalen Werkzeug-Freiwinkels sowie in einem Schneidkantenversatz, welcher zu Formabweichungen am Werkstück führen kann. Zunehmender Freiflächenverschleiß führt zu einer Vergrößerung der Kontaktfläche zwischen Werkzeug und Werkstück und folglich zu einer erhöhten thermischen Belastung durch Reibung. [BIND17]

Spanflächenverschleiß wird aufgrund der kraterförmigen Gestalt vorwiegend als Kolkverschleiß bezeichnet und durch den auf der Spanfläche ablaufenden Span hervorgerufen. Bei Schnellarbeitsstählen ist der Austrag auf thermische Entfestigung des Schneidstoffes bei hohen Schnittgeschwindigkeiten zurückzuführen [SCHA12]. Bei Hartmetallen führt das Eindiffundieren von Eisen zu einer Auflösung des Wolframkarbides, wodurch der Widerstand gegen Abrasion sinkt und Kolkverschleiß hervorgerufen wird [KLOC08]. Wolframkarbidbasierte Hartmetalle mit einer Kobaltbindephase

(WC-Co-Hartmetalle) werden daher stets vollbeschichtet eingesetzt, um die Diffusionsvorgänge zu unterbinden, wodurch Kolkverschleiß vermieden wird [WINK05].

Kamm- und *Querrisse* sind Ermüdungsschäden und können sowohl infolge thermischer als auch mechanischer Wechselbelastung des Werkzeuges oder durch Kombination beider Belastungen auftreten. Dieser Form der Rissentstehung liegt der Mechanismus der Oberflächenzerrüttung zugrunde. Querrisse entstehen als Folge mechanischer Überbelastung parallel zur Schneidkante, Kammrisse infolge thermisch induzierter mechanischer Wechselbeanspruchungen orthogonal zur Schneidkante. [KLOC08]

Schneidkantenausbrüche entstehen bei kleinem Keilwinkel des Werkzeugs und/oder bei spröden Schneidstoffen aufgrund von hohen Schnittkräften. Ursache hierfür können plötzliche Überbelastungen infolge von harten, nichtmetallischen Einflüssen oder das Einklemmen von Spänen zwischen Schneide und Werkstück sein. Auch Schnittunterbrechungen oder Vorschädigungen der Schneide können Ausbrüche hervorrufen. [KLOC08]

2.2 Wälzfräsen von Verzahnungen

Gear hobbing

Nach der Erörterung der Grundlagen der Zerspanung wird im folgenden Kapitel das Wälzfräsen beschrieben. Das Wälzfräsen ist eines der relevantesten Fertigungsverfahren für die Zahnradfertigung und findet breite Anwendung in der Windkraft-, Automobil-, Luft- und Raumfahrtindustrie sowie in generellen Bereichen des Maschinenbaus [KARP14]. Gemäß DIN 8580 [DIN03b] und DIN 8589-0 [DIN03a] gehört das Wälzfräsen zu den spanenden Verfahren mit geometrisch bestimmten Schneiden. Durch den unterbrochenen Schnitt und die charakteristische Prozesskinematik ist das Wälzfräsen durch eine diskontinuierliche Spanbildung und ein heterogenes Belastungskollektiv geprägt. Im Folgenden werden die wesentlichen Merkmale des Wälzfräswerkzeuges sowie des Wälzfräsprozesses näher beschrieben. Die verwendeten Begrifflichkeiten und Definitionen stützen sich auf das Grundlagenwerk von PFAUTER [PFAU76]. Für weitere Informationen zum Wälzfräsen sowie der Verzahnungsfertigung sei auf die entsprechende Fachliteratur verwiesen: [ABLE03, NIEM03, BAUS06, RADZ12, KLOC17].

2.2.1 Trockenwälzfräsen

Dry gear hobbing

Beim Trockenwälzfräsen findet die Zerspanung ohne den Einsatz von Kühlschmierstoffen (KSS) statt. Die Trockenbearbeitung ist durch ökonomische, ökologische und gesundheitliche Vorteile motiviert: Einerseits wird durch eine nicht länger notwendige Entsorgung des Kühlschmierstoffes die Umwelt geschont. Zum anderen entfallen die für die Entsorgung erforderlichen Kosten sowie die Kosten für Anschaffung und Aufbereitung des KSS. Weiterhin werden Mitarbeiter in geringerem Maße gesundheitsgefährdenden Stoffen ausgesetzt, welche der KSS selbst oder während der Zerspanung gebildete Aerosole sein können. Beim Einsatz von hochfesten Werkzeugsubstraten mit modernen Beschichtungen sind beim Trockenwälzfräsen aufgrund der Reduzierung der thermischen Wechselbelastung zudem höhere Schnittgeschwindigkeiten als beim Wälzfräsen mit KSS möglich. [KARP18]

Den genannten Vorteilen stehen jedoch eine erhöhte thermische Belastung des Werkzeuges, eine höhere thermische Deformation des Werkstücks sowie eine erschwerte Spanabfuhr gegenüber. Die erhöhte thermische Belastung des Werkzeuges resultiert aus dem Wegfall des kühlenden sowie reibungsmindernden Effektes des KSS [KNÖP96, KLEI03, HIPK12]. Dies führt weiterhin zu einer höheren Temperatur in der Zerspanstelle und folglich zu einer thermisch bedingten Deformation des Werkstücks, welche sich ohne entsprechende Kompensation negativ auf die Form- und Maßhaltigkeit der Verzahnung auswirken kann [STAR12, STAR13, BEUT19]. Neben den thermischen Effekten bilden sich zudem durch den Wegfall der Späneabfuhr mittels KSS vermehrt Oberflächendefekte auf der Verzahnung aus, welche sich nachteilig auf die Verzahnungsqualität auswirken [STUC14, KRÖM19].

Der Fokus der vorliegenden Arbeit liegt auf der Werkzeugbelastung beim Trockenwälzfräsen. In den nachfolgenden Kapiteln wird zur Vereinfachung der Begriff „Wälzfräsen" als Überbegriff für das Wälzfräsen mit und ohne KSS verwendet.

2.2.2 Prozesskinematik

Process kinematics

Die Kinematik des Wälzfräsens entspricht der eines Schraubwälzgetriebes. Die Rotation des schneckenförmigen Werkzeugs (Wälzfräser) wird mit der Rotation des zylindrischen Werkstücks so gekoppelt, dass beide Elemente wie eine Schnecke mit einem Schneckenrad wälzen, vgl. **Bild 2-6**.

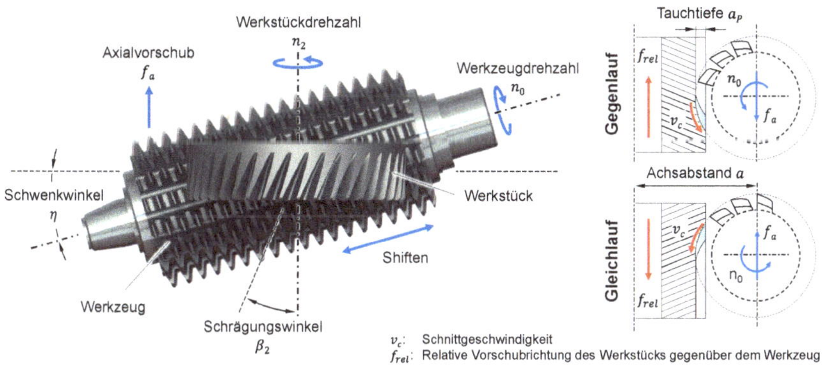

Bild 2-6: Prozesskinematik des Wälzfräsens

Process kinematics of gear hobbing

Die Synchronisation zwischen Werkzeug- und Werkstückrotation wird als *Wälzkopplung* bezeichnet. Die zur Erzeugung der Zahnflanke erforderliche Wälzbewegung entsteht durch eine Überlagerung der Werkstückrotation (rotatorische

Wälzkomponente) mit der theoretischen Tangentialbewegung der Fräserzähne (translatorische Wälzkomponente) auf dem Schneckengang des Wälzfräsers. Die Spanabnahme erfolgt durch den Eingriff der einzelnen Fräserzähne in den Werkstückwerkstoff. Durch den diskontinuierlichen Schnitt setzt sich das Werkstückprofil polygonartig aus Hüllschnitten zusammen. [PFAU76]

Im Prozess ist das Werkzeug gegenüber dem Werkstück auf den Achsabstand a zugestellt und um den Schwenkwinkel η geneigt. Der Achsabstand a ergibt sich aus der erforderlichen Tauchtiefe a_P zur Erzeugung der Verzahnung. Der Schwenkwinkel η wird nach **Gl. 2-4** aus dem Schrägungswinkel des Werkstücks β_2 und dem Steigungswinkel des Werkzeugs γ_0 berechnet. Beide Winkel sind in Abhängigkeit von der jeweiligen Steigungsrichtung von Werkzeug bzw. Werkstück vorzeichenbehaftet. Rechtssteigende Hüllschrauben erhalten ein positives und linkssteigende ein negatives Vorzeichen. [PFAU76]

$$\eta = \beta_2 - \gamma_0 \qquad \textbf{Gl. 2-4}$$

Zur Profilierung der vollen Zahnbreite b_2 wird der Rotationsbewegung des Werkzeugs eine zusätzliche Translationsbewegung parallel zur Werkstückachse überlagert. Der axiale Vorschubweg wird auf die Werkstückumdrehung bezogen und ist als Axialvorschub f_a definiert. Die resultierende axiale Vorschubgeschwindigkeit v_a kann nach **Gl. 2-5** als Produkt aus dem Axialvorschub f_a und der Drehzahl des Werkstücks n_2 gebildet werden. Die Drehzahl n_2 ergibt sich aus dem Produkt der Drehzahl des Werkzeugs n_0 und dem Verhältnis der Werkzeugzähnezahl z_0 zur Werkstückzähnezahl z_2. Die Drehzahl des Werkzeugs n_0 kann aus der verwendeten Schnittgeschwindigkeit v_c und dem Außendurchmesser d_{a0} des Werkzeugs abgeleitet werden. [VDI77]

$$v_a = f_a \cdot n_2 = f_a \cdot n_0 \cdot \frac{z_0}{z_2} = f_a \cdot \frac{v_c}{d_{a0} \cdot \pi} \cdot \frac{z_0}{z_2} \qquad \textbf{Gl. 2-5}$$

Bei Schrägverzahnungen ($\beta_2 \neq 0°$) muss zur Erzeugung der Zahnschräge der bereits bestehenden Wälzkopplung eine Zusatzdrehung des Werkstücks superpositioniert werden. Die resultierende Werkstückdrehzahl n_2 ergibt sich gemäß **Gl. 2-6**, wobei der erste Term die Wälzkopplung und der zweite Term die Zusatzdrehung beschreibt. Die Vorschubgeschwindigkeit v_a ist unabhängig von der Überlagerung. [PFAU76]

$$n_2 = n_0 \cdot \frac{z_0}{z_2} + v_a \cdot \frac{tan(\beta_2)}{d_2 \cdot \pi} \qquad \textbf{Gl. 2-6}$$

Bei gleichsinniger Orientierung der Schnittrichtung und der relativen Vorschubrichtung des Werkstücks gegenüber einem ortsfest gedachten Werkzeug wird von Gleichlauffräsen gesprochen. Der Span wird bei dieser Bearbeitung am dicken Ende angeschnitten. Im Gegenlauf sind die Bewegungsrichtungen entgegengesetzt und der Span wird am dünnen Ende angeschnitten. [PFAU76]

Während der Bearbeitung bleiben der Achsabstand und der Schwenkwinkel in der Regel konstant. Eine Ausnahme kann die Applizierung von Zahnflankenmodifikationen darstellen, die eine zusätzliche Überlagerung des Axialvorschubs durch eine radiale Vorschubkomponente und/oder Schwenkwinkeländerung erfordern. Weitere Ausnahmen sind das Radial-Axial-Wälzfräsen (radiales Anschneiden des Werkstücks mit anschließender axialer Profilierung) sowie das Wälzfräsen von konischen Werkstücken (z.B. Beveloidverzahnungen), die eine axial und radial gerichtete Vorschubbewegung aufweisen. [PFAU76]

Neben den genannten Bewegungen liegt mit der Shiftbewegung beim Wälzfräsen ein weiterer Freiheitsgrad vor. Als Shiften wird die tangentiale Bewegung des Werkzeugs entlang der Werkzeugachse relativ zum Werkstück bezeichnet. Dies kann entweder kontinuierlich oder zyklisch, z. B. nach jedem zerspanten Werkstück, erfolgen. Durch das Shiften des Werkzeuges wird eine bessere Verteilung der Wärme und des Verschleißes über der Gesamtlänge des Wälzfräsers realisiert. [ABLE03]

2.2.3 Geometrische Größen am Wälzfräser

Geometrical parameters of a hob

Die makrogeometrische Form des Wälzfräsers wird maßgeblich durch zwei Schrauben bestimmt: Die *Hüllschraube* und die *Nutenschraube*. Die Hüllschraube weist das zur Erzeugung der Verzahnung erforderliche Bezugsprofil auf, vgl. **Bild 2-7**. Sie bestimmt in Abhängigkeit vom Bezugsprofil, von der Gangzahl z_0 und vom Mittendurchmesser d_0 die Steigungshöhe p_{zH}, den Steigungswinkel γ_0, die Axialteilung p_x und den Außendurchmesser d_{a0} des Wälzfräsers. Die Nutenschraube teilt die Hüllschraube durch Spannuten in einzelne Fräserzähne. Die Anzahl der Spannuten n_{i0} hängt von der Zerspanaufgabe und der Größe des Wälzfräsers ab. Bei Wälzfräsern mit achsparallelen Spannuten hat die Nutenschraube einen Steigungswinkel von $\gamma_{N0} = 90°$. Die Steigungshöhe der Nutenschraube ist in diesem Fall $p_{zN} = \infty$. Die Fräserzähne werden radial hinterarbeitet, sodass an Zahnkopf und Zahnflanken Freiflächen unter definierten Freiwinkeln entstehen, die ein Nachschleifen der Spanfläche unter konstantem Spanwinkel bei gleichbleibendem Zahnprofil gestatten. [PFAU76]

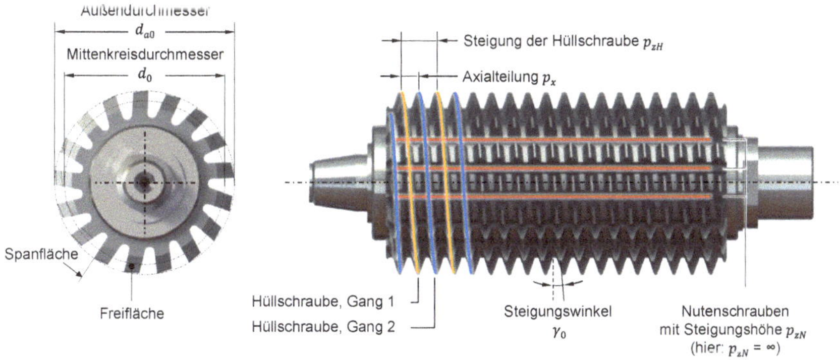

Bild 2-7: Geometrische Größen am Wälzfräser
Geometrical parameters of a hob

2.2.4 Arbeitsbereiche und Prozessphasen

Working areas and process phases

Ein wesentliches Verfahrensmerkmal des Wälzfräsens ist die Ausbildung komplexer sowie lokal und zeitlich variabler Spanungsgeometrien. Die Form und Größe der erzeugten Späne variiert sowohl über den im Eingriff befindlichen Fräserzähnen (ortsabhängig) als auch über dem Verfahrweg des Werkzeugs (zeitabhängig). Die unterschiedlichen Arbeitsbereiche und Prozessphasen können anhand des sich im Eingriff befindlichen Bereichs des Wälzfräsers beschrieben werden.

Arbeitsbereiche

Innerhalb des Eingriffsbereichs trennen die Fräserzähne nur in gewissen Teilbereichen Späne aus dem Werkstück heraus, vgl. **Bild 2-8**. Der Bereich, in dem zerspant wird, wird als Fräserarbeitsbereich bezeichnet. Die Länge des Fräserarbeitsbereichs l_{A0} wird auf der Fräserachse angegeben und setzt sich aus der Länge der Vorschneidezone l_{AZ} und der Länge der Profilausbildungszone l_{P0} zusammen. In der Vorschneidezone wird das größte Spanungsvolumen zerspant. In der nachfolgenden Profilausbildungszone wird die Lücke der Verzahnung unter abnehmenden Spanungsvolumen profiliert. [PFAU76]

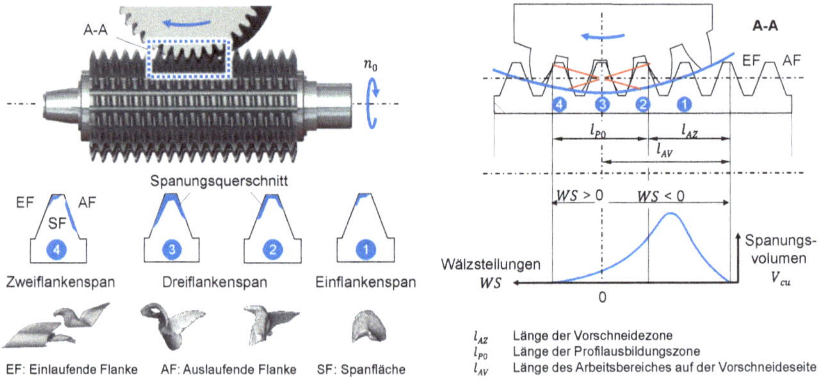

Bild 2-8: Arbeitsbereiche beim Wälzfräsen
Working areas in gear hobbing

Diese Prozesscharakteristik hat zur Folge, dass jeder Fräserzahn eine andere Spanungsgeometrie zerspant. Um die einzelnen Schneideneingriffe den jeweiligen Spanungsgeometrien eindeutig zuordnen zu können, hat sich der Begriff der Wälzstellungen (WS) etabliert. Eine Wälzstellung entspricht einem Schneideneingriff eines ungeshifteten Fräserzahns. Als $WS = 0$ ist nach ZIEGLER diejenige Wälzstellung definiert, die symmetrisch in einer ausprofilierten Werkstücklücke liegt [ZIEG67]. Wälzstellungen auf der Seite der Vorschneidezone erhalten ein negatives, alle übrigen ein positives

Vorzeichen. Negative Wälzstellungen sind folglich für die Bearbeitung der einlaufenden Zahnradflanke und positive Wälzstellungen für die Bearbeitung der auslaufenden Zahnradflanke verantwortlich.

Die erzeugten Späne lassen sich anhand ihrer Form in Ein-, Zwei- und Dreiflankenspäne unterteilen. Bei Zwei- und Dreiflankenspänen wird der Span gleichzeitig an einer oder beiden Werkzeugflanken und dem Werkzeugkopf gebildet. In diesem Fall fließt der Span aus unterschiedlichen Richtungen über die Spanfläche, wodurch Spanablaufbehinderungen entstehen können. Dadurch erhöht sich die Flächenpressung auf der Spanfläche und infolgedessen die Werkzeugbelastung. [HERZ14]

Prozessphasen

Infolge des Axialvorschubs wird auch der Eingriffsbereich kontinuierlich entlang der Werkstückachse verschoben, vgl. **Bild 2-9**. Bewegt sich der Fräser beim Gleichlauffräsen auf die untere Stirnfläche des Rades Z' zu, dann schneidet der Fräserzahn, dessen Bahn durch den höchsten Punkt X der Durchdringungskurve verläuft, als erster den Kopfzylinder des Rades an. Der Bereich der ersten Spanabnahme bis zum Erreichen der Profilausbildungszone wird als Anschnitt (I) bezeichnet. Im Anschnitt kommen die einzelnen Fräserzähne sukzessiv in Eingriff. Da das Profil der Verzahnung noch nicht ausgebildet wird, kann in diesem Bereich mit höheren Vorschüben gearbeitet werden. Auf diese Weise kann einerseits die Bearbeitungszeit verkürzt werden oder die Zustellung aus einer anderen Richtung erfolgen, beispielsweise radial. [PFAU76]

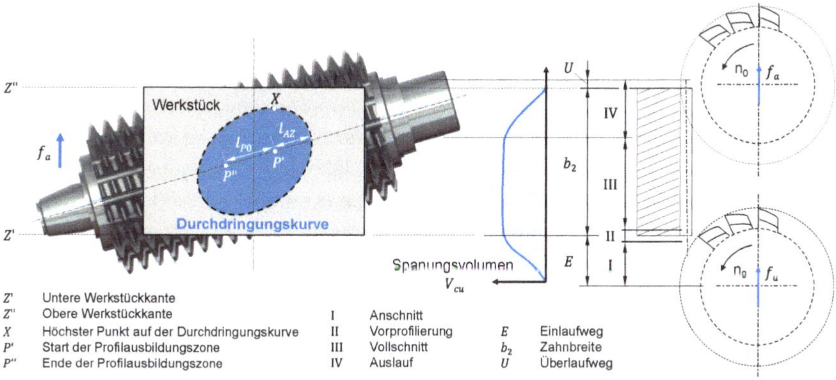

Bild 2-9: Prozessphasen beim Wälzfräsen
Process phases in gear hobing

Der Anschnitt ist beendet, sobald der Punkt P' deckungsgleich mit der Werkstückunterkante Z' ist. Ab hier wird das Werkstück profiliert und ein axialer Vorschub muss durchgeführt werden. Der Bereich von der erstmaligen Profilausbildung bis zum Erreichen des Vollschnittbereiches wird als Vorprofilierung (II) bezeichnet. In diesem Bereich kommen die profilierenden Wälzstellungen schrittweise in Kontakt mit dem Werkstück. Ist der Punkt P'' deckungsgleich mit der unteren Stirnebene Z', so ist das Werkzeug vollständig in Kontakt mit dem Werkstück und der Vollschnitt (III) beginnt. Im Vollschnitt liegt der komplette Fräserarbeitsbereich im Werkstück, sodass alle Werkzeugschneiden an der Spanbildung beteiligt sind. Zusätzlich liegen im Vollschnitt die maximalen Spanungsdicken und die maximalen Spanungslängen vor. Für eine erste Abschätzung der maximalen Werkzeugbelastung wird daher oft nur der Vollschnitt betrachtet [KRÖM19]. Während im Einlauf der aktive Fräserarbeitsbereich, die Spanungsgrößen und folglich die Bearbeitungskräfte kontinuierlich zunehmen, ist der Vollschnitt gekennzeichnet durch konstante Zerspanbedingungen bis zum Erreichen des Auslaufes. Bei schmalen Verzahnungen (Zahnbreite $b_2 \leq$ Einlaufweg E) liegt kein Vollschnittbereich vor, sodass die Kenngrößen über den kompletten axialen Verfahrweg des Werkzeugs variieren. Der Auslauf (IV) beginnt, sobald der Punkt X deckungsgleich mit der oberen Werkstückkante Z'' ist. Ab diesem Punkt nehmen die Spanungsgrößen und der im Eingriff befindliche Arbeitsbereich wieder ab. Der Prozess ist beendet, wenn P'' kongruent mit Z'' ist.

2.2.5 Werkzeug- und Wirk-Winkel

Tool and working angles

Die konstruktiven Winkel am Werkzeug werden als Werkzeug-Winkel bezeichnet [DIN85]. Diese Winkel verändern sich in Abhängigkeit von der Prozesskinematik zu den Wirk-Winkeln, welche die Spanbildung beeinflussen. Zur korrekten Ermittlung der Wirk-Winkel müssen zunächst die Werkzeug-Winkel und ihre Definition bekannt sein.

Werkzeug-Winkel

Bei der Herstellung eines Wälzfräsers wird zwischen Werkzeug-Winkeln am Kopf (Index „a“) und an der Flanke (Index „f“) unterschieden. An der Flanke können die Winkel in der Achsebene P_x oder der Schneidennormalebene P_n angegeben werden, vgl. **Bild 2-10**. Im betrachteten Punkt ist die Achsebene P_x parallel zur Werkzeugachse und die Schneidennormalebene P_n senkrecht zur Schneide. Beide Ebenen sind im betrachteten Schneidenpunkt parallel zur angenommenen Richtung der Schnittgeschwindigkeit v_c. Am Kopf können die Winkel in der Stirnebene P_t oder in der Tangentialebene zur Fräserhüllschraube T_s definiert werden. Am Kopf ist die Stirnebene P_t gleich der Schneidennormalebene P_n. [PFAU76]

In Bild 2-10 sind die Werkzeug-Winkel an der Flanke in der Achsebene P_x und am Kopf in der Stirnebene P_t exemplarisch dargestellt. Der Werkzeug-Spanwinkel γ in einem Schneidenpunkt Q ist festgelegt als der Winkel zwischen einer Tangente an die Spanfläche $T_{A\gamma}$ in dem betreffenden Punkt und der Ebene durch diesen Punkt, die die Fräserachse enthält. Der Spanwinkel ist positiv, wenn die die Fräserachse enthaltende Ebene durch Q den Schneidkeil berührt und negativ, wenn sie den Schneidkeil schneidet. Bei achsparallel genuteten Fräsern (Spannutenwinkel γ_{N0} = 90°) sind die Werkzeug-Flankenspanwinkel in der Achsebene γ_{fx} = 0°. In der Schneidennormalebene sind die Winkel γ_{fn} nur dann Null, wenn gleichzeitig auch der Werkzeug-Kopfspanwinkel in der Stirnebene γ_{at} = 0° ist. [PFAU76]

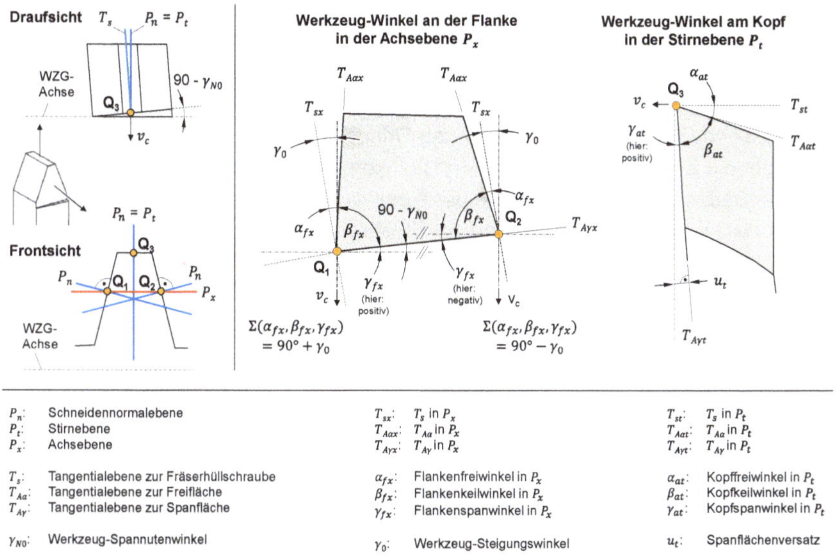

Bild 2-10: Werkzeug-Winkel beim Wälzfräsen

Tool angles in gear hobbing

Der Werkzeug-Kopfspanwinkel γ_{at} wird in der Regel durch einen Spanflächenversatz u_t im Stirnschnitt des Wälzfräsers erzeugt. Wird die Spanfläche in Bezug auf die Fräserachse zurückgesetzt, ist der Kopfspanwinkel positiv. Wird die Spanfläche vorgestellt, ist er negativ. Der Betrag des Spanflächenversatzes kann nach **Gl. 2-7** ermittelt werden. [PFAU76]

$$sin(\gamma_{at}) = \frac{2 \cdot u_t}{d_{a0}} \qquad \textbf{Gl. 2-7}$$

Der Werkzeug-Freiwinkel in einem Schneidenpunkt Q ist der Winkel zwischen der Tangente an die Freifläche $T_{A\alpha}$ in Q und der Tangente an die Fräserhüllschraube T_s in Q in der betrachteten Ebene. Der Werkzeug-Freiwinkel wird in der Regel am Zahnkopf angegeben (Kopffreiwinkel α_a). Durch die radiale Hinterarbeitung des Fräserzahns ergeben sich die Werkzeug-Freiwinkel an den Flanken (Flankenfreiwinkel α_f) nach den geometrischen Beziehungen gemäß **Gl. 2-8** bis **Gl. 2-10** in Abhängigkeit vom Fräsersteigungswinkel γ_0, dem Eingriffswinkel α_{n0} und der betrachteten Ebene. [PFAU76]

$$tan(\alpha_{as}) = tan(\alpha_{at}) \cdot cos(\gamma_0) \qquad \textbf{Gl. 2-8}$$

$$tan(\alpha_{fx}) = tan(\alpha_{as}) \cdot tan(\alpha_{n0}) \qquad \textbf{Gl. 2-9}$$

$$tan(\alpha_{fn}) = tan(\alpha_{fx}) \cdot cos(\alpha_{n0}) \qquad \textbf{Gl. 2-10}$$

Durch die für Wälzfräser spezifische Definition der Werkzeug-Freiwinkel ergibt sich eine Diskrepanz mit der Bedingung nach DIN 6581, dass die Summe der Winkel stets $\Sigma(\alpha, \beta, \gamma) = 90°$ ergeben muss [DIN85]. Dadurch, dass der Freiwinkel zwischen den Tangenten der Freifläche und der Fräserhüllkurve gemessen wird, und die Fräserhüllkurve um den Frästeigungswinkel γ_0 zur Orthogonalen der Werkzeugachse gedreht ist, ergibt die Summe der Winkel an den Flanken $\Sigma(\alpha_{fx}, \beta_{fx}, \gamma_{fx}) = 90° \pm \gamma_0$. Zur Einhaltung der Bedingung nach DIN 6581 müsste der Werkzeug-Flankenfreiwinkel zwischen der Freifläche und der Orthogonalen zur Fräserachse gemessen werden. Am Werkzeugkopf wird die Bedingung eingehalten, da die Tangente der Hüllschraube mit der Orthogonalen zur Werkzeugachse zusammenfällt. Da für die Ermittlung der Belastung ausschließlich die Wirk-Winkel von Interesse sind, ist diese Tatsache zweitrangig. Zur korrekten Berechnung der Wirk-Winkel muss jedoch die spezifische Definition der Freiwinkel bei Wälzfräsern berücksichtigt werden.

Wirk-Winkel

Zur Bestimmung der Wirk-Winkel muss zunächst die Richtung der Wirkgeschwindigkeit $\vec{v_e}$ der Schneidenpunkte bekannt sein. Diese setzt sich zusammen aus den Vektoren der Schnittgeschwindigkeit $\vec{v_c}$ und der Vorschubgeschwindigkeit $\vec{v_a}$ des Werkzeugs sowie der Umfangsgeschwindigkeit $\vec{v_u}$ des Werkstücks. Hierbei nehmen die Richtungsvektoren der einzelnen Geschwindigkeitskomponenten je nach Lage des Punktes auf der Schneide, des Werkzeug-Drehwinkels und der relativen Lage des Fräserzahns zum Werkstück (Wälzstellung) unterschiedliche Winkellagen zueinander an, wodurch unterschiedliche Wirkgeschwindigkeiten resultieren. Betrag und Richtung der Geschwindigkeitskomponenten sind neben den Prozessparametern auch vom Verzahnungsfall und der Werkzeuggeometrie abhängig, vgl. **Bild 2-11**.

Die Schnittbewegung bzw. Schnittgeschwindigkeit $\vec{v_c}$ entsteht aus der Rotation des Werkzeugs um seine Achse. Durch die unterschiedlichen Abstände der einzelnen Schneidenpunkte zur Rotationsachse resultiert ein Schnittgeschwindigkeitsgradient entlang des Werkzeugprofils. Im lokalen Werkzeugkoordinatensystem ist die Schnittrichtung für alle Punkte gleich und unabhängig von der relativen Lage des Werkzeugs zum Werkstück (Wälzstellung). Im globalen Koordinatensystem ändert sich die Schnittrichtung in Abhängigkeit vom Werkzeugdrehwinkel φ_0 und der Achslage im Raum, welche durch den Werkzeug-Schwenkwinkel η eingestellt wird.

Die Vorschubbewegung ist beim Axial-Wälzfräsen eine translatorische Bewegung des Werkzeugs parallel zur Werkstückachse mit der Vorschubgeschwindigkeit $\vec{v_a}$. Sie ist unabhängig vom betrachteten Schneidenpunkt und der relativen Lage der Schneide zum Werkstück stets konstant in Betrag und Richtung. Im Gegenlauffräsen zeigt der Richtungsvektor in die entgegengesetzte Richtung wie beim Gleichlauffräsen. In der Regel ist die Vorschubgeschwindigkeit $\vec{v_a}$ wesentlich kleiner als die Schnittgeschwindigkeit $\vec{v_c}$, sodass diese Komponente in Betrachtungen vernachlässigt werden kann.

Zur Berücksichtigung der Werkstückbewegung müssen die lokalen Umfangsgeschwindigkeiten $\vec{v_u}$ auf das Werkzeug bezogen werden. Die Umfangsgeschwindigkeit setzt sich zusammen aus der Rotation des Werkstücks durch die Wälzkopplung sowie einer eventuellen Zusatzdrehung bei Schrägverzahnungen (vgl. Gl. 2-6). Aus der linken Seite von Bild 2-11 ist ersichtlich, dass sowohl die Lage des Schneidenpunktes auf dem Werkzeugprofil als auch die Lage des Profils zum Werkstück (Wälzstellung) einen Einfluss auf Betrag und Richtung der Geschwindigkeitsvektoren $\vec{v_u}$ haben. Da das Werkstück um seine Achse rotiert, liegt die Bewegung auch ausschließlich in der Stirnschnittebene der Verzahnung vor. Die auf das Werkzeug bezogene Bewegung ist hierbei der eigentlichen Werkstückbewegung entgegengerichtet.

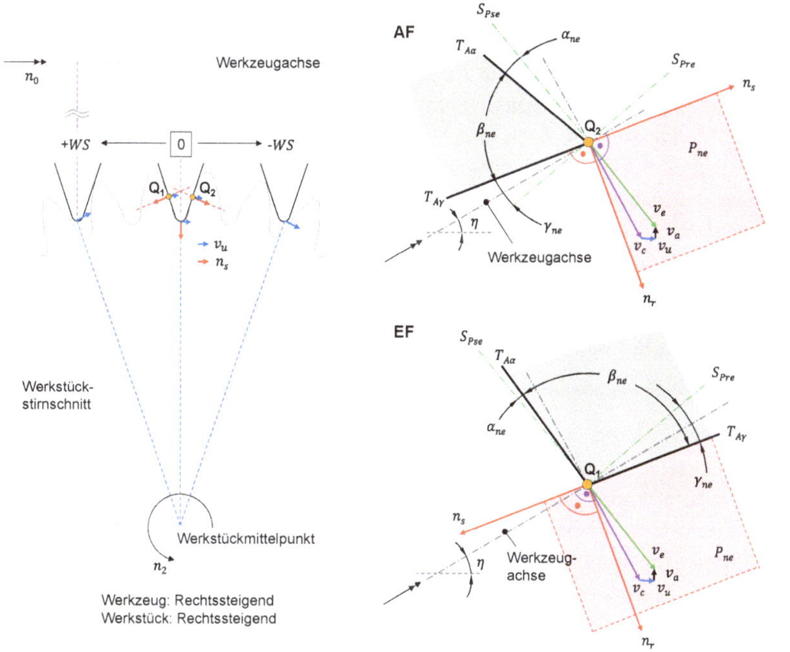

S_{Pse}:	Spur der Wirk-Schneidenebene P_{se}	P_{ne}:	Wirk-Schneidennormalebene	v_c:	Schnittgeschwindigkeit
S_{Pre}:	Spur der Wirk-Bezugsebene P_{re}			v_t:	Tangentialgeschwindigkeit
$T_{A\alpha}$:	Tangentialebene Freifläche A_α	n_s:	Schneidennormale	v_a:	Vorschubgeschwindigkeit
$T_{A\gamma}$:	Tangentialebene zur Spanfläche A_γ	n_γ:	Spanflächennormale	v_e:	Wirkgeschwindigkeit

Bild 2-11: Wirk-Winkel beim Wälzfräsen

Working angles in gear hobbing

Nach DIN 6581 ist der Wirk-Spanwinkel der Winkel zwischen der Spanfläche A_γ und der Wirk-Bezugsebene P_{re}. Die Wirk-Bezugsebene P_{re} ist eine Ebene durch den ausgewählten Schneidenpunkt senkrecht zur Richtung der Wirkgeschwindigkeit $\vec{v_e}$. Der Wirk-Freiwinkel ist der Winkel zwischen der Freifläche A_α und der Wirk-Schneidenebene P_{se}. Die Ebene P_{se} ist im ausgewählten Schneidenpunkt tangential zur Schneide und senkrecht zur Wirk-Bezugsebene P_{re}. Die Wirk-Winkel können in unterschiedlichen Ebenen gemessen werden. Für diese Arbeit wird die Wirk-Schneidennormalebene P_{ne} verwendet. Die Wirk-Schneidennormalebene P_{ne} wird durch die Normale zur

Schneide n_s und die Normale zur Spanfläche n_r aufgespannt. Der Vektor der Wirk-Geschwindigkeit muss dann durch Orthogonal-Projektion auf die Ebene P_{ne} projiziert werden. Die Wirkwinkel werden anschließend zwischen den sich ergebenden Spurengeraden S der Wirk-Ebenen und den Tangenten T an Span- bzw. Freifläche gemessen.

In Bild 2-11 sind die Wirk-Winkel für zwei Punkte Q_1 und Q_2 für die Wälzstellung $WS = 0$ beispielhaft in der Wirk-Schneidennormalebene P_{ne} eingezeichnet. Der Punkt Q_1 liegt auf der einlaufenden (EF) und der Punkt Q_2 auf der auslaufenden Werkzeugflanke (AF). Zu erkennen ist, dass der Wirk-Freiwinkel α_{ne} auf der einlaufenden Flanke in Abhängigkeit von der Wirkrichtung einen anderen Betrag als auf der auslaufenden Flanke hat. Der Wirk-Spanwinkel γ_{ne} ist in dem betrachteten Fall positiv auf der auslaufenden und negativ auf der einlaufenden Flanke. Anhand des linken Schaubilds kann weiterhin nachvollzogen werden, dass eine Verschiebung der Punkte hin zum Werkzeugkopf eine Vergrößerung der Schnittgeschwindigkeit $\vec{v_c}$ bei gleichzeitiger Verringerung der Umfangsgeschwindigkeit $\vec{v_u}$ zur Folge hat. Dies bedeutet, dass die Wirkrichtung die Schnittrichtung approximiert und folglich die Wirk-Freiwinkel auf der einlaufenden Flanke kleiner und auf der auslaufenden Flanke größer werden, während für die Wirk-Spanwinkel der umgekehrte Effekt eintritt.

2.2.6 Werkzeug-Mikrogeometrie

Tool microgeometry

Die Werkzeug-Mikrogeometrie definiert die Form der Schneidkante, die den Übergang zwischen der Spanfläche und der Freifläche eines Schneidkeils darstellt. Die Form der Schneidkante kann vereinfacht durch den Schneidkantenradius r_β und den Formfaktor K quantifiziert werden, vgl. **Bild 2-12**. Der Schneidkantenradius wird durch einen konstanten Kreis bestimmt, der die gemessene Verrundung approximiert. Der Formfaktor K beschreibt eine eventuelle Asymmetrie der Schneidkante und wird berechnet als Quotient aus dem Spanflächensegment S_γ und dem Freiflächensegment S_α. Die Segmente sind die kollinear zur Frei- bzw. Spanfläche liegenden Abstände zwischen dem Beginn der Verrundung und der Spitze einer idealen Schneidkante. $K = 1$ bezeichnet eine symmetrische, $K \neq 1$ eine asymmetrische Schneidkante. [DENK14]

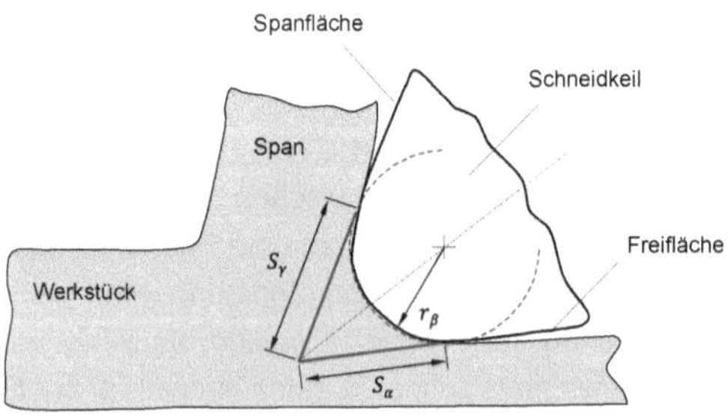

$$K = \frac{S_\gamma}{S_\alpha}$$

S_γ Spanflächensegment
S_α Freiflächensegment
K Formfaktor
r_β Schneidkantenradius

Bild 2-12: Werkzeug-Mikrogeometrie [DENK14]

Tool microgeometry

Eine umfassende Übersicht über aktuelle und geleistete Forschungs- und Entwicklungsarbeiten zur Schneidkante geben DENKENA UND BIERMANN [DENK14]. Die Autoren postulieren, dass die Form und der Zustand der Schneidkante einen wesentlichen Einfluss auf die Kontaktbedingungen während des Zerspanvorgangs und folglich auf die thermomechanische Belastung sowie den resultierenden Werkzeugverschleiß haben. Ein größerer Schneidkantenradius r_β erhöht die mechanische Stabilität der Schneidkante, führt jedoch zu einer zunehmenden Kontaktlänge an der Freifläche und folglich zu höheren thermomechanischen Belastungen im Vergleich zu kleineren Schneidkantenradien. Durch eine Vergrößerung des Freiflächensegments S_α nimmt insbesondere die Temperatur und folglich der Freiflächenverschleiß zu. Im Gegensatz dazu führt eine Erhöhung des Spanflächensegments S_γ zu keiner signifikanten Steigerung der thermomechanischen Belastung. [DENK14]

Der Einfluss der Werkzeug-Mikrogeometrie auf die Leistungsfähigkeit des Wälzfräsens wurde unter anderem von LUX [LUX98], WINKEL [WINK05], RECH [RECH06], CLAUDIN UND RECH [CLAU09] sowie KÜHN [KÜHN20b] experimentell untersucht. LUX stellte eine Steigerung der Standlänge mit abnehmendem Schneidkantenradius fest; der kleinste untersuchte Radius war r_β = 15 µm [LUX98]. WINKEL und RECH beobachteten die höchsten Standlängen im Bereich zwischen 10 ≤ r_β ≤ 20 µm. Kleinere bzw. größere Schneidkantenverrundungen führten zu geringeren Standlängen [WINK05, RECH06]. CLAUDIN UND RECH identifizierten mit r_β = 10 µm die für den in den Untersuchungen verwendeten Verzahnungsfall optimale Schneidkantenverrundung [CLAU09]. KÜHN variierte neben der Schneidkantenverrundung erstmals den Formfaktor, konnte allerdings die Beobachtungen von LUX, WINKEL, RECH sowie CLAUDIN UND RECH nicht bestätigen [KÜHN20b]. In den Untersuchungen konnte kein signifikanter Einfluss der Schneidkantenverrundung oder des Formfaktors auf die globale Standlänge nachgewiesen werden. Mit zunehmendem Verschleißfortschritt beobachtete KÜHN eine Veränderung der Schneidkantenform, welche nach einer spezifischen zerspanten Länge einen quasi-stationären Zustand erreichte [KÜHN20b]. Die zum Wälzfräsen durchgeführten Untersuchungen waren empirischer Natur. Beschreibungsmodelle zum Einfluss der Schneidkante auf die Werkzeugbelastung wurden nicht entwickelt, sodass hier noch weiterer Forschungsbedarf besteht.

Neben der Form der Schneidkante beeinflusst auch die Rauheit der Werkzeugoberfläche in der Kontaktzone die Werkzeugbelastung respektive den Werkzeugverschleiß. So stellten beispielsweise LUX [LUX98] und SARI [SARI18] eine deutliche Steigerung der Standlänge mit abnehmender Spanflächenrauheit fest. Dies kann unter anderem auf eine niedrigere Reibbelastung aufgrund einer niedrigeren Rauheit zurückgeführt werden. Weiterhin hat das angewandte Präparationsverfahren einen Einfluss auf die Oberflächenintegrität des Substrats an der Schneidkante. Dies beinhaltet insbesondere die durch das Verfahren eingebrachten Eigenspannungen, welche sich auf das Verschleißverhalten der Werkzeuge in Hinblick auf den Mechanismus der Oberflächenzerrüttung auswirken können. Laut DENKENA UND BIERMANN sind die für die Oberflächenintegrität der Werkzeuge maßgeblichen Mechanismen aufgrund des Präparationsprozesses sowie ihre Auswirkungen auf den Werkzeugverschleiß noch größtenteils unbekannt [DENK14].

2.2.7 Schneidstoffe und Beschichtungen

Cutting materials and coatings

Als Schneidstoffe werden für Wälzfräser hauptsächlich pulvermetallurgisch hergestellter Schnellarbeitsstahl (PM-HSS) und Hartmetall verwendet [FALK13, IMMI18]. Hartmetalle zeichnen sich im Vergleich zu PM-HSS durch eine höhere Härte und Warmfestigkeit aus und können folglich bei höheren Schnittgeschwindigkeiten als PM-HSS eingesetzt werden [KLOC08]. Aufgrund der niedrigeren Zähigkeit als PM-HSS neigt das Hartmetallsubstrat allerdings zu Sprödbruch bei hohen mechanischen Wechsellasten. Aus diesem Grund werden Hartmetallwerkzeuge in der Regel bei niedrigeren maximalen Spanungsdicken als PM-HSS Werkzeuge eingesetzt [KLOC09]. Die unterschiedlichen Belastungskollektive und Substrateigenschaften resultieren in unterschiedlichen Verschleißausprägungen, weshalb die Wahl geeigneter Belastungskenngrößen schneidstoffspezifisch erfolgen muss [KLOC09]. Während Hartmetallwerkzeuge bereits bei trockenen Schnittbedingungen eingesetzt werden, werden HSS-Werkzeuge in der Regel noch mit KSS verwendet [KARP18]. Dem ökologischen Trend folgend, wird die Trockenbearbeitung jedoch immer interessanter für industrielle Anwendungen, insbesondere für PM-HSS Werkzeuge [SCHL01, WINK10]. Eine Alternative zu Hartmetall und PM-HSS stellt der intermetallische Schneidstoff MC90 dar, welcher die Vorteile von Hartmetall sowie PM-HSS teilweise in sich vereint [KELL14]. Der Schneidstoff weist eine höhere Wärmeleitfähigkeit sowie thermische Stabilität als PM-HSS und bessere Duktilitätseigenschaften als Hartmetall auf [KELL14].

Sowohl Hartmetall- als auch HSS-Wälzfräser werden heutzutage mit einer Hartstoffbeschichtung versehen, um die Leistungsfähigkeit zu steigern [IMMI18]. Die primäre Aufgabe der Hartstoffschicht ist die Reduzierung des Werkzeugverschleißes durch Unterbindung des Kontaktes zwischen Werkstoff und Schneidstoff [KLOC08]. Neben Abrasions- und Adhäsionsmechanismen bei niedrigen Schnittgeschwindigkeiten bestimmen Oxidations- und Diffusionsmechanismen bei hohen Schnittgeschwindigkeiten maßgeblich den Werkzeugverschleiß. Folglich kommt mit zunehmender thermischer Belastung des Werkzeugs den Hochtemperatureigenschaften der Beschichtung eine besondere Bedeutung zu. Neben Schutz vor Oxidation müssen Beschichtungen als Diffusionssperre zwischen Werkzeug und Werkstück fungieren, während gleichzeitig eine hohe Warmfestigkeit und -härte zum Schutz vor Abrasion gegeben sein muss [BOBZ17]. Weitere Funktionen der Hartstoffschicht sind die thermische Isolation des Schneidstoffs und die Minimierung der Reibung zwischen Span und Werkzeug [KLEI03]. Da die Schicht während des Zerspanvorgangs im Kontakt mit dem Werkstoff steht, beeinflussen die tribologischen und physikalischen Schichteigenschaften die Kontaktbedingungen hinsichtlich Reibung und Wärmeleitung [BOUZ12].

Durch den Einsatz einer Hartstoffschicht ergibt sich bei der Bearbeitung im unterbrochenen Schnitt eine Reduzierung der Substrattemperatur, die insbesondere beim Einsatz von PM-HSS deutlich höhere Schnittgeschwindigkeiten und die Trockenbearbeitung ermöglicht [KLEI03]. Für das Wälzfräsen kommen heutzutage vermehrt Schichtsysteme vor, welche auf Aluminiumchromnitrid (AlCrN) basieren und mittels PVD-Verfahren appliziert werden [KOHL10, IMMI18]. Diese Schichtsysteme weisen im Vergleich zu den früher eingesetzten titanbasierten (TiAlN) Beschichtungen eine höhere Oxidationsbeständigkeit und Warmfestigkeit auf, was eine weitere Leistungssteigerung beim Wälzfräsen ermöglicht [IMMI18].

2.3 Simulation der Werkzeugbelastung beim Wälzfräsen

Simulation of the tool load in gear hobbing

Die vorangegangenen Kapitel zu den grundlegenden Verfahrenscharakteristika des Wälzfräsens verdeutlichen, dass der Wälzfräser einem orts- und zeitabhängigen Belastungskollektiv ausgesetzt ist. Zum einen sind in jeder Wälzstellung und jeder Arbeitsphase unterschiedliche Bereiche des Werkzeuges an der Zerspanung beteiligt, die einer lokalen und zeitlichen Variation der Spanungsdicke über der Schneidkante und dem Schnittbogen unterliegen. Zum anderen liegen durch die komplexen Spanbildungsvorgänge (Mehrflankenspäne) veränderte Zerspanbedingungen zugrunde, die durch zweidimensionale Modellvorstellungen nur bedingt berücksichtigt werden können.

Zur groben Abschätzung und Bewertung der Werkzeugbelastung wurden von HOFFMEISTER Approximationsfunktionen zur Berechnung der maximalen Spanungsdicke und -länge am Zahnkopf auf Basis analytisch-geometrischer Betrachtungen entwickelt [HOFF70]. Die Formel zur Berechnung der maximalen HOFFMEISTER Spanungsdicke $h_{cu,H}$ nach **Gl. 2-11** findet noch heute breite Anwendung bei der Auslegung von Wälzfräsprozessen [KLOC17].

$$h_{cu,H} = 4{,}9 \cdot m_n \cdot z_2^{\left(9{,}25\cdot 10^{-3}\cdot \beta_2 \cdot \frac{\pi}{180} - 0{,}542\right)} \cdot e^{-0{,}015\cdot \beta_2 \cdot \frac{\pi}{180}} \cdot e^{-0{,}015\cdot x_E} \cdot \left(\frac{r_{a0}}{m_n}\right)^{-8{,}25\cdot 10^{-3}\cdot \beta_2 \cdot \frac{\pi}{180} - 0{,}225} \cdot \frac{n_{i0}^{-0{,}877}}{z_0} \cdot \left(\frac{f_a}{m_n}\right)^{0{,}511} \cdot \left(\frac{a_P}{m_n}\right)^{0{,}319} \quad \text{Gl. 2-11}$$

Die von HOFFMEISTER entwickelten Formeln repräsentieren jedoch nicht den kompletten Prozess und sind auch nicht an Modelle gekoppelt, die die tatsächlich verwendete Werkzeug-Werkstück Kombination abbilden. So divergiert beispielsweise die mittels Gl. 2-11 berechnete Spanungsdicke mit zunehmenden Normalmodul m_n von der mittels einer numerischen Fertigungssimulation berechneten Spanungsdicke [BREC15].

Für Verschleiß- und Belastungsmodelle bildet die möglichst exakte Kenntnis der tatsächlich vorliegenden Spanungsgeometrien einen fundamentalen Bestandteil. Im Folgenden werden Ansätze und Methoden vorgestellt, die eine Simulation des Wälzfräsprozesses erlauben. Besonderer Fokus wird hierbei auf die Methoden zur Ermittlung der Werkzeugbelastung gelegt.

2.3.1 Geometrische Durchdringungsrechnung

Geometric penetration calculation

Zur Erfassung der komplexen Kinematik und zur Ermittlung der orts- und zeitaufgelösten Spanungsgeometrien beim Wälzfräsen wird heutzutage auf Fertigungssimulationen zurückgegriffen, welche in der Regel auf einer Durchdringungsrechnung basieren [KLOC17]. Für das Wälzfräsen wurden hierzu unterschiedliche Simulationsprogramme entwickelt, wie beispielsweise das Programm HOB3D der Universität Kreta [DIMI07, DIMI09, TAPO11], FRS/MAT der Aristoteles Universität [BOUZ08b, BOUZ08a] und das Programm SPARTAPRO, welches am Werkzeugmaschinenlabor WZL der RWTH Aachen entwickelt wird [KLOC17]. Da in dieser Arbeit das Programm SPARTAPRO verwendet wird, soll dieses im Folgenden näher erörtert werden:

SPARTAPRO fußt auf dem von SULZER entwickelten Simulationsprogramm FRS, welches aufbauend auf den Arbeiten von HOFFMEISTER [HOFF70] und WEIGEL [WEIG71] die Berechnung diskreter, werkstückbezogener Querschnittsflächen des Durchdringungsbereiches zwischen Werkzeug und Werkstück ermöglicht [SULZ73]. Später überarbeiteten BOUZAKIS [BOUZ81] und MUNDT [MUND92] das bestehende Programm von SULZER hinsichtlich der erreichbaren Genauigkeit. Die gewonnenen Erkenntnisse flossen in die von WECK ET AL. [WECK02, WECK03] entwickelte Software SPARTA ein, welche einen wesentlichen Bestandteil von SPARTAPRO darstellt [KLOC17].

Unter Vorgabe der Werkzeug- und Werkstückgeometrie sowie der Prozessparameter wird das Werkstück in eine definierte Anzahl paralleler Ebenen diskretisiert. Unter Berücksichtigung der Prozesskinematik werden die Ebenen vom Werkzeughüllkörper, welcher sich aus einzelnen Werkzeugebenen zusammensetzt, durchdrungen, vgl. **Bild 2-13**.

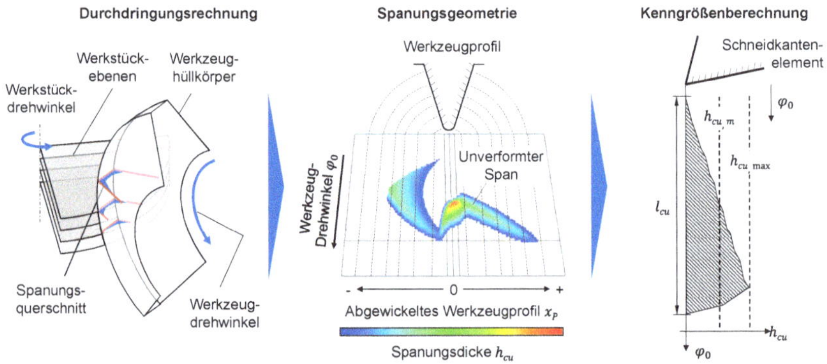

Bild 2-13: Funktionsprinzip der ebenenbasierten Durchdringungsrechnung
Working principle of the plane-based penetration calculation

Die Werkzeugebenen stellen hierbei die Lage des Werkzeugprofils zu verschiedenen Werkzeugdrehwinkel φ_0 bzw. zu unterschiedlichen Zeitpunkten t dar. In der Simulation ist das Werkstück, im Gegensatz zur Realität, im Raum fixiert, während das Werkzeug die Relativbewegung ausführt. Die Bewegung setzt sich zusammen aus der Schnittbewegung des Werkzeugs (Rotation des Werkzeugprofils um die Werkzeugachse) und der auf das Werkzeug bezogenen rotatorischen Bewegung des Werkstücks um die Werkstückachse. Da der Anteil der axialen Vorschubbewegung des Werkzeugs an der Gesamtbewegung verhältnismäßig gering ist, wird der Vorschub nur bei der initialen Positionierung des Hüllkörpers in der Wälzstellung berücksichtigt, nicht aber im Aufbau des Hüllkörpers selbst.

Aus den Schnittpunkten zwischen der jeweiligen Ebene des Werkzeughüllkörpers und der Werkstückebene ergeben sich die Schnittflächen, die dem Durchdringungsbereich entsprechen. Anschließend wird aus den diskreten Schnittflächen die Spanungsgeometrie einer Wälzstellung respektive eines Schneideneingriffs zusammengesetzt. Für eine bessere Veranschaulichung wird die Spanungsgeometrie üblicherweise über dem abgewickelten Werkzeugprofil x_P dargestellt. Aus der Spanungsgeometrie kann daraufhin für jeden Punkt x_P der im Eingriff befindlichen Werkzeugschneide der Verlauf der Spanungsdicke h_{cu} über die an diesem Punkt zurückgelegte Spanungslänge l_{cu} ermittelt werden. Diese Rechenoperation kann für alle im Prozess vorkommenden Wälzstellungen automatisiert durchgeführt werden und ist aufgrund des rein geometrischen Ansatzes besonders effizient, wodurch die Simulationsdauer nur wenige Sekunden bis Minuten beträgt [KLOC17]. Das Programm wurde anhand der Verzahnungsgeometrie und dem Vergleich zwischen Spanform und unverformter Spanungsgeometrie validiert [KRÖM15, KLOC16, KRÖM17].

Aus der Spanungsdicke h_{cu} und der Spanungslänge l_{cu} können weitere geometrische Kenngrößen, wie beispielsweise das Spanungsvolumen V_{cu} und die kumulierte Spanungslänge $l_{cu,\Sigma}$ abgeleitet werden. Aus den einzelnen Werten lassen sich weiterhin maximale und mittlere Kennwerte, wie beispielsweise die maximale Spanungsdicke $h_{cu,max}$, bilden. Zudem kann die Anzahl der Schnitte $i_{cu,\Sigma}$ den einzelnen Punkten auf der Schneidkante zugewiesen werden. Die geometrischen Spanungskenngrößen repräsentieren fundamentale Kenngrößen zur Bewertung der Werkzeugbelastung. In vergangenen Arbeiten wurde daher der Werkzeugverschleiß beim Wälzfräsen oftmals mithilfe der von SPARTAPRO ermittelten Kenngrößen analysiert [VENO85, HIPK12, WEBE16, WEBE17, WENG17, TROß19b]. Neben den geometrischen Spanungskenngrößen erlaubt das Programm zudem eine Berechnung der Wirk-Winkel, welche allerdings die resultierende Spanungsgeometrie nicht beeinflussen [KÜHN18].

Analyse der Werkzeugbelastung mittels Spanungskenngrößen

MUNDT nutzte die Durchdringungsrechnung, um durch eine Variantenrechnung Näherungsgleichungen zur Ermittlung von Spanungskenngrößen herzuleiten. In Versuchen identifizierte er Korrelationen zwischen den Spanungskenngrößen und dem auftretenden Werkzeugverschleiß. Als geometrische Kenngrößen zur Beurteilung der Werkzeugbelastung verwies MUNDT insbesondere auf die mittlere Spanungsdicke $h_{cu,m}$ und die mittlere Spanungslänge $l_{cu,m}$. [MUND92]

KOBIALKA analysierte anhand des Spanungsdickenverlaufs das Auftreten von Ausbrüchen der Werkzeugschneide bei Hartmetallwerkzeugen. Er schlussfolgerte, dass Spanungsdicken, die nur geringfügig über der Schneidkantenverrundung liegen, in einer mechanischen Überbelastung des Werkzeuges aufgrund von Stauch- und Quetschvorgängen resultieren. [KOBI01]

WINKEL postulierte, dass die Initiierung der Spanbildung eine höhere Belastung der Schneide verursacht als die Aufrechterhaltung des Spanbildungsvorgangs [WINK05]. Hierzu analysierte er mithilfe der Durchdringungsrechnung für alle Wälzstellungen den Punkt der Schneide, der zuerst in den Werkstoff eindringt. Die Simulation ergab, dass für den betrachteten Verzahnungsfall die häufigsten Schnittbeginne im kritischen Verschleißbereich auftreten. WINKEL folgerte, dass die resultierende Stoßbelastung an dem entsprechenden Schneidenelement am höchsten ist und somit das lokale Ausbrechen des Hartmetallsubstrats begünstigt. Eine ähnliche Modellvorstellung wurde zuvor schon von KOBIALKA in Form des Impulssatzes beschrieben [KOBI01]. Berechnungen von BOUZAKIS UND ANTONIADIS bestätigten weiterhin, dass im Kopfbereich des Werkzeugprofils hohe Substratspannungen auftreten können [BOUZ88]. In weiteren Untersuchungen führte WINKEL zur Erklärung von Spanablaufbehinderungen und verstärktem Verschleiß am Zahnkopf bei niedrigem Eingriffswinkel α_{n0} das bezogene Kopfspanungsvolumen ein. Hierfür setzte WINKEL das maximale Kopfspanungsvolumen zur Spanfläche im Kopfbereich in Bezug. Er stellte fest, dass mit abnehmendem Eingriffswinkel α_{n0} eine Verringerung des bezogenen Kopfspanungsvolumens einhergeht, wodurch der erhöhte Verschleiß am Zahnkopf erklärt wurde [WINK05].

SCHALASTER und SARI nutzen die ebenenbasierte Durchdringungsrechnung zur Analyse des Fertigwälzfräsens [SCHA12, SARI16]. Insbesondere der dem Schruppschnitt folgende Schlichtschnitt ist charakterisiert durch kleine Spanungsdicken, die mit hohen Schnittgeschwindigkeiten vom Werkstoff getrennt werden [SCHA12]. SCHALASTER entwickelte auf Basis von Zerspanversuchen zwei Verschleißmodelle. Das erste Modell prognostiziert die Standlänge des Werkzeuges in Abhängigkeit von der maximalen Schnittbogenlänge und der Schnittgeschwindigkeit und das zweite Modell den Verlauf der Verschleißmarkenbreite [SCHA12]. SARI knüpfte an die Arbeiten von SCHALASTER an und entwickelte ein Modell, welches die zulässige Profilform-Abweichung $f_{f\alpha}$ berücksichtigt [SARI16, SARI19].

KÖCHIG analysierte den Einfluss der Werkzeug- und Werkstückgeometrie auf den Werkzeugverschleiß [KÖCH19]. Zur Analyse der Werkzeugbelastung wurden aus bekannten Spanungskenngrößen in Analogie zu dem von WINKEL [WINK05] entwickelten bezogenen Kopfspanungsvolumen neue Belastungskenngrößen hergeleitet. Im Gegensatz zu WINKEL bezog KÖCHIG nicht das Spanungsvolumen, sondern die maximale Spanungsdicke am Zahnkopf auf den zur Verfügung stehenden Spanflächenbereich. Er ging hierzu von einer entlang des Zahnkopfes konstanten Spanungsdicke aus [KÖCH19]. Auf Basis von Belastungskenngrößen entwickelte KÖCHIG ein Modell zur Bestimmung der Zielschnittgeschwindigkeit zur Erreichung einer definierten Standlänge. Darauf aufbauend wurde ein Risiko-Leistungsfähigkeits-Index abgeleitet, der unter Berücksichtigung der Zielschnittgeschwindigkeit eine Übertragbarkeit auf andere Verzahnungsfälle und Werkstoffe erlauben soll [KÖCH19].

Mithilfe der ebenenbasierten Durchdringungsrechnung SPARTAPRO analysierten WEBER ET AL. die Zerspanbedingungen in der Anschnittphase beim Wälzfräsen und identifizierten eine linearere Korrelation zwischen der mittleren Kopfspanungsdicke $h_{cu,m}$ und der Standmenge N [WEBE16]. Später setzten TROß ET AL. die Arbeiten von WEBER ET AL. fort und ersetzten die Standmenge durch eine maximal ertragbare Gesamtschnittbogenlänge [TROß19a]. Auch in diesem Fall konnte ein funktionaler Zusammenhang zwischen der mittleren Spanungsdicke und einer maximal ertragbaren Schnittbogenlänge nachgewiesen werden.

Zur Analyse der Wechselwirkung zwischen dem ersten und dem zweiten Schnitt einer Zweischnittstrategie klassierten TROß ET AL. Belastungskollektive auf Basis von charakteristischen Spanungskenngrößen. Ein Vergleich von aus den Belastungskollektiven abgeleiteten Kennwerten ließ eine Korrelation der mittleren Spanungsdicke und der über alle Schnitte kumulierten Schnittbogenlänge erkennen. Die Korrelation war signifikanter, wenn nur das Kollektiv des ersten Schnitts berücksichtigt wurde. Dies verdeutlicht die Komplexität bei der Auslegung einer Zweischnittstrategie. Zudem wurde in den Untersuchungen nur der Axialvorschub variiert, während die Schnittgeschwindigkeit in beiden Schnitten gleich war. Lägen unterschiedliche Schnittgeschwindigkeiten vor, wäre die Bildung eines „geometrischen" Belastungskollektivs aus beiden Schnitten nicht mehr zulässig, da die Schnittgeschwindigkeit bei der Berechnung mit der Durchdringungsrechnung nicht berücksichtigt wird. [TROß20]

In den aufgeführten Arbeiten wurden hauptsächlich geometrische Spanungskenngrößen zur Prozessanalyse und Verschleißinterpretation verwendet. Diese Größen erlauben eine Abschätzung der auf das Werkzeug wirkenden Belastung, sind aber für eine möglichst exakte Bewertung der thermomechanischen Werkzeugbelastung nicht hinreichend. Werkstoff- und Schneidstoffeigenschaften sowie die Kontaktbedingungen zwischen Werkzeug und Werkstück werden nicht berücksichtigt. Durch weitere Forschungsarbeiten wurde die Berechnung der aus den Spanungsgeometrien resultierenden Zerspankräfte ermöglicht. Die Beurteilung der Werkzeugbelastung auf Basis der Zerspankraft hat nicht länger einen rein geometrischen, sondern auch einen materialspezifischen und somit physikalischen Charakter.

Kraftmodellierung auf Basis von Spanungskenngrößen

Erste Arbeiten zur Berechnung der Schnittkräfte beim Wälzfräsen wurden von ZIEGLER durchgeführt. ZIEGLER formulierte eine Schnittkraftgleichung auf Basis vereinfachter Annahmen bezüglich der vorliegenden Spanungskenngrößen. Nachteilig bei diesem Ansatz waren unter anderem eine abnehmende Genauigkeit bei unterschiedlichen Verzahnungsfällen und Bearbeitungsbedingungen. [ZIEG67]

Basierend auf dem von SULZER entwickelten Simulationsprogramm entwickelte BOUZAKIS eine Methode zur numerischen Zerspankraftberechnung für das Wälzfräsen. Hierzu bezog BOUZAKIS das Zerspankraftmodell nach KIENZLE [KIEN52] auf diskrete

Flächenelemente der Schneidkante und bestimmte durch Addition der einzelnen Kraftelemente näherungsweise die Gesamtkraft [BOUZ81]. GUTMANN erweiterte den Ansatz durch eine Neuformulierung wesentlicher Algorithmen und der Darstellung der Konturelemente mittels Spline-Funktionen [GUTM88]. Diese Beschreibung gestattete die Zerspankraftberechnung entlang äquidistant verteilter Spanelemente, wodurch eine höhere Genauigkeit der Ergebnisse gegenüber der Methode von BOUZAKIS erzielt wurde. Zudem wurden auf Basis von Orthogonal-Zerspanversuchen Modellfunktionen zur Beschreibung eines stetigen Verlaufs der Zerspankraft in Abhängigkeit vom Spanungsquerschnitt und von der Schnittgeschwindigkeit für das Wälzfräsen abgeleitet. Für die Berechnung der Schnitt- und Drangkraft beim Wälzfräsen kommt das Modell nach GUTMANN, vgl. **Gl. 2-12** und **Gl. 2-13**, noch heute zum Einsatz [KLOC17]. Das Modell beinhaltet werkstoffspezifische Koeffizienten A_{ij} aus denen in Abhängigkeit von der Spanungsdicke h_{cu} und der Schnittgeschwindigkeit v_c die spanungsbreitennormierte Schnitt- und Drangkraft berechnet werden kann. Durch Zerspanversuche im Orthogonalschnitt und eine nachfolgende Validierung im Wälzfräsprozess kann das Modell nach GUTMANN für neue Werkstoffe parametriert werden [KLOC07, KÜHN16].

$$F_i = b \cdot A_{i1}(v_c) \cdot \left[h_{cu} + A_{i2}(v_c) \cdot \left(1 - e^{\left(-\frac{h_{cu}}{A_{i3}(v_c)}\right)}\right)\right] \quad \textbf{Gl. 2-12}$$

$$A_{ij}(v_c) = A_{ij1} + A_{ij2}\, e^{\left(-\frac{v_c}{A_{ij3}}\right)} \quad \textbf{Gl. 2-13}$$

KÜHN ET AL. nutzten die Drangkraftberechnung zur Berechnung einer Verschleißkenngröße, welche den qualitativen Verlauf der mittleren Verschleißmarkenbreite beschreibt. Der Ansatz basiert auf der Annahme einer elasto-statischen, temperaturunabhängigen Annäherung zwischen idealer Schneidkante und Werkstoff in der Kontaktzone und der dadurch verrichteten mechanischen Arbeit. Durch eine Erweiterung des Verformungsterms um einen exponentiellen Anteil wird eine Abhängigkeit der Verschleißkenngröße von der zerspanten Länge L beschrieben. Im Gegensatz zu den Modellen, welche auf rein geometrischen Spanungskenngrößen beruhen, nutzten KÜHN ET AL. zusätzlich physikalische Gesetzmäßigkeiten zur Beschreibung des Werkzeugverschleißes beim Wälzfräsen. Allerdings wird das Belastungskollektiv durch die vereinfachenden Annahmen hinsichtlich der Kontaktbedingungen, der Schneidkantenform sowie einer über dem Prozess konstant angenommenen Zerspankraft nicht ausreichend beschrieben, sodass hier weiterer Forschungsbedarf besteht. [KÜHN20a]

2.3.2 Finite-Elemente-Methode (FEM)

Finite Element Method (FEM)

Neben der Durchdringungsrechnung bietet die Finite-Elemente-Methode (FEM) eine weitere Möglichkeit zur Simulation des Zerspanprozesses und somit der Werkzeugbelastung. Die FEM ist eine numerische Berechnungsmethode zur näherungsweisen Lösung von Problemen, in denen das Verhalten des Kontinuums durch partielle, orts- und zeitabhängige Differentialgleichungen beschrieben werden kann [KLOC08]. Die örtliche Diskretisierung erfolgt durch Vernetzung der betrachteten Körper (z. B. Werkstück und Werkzeug) bzw. der Umgebung durch eine Unterteilung dieser in endlich viele Elemente. Dabei werden Typ, Anzahl, Größe und Verteilung der Elemente festgelegt. Im Gegensatz zur Durchdringungsrechnung, welche einen rein geometrischen Ansatz verfolgt, ermöglicht die FEM die Simulation des Zerspanprozesses unter Berücksichtigung von plasto-mechanischen und thermischen Vorgängen [KLOC08]. Da während der Spanabnahme große Deformationen des Werkstoffs auftreten, sind spezielle Diskretisierungsmethoden notwendig, um die Werkstofftrennung bzw. Spanbildung numerisch stabil abbilden zu können [PULS15]. Hierzu werden für Zerspansimulationen im Wesentlichen folgende Methoden verwendetet: *LAGRANGE* Formulierung mit adaptiver Neuvernetzung, *Arbitrary Lagrangian-Eulerian* (ALE) Formulierung und *Coupled Eulerian-Lagrangian* (CEL) Formulierung, vgl. **Bild 2-14**. Die einzelnen Methoden werden im Folgenden näher erläutert.

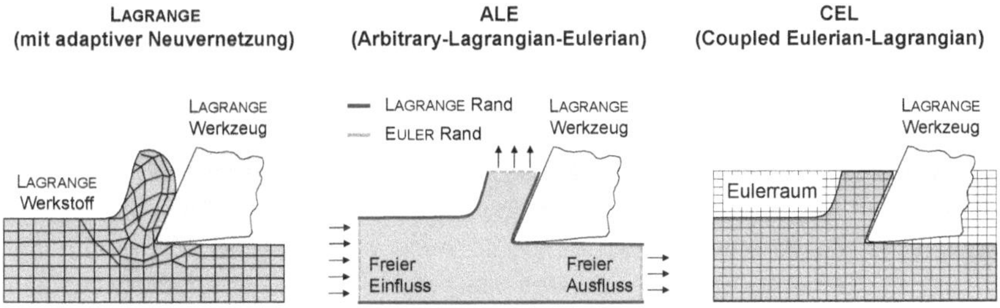

Bild 2-14: Schematische Darstellung der Vernetzungsmethoden [PULS15]
Schematic representation of the meshing methods

LANGRANGE Formulierung mit adaptiver Neuvernetzung

Bei der LAGRANGE Formulierung bewegen sich die Knoten eines Elements mit dem Werkstoff mit [KLOC08]. Nachteilig ist die mit der großen plastischen Verformung einhergehende Verzerrung des Netzes, sodass eine adaptive Neuvernetzung erforderlich ist. Neuvernetzungsalgorithmen legen ein neues Netz auf die verzerrte Struktur und übertragen durch Interpolation die Zustandsgrößen von dem alten auf das neue Netz [BENS92]. Diese Routinen verbessern die Vorhersagegüte der Simulation, führen aber aufgrund der zusätzlichen Berechnungen zu längeren Simulationszeiten [PULS15]. Forschungsarbeiten zur Simulation des orthogonalen Schnitts wurden beispielsweise von MARUSICH [MARU95, MARU01], ABOURIDOUANE ET AL. [ABOU15, ABOU16] und SRIDHAR ET AL. [SRID20] veröffentlicht.

Arbitrary-Lagrangian-Eulerian (ALE) Formulierung

Bei der ALE-Formulierung wird der Werkstoff durch ein ortsfestes Netz (Eulerraum) transportiert, wobei sich zusätzlich die Elementknoten innerhalb des vernetzten Gebiets frei bewegen [PULS15]. Auf diese Weise werden große Deformationen vermieden und das Netz stetig angepasst. Weiterhin muss lediglich der zu betrachtende Bereich vernetzt werden, was zu einer Steigerung der Recheneffizienz führen kann.

Nachteilig ist, dass bei Verwendung der ALE-Methode die Spangeometrie zu Beginn der Simulation vorgegeben werden muss. Durch die ortsfeste Annahme des Werkzeuges und die Kenntnis über die ungefähre Spanform ist die ALE Formulierung insbesondere bei Zerspansimulationen im orthogonalen Schnitt etabliert [OLOV99, ÖZEL06b, CERE07, HAGL08, MOLI12, COUR14, SOLI20].

Coupled Eulerian-Lagrangian (CEL) Methode

Bei der CEL-Formulierung wird der gesamte Raum, in dem das Werkstoffverhalten abgebildet werden soll, mittels EULER-Formulierung diskretisiert, während das Werkzeug mittels LAGRANGE-Formulierung vernetzt wird [PULS15]. Der Eulerraum wird als ortsfest angenommen und starr vernetzt. Einem Anteil des Eulerraums wird zu Beginn der Simulation der Werkstoff als diskretes Feld zugewiesen. Kommt das LAGRANGE Werkzeug in Kontakt mit dem Werkstoff, verformt sich dieser in Abhängigkeit von den hinterlegten Materialgesetzen und Kontaktbedingungen. Vorteilhaft bei dieser Methode ist, dass innerhalb des Eulerraums mehrphasige Werkstoffe abgebildet werden können [ABOU17]. Ferner ist denkbar, die Umgebung zu modellieren oder um beispielsweise Kühlschmiermedien in den Raum einfließen zu lassen und ihre Interaktion mit dem Werkstoff und Werkzeug zu modellieren [HELM19]. Verglichen mit den anderen Simulationsmethoden ist diese Methode unempfindlicher gegenüber großen Deformationen, da der Transfer der Variablen vom verformten auf das unverformte Netz nach jedem Zeitinkrement stattfindet und so keine Verzerrung der Elemente auftritt [PULS15]. Nachteilig wirkt sich die Methode auf die Anzahl der erforderlichen Elemente aus. Der gesamte Raum, in dem die Spanbildung stattfindet, muss vernetzt werden. Dies kann dazu führen, dass große Volumenanteile des Modells vernetzt werden, die nicht von Interesse sind. Gleichzeitig ist eine lokale Anpassung der Netzauflösung nur eingeschränkt möglich. Zudem ist der Selbstkontakt von Medien im Eulerraum problematisch, da in diesem Fall Verschmelzungen auftreten können. FE-Zerspansimulationen zum orthogonalen Schnitt wurden unter anderem von BENSON UND OKAZAWA [BENS04], PULS ET AL. [PULS16] und ABOURIDOUANE ET AL. [ABOU17] durchgeführt.

Die beschriebenen Methoden bieten jeweils Vor- und Nachteile und müssen je nach Bedarfsfall ausgewählt werden. Die Methoden stehen heutzutage in einer Vielzahl verschiedener, kommerzieller Soflwarelösungen zur Verfügung, z. B. ABAQUS/CAE (CEL und ALE), DEFORM-3D (LAGRANGE), ADVANTEDGE (LAGRANGE).

Werkstoffmodelle

Eine wesentliche Voraussetzung bei der Zerspanungssimulation ist die korrekte Modellierung des Werkstoffverhaltens. Dies umfasst sowohl die thermischen als auch die mechanischen Werkstoffeigenschaften. Die thermischen Eigenschaften beinhalten in der Regel die Wärmeleitfähigkeit, die Wärmekapazität, die Wärmeausdehnung sowie die Schmelztemperatur, während die mechanischen Eigenschaften die elasto-plastischen Verformungsvorgänge beschreiben [THIM19]. Aufgrund der hohen Dehnungen ($1 < \varepsilon < 10$) und Dehnraten ($10^3\ s^{-1} < \dot{\varepsilon} < 10^6\ s^{-1}$) in der Zerspanung ist die Modellierung des plastischen Bereichs von besonderer Relevanz [JASP99]. Die Beschreibung des plastischen Werkstoffverhaltens erfolgt in der Zerspanung über Werkstoffgesetze, die die Fließspannung σ_F als Funktion der Dehnung ε, der Dehnrate $\dot{\varepsilon}$ und der Temperatur ϑ approximieren [THIM19]. Bekannte Werkstoffgesetze sind die konstitutiven Modelle nach JOHNSON UND COOK [JOHN83], ZERILLI UND ARMSTRONG [ZERI87] und OXLEY [OXLE89]. Das JOHNSON-COOK (JC) Modell nach **Gl. 2-14** ist das für Zerspansimulationen am meisten genutzte Werkstoffgesetz [ARRA13]. Der erste Term beschreibt die Kaltverfestigung in Abhängigkeit von der Dehnung ε und der zweite Term die Dehnratenverfestigung, wobei die aktuelle Dehnrate $\dot{\varepsilon}$ auf eine Referenzdehnrate $\dot{\varepsilon}_0$ bezogen wird. Der dritte Term berücksichtigt den Einfluss der Temperatur ϑ auf die Entfestigung des Werkstoffs ausgehend von einer Referenztemperatur ϑ_R bis zur Schmelztemperatur ϑ_S. A, B, C, m und n sind Werkstoffparameter, anhand derer das Werkstoffmodell parametriert wird [ZHAN15].

$$\sigma_F(\varepsilon,\dot{\varepsilon},\vartheta) = (A + B \cdot \varepsilon^n) \cdot \left(1 + C \cdot ln\frac{\dot{\varepsilon}}{\dot{\varepsilon}_0}\right) \cdot \left(1 - \left[\frac{\vartheta - \vartheta_R}{\vartheta_S - \vartheta_R}\right]^m\right) \qquad \textit{Gl. 2-14}$$

Die Parametrierung eines Werkstoffmodells kann entweder durch direkte Messungen in Werkstoffprüfversuchen oder durch inverse Methoden auf Basis von Zerspanversuchen erfolgen [THIM19]. Im Werkstoffprüfversuch werden geometrisch einfache Proben verformt und währenddessen Messgrößen erfasst, auf deren Basis das Modell parametriert wird. Ein etabliertes Prüfverfahren für diese Methode ist der Split-Hopkinson-Pressure-Bar Test [ARRA13]. Nachteilig bei der direkten Methode ist, dass die relevanten Dehnungen, Dehnungsraten und Temperaturen sowie die hohe Aufheizrate (10^6 K·s^{-1}) und Pressung, die während eines Zerspanprozesses wirken, mit den meisten Werkstoffprüfverfahren nicht erreicht werden [ARRA13]. Diese Belastungen können nur in einem realen Zerspanprozess gleichzeitig erreicht werden. Infolgedessen wird seit einiger Zeit an inversen Methoden gearbeitet, um die Werkstoffmodellkonstanten direkt aus Zerspanversuchen in Kombination mit analytischen oder numerischen Berechnungen zu ermitteln [SHAT01a, SHAT01b, ÖZEL04, ÖZEL06a, SHI10a, SHI10b, KLOC13, THIM19, HARD22].

Schädigungsmodelle

Ein optionaler Bestandteil der Materialbeschreibung in Zerspanmodellen sind Schädigungsmodelle. Ihre Aufgabe besteht darin, ein mögliches Werkstoffversagen während der Spanbildung zu beschreiben. Besondere Bedeutung besitzen diese Modelle bei der Simulation von Prozessen, die eine diskontinuierliche Spanbildung aufweisen. Bei der Simulation einer Fließspanbildung, bei der die Prozesskräfte und -temperaturen im Vordergrund stehen, kann auf ein Schädigungsmodell verzichtet werden [THIM19]. Für Zerspansimulationen wurden in der Vergangenheit unter anderem das JOHNSON-COOK [ZHAN15] sowie das COCKCROFT-LATHAM [PULS16] Schädigungsmodell verwendet.

Kontaktmodelle

Neben dem Modell zur Beschreibung des Werkstoffverhaltens stellen insbesondere das mechanische Kontaktmodell zur Beschreibung der Reibung sowie das thermische

Kontaktmodell zur Beschreibung des Wärmeübergangs zwischen Werkzeug und Werkstoff wichtige Eingangsmodelle für FE-Simulationen dar [PULS15].

Die Reibung in der Kontaktzone beeinflusst die Temperaturentwicklung und die plastische Verformung innerhalb der Scherzonen, weshalb dem Reibmodell eine besondere Bedeutung zukommt [ÖZEL06b]. Aus der Literatur sind unterschiedliche Reibmodelle bekannt. Das bekannteste ist das COULOMBsche Reibmodell, welches einen proportionalen Verlauf zwischen Reib- und Normalspannung beschreibt [BONN08, BROC10]. Da die in der Zerspanung hervorgerufenen Normaldrücke nach dem COULOMBschen Modell zu Reibspannungen oberhalb der Schubfließspannung des Werkstoffs führen können, wurden weitere Modelle entwickelt, welche die Reibspannung auf einen Anteil der Schubfließspannung begrenzen oder einen exponentiellen Zusammenhang zwischen Reib- und Normalspannung beschreiben [PULS15]. Weitere Ansätze wurden von ARRAZOLA ET AL. [ARRA08], CHILDS ET AL. [CHIL89] und BAHI ET AL. [BAHI11] entwickelt. PULS entwickelte weiterhin ein Modell, das den Temperaturentfestigungsterm des JOHNSON-COOK Materialmodells zur Beschreibung der Reibspannungsübertragung in der Grenzschicht zwischen Werkzeug und Werkstoff verwendet [PULS15].

Das thermische Kontaktmodell beschreibt den thermischen Kontakt zwischen Werkstoff und Werkzeug. In numerischen Simulationen wird dies häufig durch den Wärmeübertragungskoeffizienten h_t ausgedrückt, der die effektive Wärmeübertragung durch Wärmeleitung, Konvektion und Strahlung zusammenfasst [PULS15]. Der Wert ist insbesondere von den vorherrschenden Kontaktbedingungen abhängig. Für ein schnelles Erreichen eines thermisch quasi-stationären Zustands wurde für Zerspansimulationen in der Vergangenheit ein Wert von $h_t \geq 10^4\ \mathrm{W \cdot m^{-2} \cdot K^{-1}}$ verwendet [COUR14, PULS15, PENG20]. Später analysierte HARDT den Einfluss des Kontaktwärmeübergangskoeffizienten h_t auf die simulierte Schneidkantentemperatur und stellte fest, dass im untersuchten Variationsbereich ($10^2 \leq h_t \leq 10^4\ \mathrm{W \cdot m^{-2} \cdot K^{-1}}$) weder der Temperaturbetrag noch die Zeit, die die Simulation zum Erreichen des quasi-stationären Zustands benötigt, signifikant beeinflusst werden [HARD22].

FE-Modellierung der Belastung beim Wälzfräsen

Die ersten Arbeiten zur FE-Modellierung des Wälzfräsens gehen auf BOUZAKIS ET AL. zurück [BOUZ08a]. BOUZAKIS ET AL. koppelten in der Fertigungssimulation FRS/MAT eine Durchdringungsrechnung mit einer FEM Simulation, welche mit der Software DEFORM-3D auf Basis der LAGRANGE Formulierung durchgeführt wurde. Auf diese Weise analysierten BOUZAKIS ET AL. die Spanentstehung [BOUZ05, BOUZ08b], die beim Wälzfräsen auftretenden Kräfte [BOUZ79a, BOUZ79b, BOUZ05] und Spannungen im Werkzeug [BOUZ93, BOUZ97]. Die ermittelten Belastungsgrößen verglichen BOUZAKIS ET AL. mit dem in Experimenten beobachteten Werkzeugverschleiß [BOUZ80a, BOUZ80b, BOUZ99, BOUZ02]. BOUZAKIS ET AL. berichteten, dass obwohl die Spanbildung durch das entwickelte FEM-gestützte Verfahren bereits gut beschrieben wird, jedoch noch Forschungsbedarf bezüglich der Berechnung von Temperatur, Spannungen und Dehnungen besteht [BOUZ08a].

STARK ET AL. modellierten die thermisch bedingte Deformation des Werkstücks beim Wälzfräsen [STAR12, STAR13]. Der Wärmeeintrag in das Werkstück wurde für unterschiedliche Wälzstellungen mithilfe von FEM-Simulationen in DEFORM-3D durchgeführt. Zur Validierung wurden die Spantemperatur und die Schnittkraft mit den Simulationsergebnissen verglichen. Die gemittelte Kraft und die Temperatur zeigten eine gute Übereinstimmung. Im simulierten Kraftverlauf wurde jedoch ein plötzlicher Anstieg der Zerspankraft beobachtet, was auf Spanablaufbehinderungen und Kontakt zwischen Span und Zahnlücke zurückgeführt wurde [STAR12]. Da der Fokus dieser Untersuchungen die in das Werkstück eingebrachte Temperatur war, wurde nicht näher auf die Werkzeugbelastung eingegangen. Weitere Arbeiten zur Analyse thermisch induzierter Bauteilverzüge beim Wälzfräsen wurden unter anderem von KADASHEVICH ET AL. durchgeführt [KADA15].

LIU ET AL. analysierten die thermomechanische Belastung eines Schneideneingriffs mittels ADVANTEDGE für das Zahnstangenfräsen. Je nach gewählten Prozessparametern und Kraftkomponente schwankte die Übereinstimmung zwischen der maximalen simulierten Kraft und dem Maximalwert der gemittelten Kraft zwischen 10 % und 100 %. Die verwendeten Prozessparameter wurden nicht angegeben, sodass eine Einordnung in den Stand der Technik nicht vorgenommen werden konnte. [LIU13]

Im Gegensatz zu LIU ET AL. simulierten DONG ET AL. mehrere im Eingriff befindliche Fräserzähne mittels ADVANTEDGE. In dieser Arbeit wurden der Kraftverlauf während des Eingriffs, die Temperatur im Werkstück sowie die Spannungen an den Fräserzähnen analysiert. Auf Basis experimenteller Daten wurde anschließend ein in ADVANTEDGE hinterlegtes Werkzeugverschleißmodell parametriert. Das Modell wurde genutzt, um die Verschleißrate des Werkzeugs bei unterschiedlichen Spanwinkeln zu prognostizieren. Die Untersuchungen ergaben, dass größere Span- und Freiwinkel die Verschleißrate reduzieren, was auch in Experimenten bestätigt wurde. [DONG16]

Zur Analyse der Spanverformung verwendete STUCKENBERG die FEM-Software DEFORM-3D, um die Spanbildung in einer kritischen Wälzstellung zu analysieren [STUC14]. Die erforderliche Lückengeometrie und Werkzeugposition wurde aus SPARTAPRO extrahiert und an die FEM-Software übergeben. Zur Abbildung des Werkstoffverhaltens griff STUCKENBERG auf ein Werkstoffmodell zurück, welches von HERZHOFF für das Kegelradfräsen anhand von Orthogonalschnittversuchen parametriert wurde [HERZ14]. STUCKENBERG stellte Abweichungen der Spangeometrie zwischen Simulation und Experiment fest, führte dies aber auf eine Problematik beim Ausrichten des Werkzeuges in der Simulationsumgebung zurück [STUC14]. Eine Betrachtung von Belastungsgrößen fand nicht statt.

Für die Analyse des Einflusses des Werkzeugprofils auf den Werkzeugverschleiß nutzte KÖCHIG die FE-Software ADVANTEDGE zur Simulation der thermischen Werkzeugbelastung auf Basis der LAGRANGE Formulierung [KÖCH19]. Die verwendeten Werkstoff- und Kontaktmodelle wurden aus Bibliotheken der Software übernommen und nicht näher spezifiziert. Bei dem kleinsten Netzelement von 20 µm gab KÖCHIG eine Berechnungszeit von zwei Wochen pro Wälzstellung an, allerdings ohne auf die verwendete Rechenleistung einzugehen. Aufgrund der hohen Rechenzeiten wurde zu jedem Versuchspunkt nur eine repräsentative Wälzstellung (maximales Spanungsvolumen) simuliert. Eine Validierung der Simulation wurde anhand der Spanform vorgenommen, welche eine gute Übereinstimmung zwischen simulierten und realen Spänen ergab. Die simulierte Spanflächentemperatur wurde hingegen aufgrund des vom Versuchswerkstoff abweichenden Werkstoffmodells nur qualitativ angegeben und nicht quantifiziert. Der qualitative Bereich mit den höchsten Temperaturen deckte sich mit den Bereichen, in denen im Experiment Kolkverschleiß auftrat [KÖCH19].

Später validierte BEUTNER das Simulationsmodell von KÖCHIG anhand von Drehmomentverläufen, welche im Schlagzahnversuch gemessen wurden, und stellte eine Abweichung von ca. 25 % fest. BEUTNER führte diese Abweichung auf die höhere Auflösung der Simulation gegenüber der Messung zurück. Im Gegensatz zu KÖCHIG verwendete BEUTNER als kleinstes Netzelement 35 µm und gab eine Rechenzeit von 26 h pro Span ohne nähere Spezifikation der Rechenleistung an. [BEUT19]

SABKHI ET AL. entwickelten eine Methode zur Vorhersage der Kraftkomponenten beim Wälzfräsen auf Basis von orthogonalen Schnittversuchen und der Berechnung der unverformten Spanungsdicke [SABK15, SABK16, SABK20]. Die Kraftkoeffizienten wurden in FEM-Simulationen des orthogonalen Schnitts auf der Grundlage des ALE-Ansatzes in ABAQUS/CAE gewonnen. Der Einfluss der Schneidkantenform wurde qualitativ auf Basis von Koeffizienten berücksichtigt [SABK16]. Im Vergleich der im orthogonalen Schnitt gemessenen zu der simulierten Kraft wurden Abweichungen von 15 % bis 20 % festgestellt. Zudem zeigte sich, dass das numerische Modell die Variation der Schnittkräfte in Abhängigkeit von der Schnittgeschwindigkeit nicht genau wiedergab [SABK20]. Durch eine Skalierung der Schnittkräfte auf Schneidenabschnitte des Wälzfräserzahns simulierten SABKHI ET AL. den Kraftverlauf eines Zahneingriffs in einer Wälzstellung. Die erforderlichen Spanungsquerschnitte wurden mithilfe einer Durchdringungsrechnung in einer kommerziellen CAD-Software ermittelt. Eine Validierung fand nicht statt. Neben der Ermittlung der Kraft wurde das analytische Modell von MOUFKI ET AL. [MOUF04] zur Berechnung der mittleren Temperatur in der primären Scherzone und an dem Kontaktpunkt auf der Spanfläche verwendet [SABK20]. Für die primäre Scherzonentemperatur wurden gute Übereinstimmungen zwischen dem analytischen und dem FE-Modell festgestellt. Im Hinblick auf die Spanflächentemperatur waren die analytischen Ergebnisse größer als die mittels FEM simulierte Temperatur. Dieser Unterschied wurde auf die Unterschätzung des Reibkoeffizienten durch das verwendete Reibmodell zurückgeführt [SABK20].

2.3.3 Mehrskalenmodellierung

Multiscale modeling

Die *Mehrskalenmodellierung* ist eine Methode zur Modellierung von Systemen, die wichtige Merkmale auf mehreren Skalen von Zeit und/oder Raum aufweisen [STEI17]. Die Anwendung der Methode ist dann sinnvoll, wenn eine Modellierung der für den Anwendungsfall relevanten physikalischen Wechselwirkungen und Effekte in einem einzelnen System nicht praktikabel ist. Die Mehrskalenmodellierung findet Anwendung in unterschiedlichen Disziplinen und erfasst verschiedene Längenskalen [HORS12]. Insbesondere der Mehrskalenmodellierung des Werkstoffverhaltens im Sinne von ICME (*Integrated Computational Materials Engineering*) kommt künftig eine zunehmende Bedeutung zu [LIU18].

Bezogen auf den Fertigungsprozess findet eine einzelne Spanabnahme nur in einem kleinen räumlichen und zeitlichen Abschnitt auf einer mikroskopischen Modellskala statt. Hier treten jedoch komplexe physikalische Phänomene auf, die maßgeblich von den lokalen Kontaktbedingungen abhängen und die thermomechanische Belastung beeinflussen. Eine Modellierung aller Spanabnahmen des kompletten Prozesses unter Berücksichtigung der lokalen Kontaktbedingungen würde zu erheblichen Rechenzeiten führen. Für eine zeiteffiziente Analyse ist daher eine Trennung des Modells auf unterschiedliche Abstraktionsskalen und eine spätere Zusammenführung über geeignete Schnittstellen sinnvoll. [PULS15]

Der Mehrskalenansatz bei geometrisch definierten Zerspanungsprozessen basiert auf der Annahme, dass die thermomechanischen Belastungen an jedem Punkt der Schneide durch vereinfachte Prozesse, wie den Drehprozess oder den orthogonalen Schnitt, berechnet werden können [PENG20]. Auf diese Weise kann die lokale Belastung auch bei komplexen Prozessen mit wechselnden Kontaktbedingungen effizient modelliert werden. In diesem Hinblick sind alle Modelle, welche im vereinfachten Prozess parametriert und auf den tatsächlichen Fertigungsprozess skaliert werden (z. B. mittels Durchdringungsrechnung), Mehrskalenmodelle. Hierzu zählen beispielsweise die Kraftmodelle nach BOUZAKIS [BOUZ81] und GUTMANN [GUTM88] sowie das von SABKHI ET AL. [SABK20] entwickelte thermomechanische Belastungsmodell. Der Begriff *Mehrskalenmodell* wurde explizit von ODENDAHL ET AL. [ODEN13, ODEN14], PULS [PULS15] und PENG [PENG20] verwendet.

ODENDAHL ET AL. analysierten den NC-Fräsprozess durch eine mehrskalige Darstellung des Werkstücks. Mittels dexelbasierter Darstellung wurde einerseits eine effiziente Visualisierung der Werkstückform erzielt. Andererseits konnten während der Simulation des Fertigungsprozesses Situationen identifiziert werden, in denen eine detaillierte Berechnung der Zerspankräfte mit einem rechenintensiven CSG (*Constructive Solid Geometry*) Modell nicht erforderlich ist. Auf diese Weise konnte die Laufzeit der Simulation deutlich reduziert werden. [ODEN14].

PULS entwickelte ein Mehrskalenmodell zur Simulation des aus dem Wärmeeintrag resultierenden Bauteilverzugs beim Trockendrehen. Der Wärmestrom in das Werkstück wurde durch eine FE-Spanbildungssimulation des Drehprozesses über eine kurze Schnittlänge ermittelt. Basierend auf den Simulationsdaten leitete PULS ein Regressionsmodell für den Wärmefluss als Funktion der Spanungsdicke, des Spanwinkels, des Schneidkantenradius, der Schnittgeschwindigkeit und des Werkzeugverschleißes ab. Der Wärmestrom wurde dann in ein makroskopisches FE-Modell integriert, indem kontinuierlich Elemente entfernt und die Wärmestrom-Randbedingungen angewendet wurden. [PULS15]

PENG nutze ein Mehrskalenmodell zur Prädiktion der beim Räumen von Inconel auftretenden Prozesskräfte sowie des Werkzeugverschleißes. Hierzu parametrierte PENG Prädiktionsfunktionen auf der Mikroskala auf Basis von Orthogonalschnittversuchen und numerischen FE-Berechnungen mithilfe von Ansätzen des maschinellen Lernens. Die Räumwerkzeuge wurden auf der makroskopischen Ebene mit einer geometrischen Methode diskretisiert, wobei die lokalen Schnittbedingungen entlang der Schneidkante bestimmt wurden. Auf Grundlage der Prädiktionsfunktionen und der lokalen Schnittbedingungen wurden die Schnittkraftkomponenten und die Werkzeugverschleißentwicklung entlang der Schneidkante beim Räumen berechnet. [PENG20]

2.4 Fazit zum Stand der Technik in Industrie und Wissenschaft

Conclusion to the state of the art in industry and academia

Das Wälzfräsen ist eine der meist genutzten Technologien zur Fertigung von Außenverzahnungen. Der Prozess kann sowohl mit als auch ohne Einsatz von Kühlschmierstoff durchgeführt werden. Im Gegensatz zur Nassbearbeitung ist das Trockenwälzfräsen im Sinne eines nachhaltigen Prozesses durch ökologische sowie gesundheitliche Vorteile motiviert. Den genannten Vorteilen steht jedoch unter anderem eine erhöhte thermische Belastung des Werkzeuges gegenüber, die es bei der systematischen Prozess- und Werkzeugauslegung zu berücksichtigen gilt.

Grundsätzlich treten bei der Zerspanung thermische und mechanische Belastungen an der Schneidkante auf. Gerade beim Trockenwälzfräsen tritt hierbei die thermische Belastung in den Vordergrund. Das resultierende Belastungskollektiv führt zu Werkzeugverschleiß, welcher bei verstärkter Ausprägung die Maßhaltigkeit des Werkstücks sowie die Stabilität der Werkzeugschneide negativ beeinflusst. Aufgrund der geometrisch-kinematischen Zusammenhänge beim Wälzfräsen liegen unterschiedliche Durchdringungsverhältnisse in den einzelnen Wälzstellungen vor. Folglich ergeben sich für jede Wälzstellung unterschiedliche Kontaktbedingungen, wodurch sich auch die Belastung der Werkzeugschneide in jeder Wälzstellung unterscheidet. Zur Erzielung einer möglichst hohen Leistungsfähigkeit muss der Wälzfräsprozess unter Berücksichtigung des Belastungskollektivs ausgelegt werden. Die Ermittlung der über alle Wälzstellungen vorliegenden thermomechanischen Belastung ist jedoch aufgrund der diskontinuierlichen sowie orts- und zeitabhängigen Spanbildung nicht trivial und nicht Stand der Technik.

Für die Bewertung der Werkzeugbelastung und die Interpretation des Verschleißverhaltens wurden in der Vergangenheit insbesondere geometrische Spanungskenngrößen herangezogen [MUND92, WINK05, SCHA12, SARI16, TROß19b]. Der Einsatz der Durchdringungsrechnung erlaubt eine zeiteffiziente Ermittlung sämtlicher im Prozess auftretender Spanungsgeometrien und folglich eine makroskopische Analyse des Gesamtprozesses. Auch die für das Wälzfräsen entwickelten Verschleißmodelle basieren maßgeblich auf geometrischen Kennwerten und stellen in der Regel individuelle Lösungen für den jeweiligen Anwendungsfall dar [SCHA12, SARI16]. Der Nachteil der geometrischen Betrachtungsweise liegt in der unzureichenden Beschreibung der Kontaktbedingungen zwischen Werkzeug und Werkstück. So haben beispielsweise Werkstoff, Schneidstoff, Schnittgeschwindigkeit, Schneidkantenform sowie die lokalen Span- und Freiwinkel keinen Einfluss auf die Durchdringungsverhältnisse. Zur möglichst exakten Beschreibung der Belastung beim Wälzfräsen ist die Kenntnis über die lokal vorliegenden Kontaktbedingungen zwingend erforderlich.

Eine Erweiterung der Durchdringungsrechnung stellen empirische Modelle zur Berücksichtigung materialphysikalischer Eigenschaften dar. In diesem Zusammenhang wurden Kraftmodelle entwickelt, die in Kombination mit der Durchdringungsrechnung die Zerspankraft und die resultierenden Kraftkomponenten für den gesamten Wälzfräsprozess lokal- und zeitaufgelöst bestimmen können [BOUZ81, GUTM88]. Obgleich die Zerspankraft eine integrale Größe darstellt und folglich den thermischen Zustand des Systems berücksichtigt, ist eine Trennung der thermischen von der mechanischen Belastung jedoch nicht ohne weiteres möglich. Insbesondere die thermische Belastung ist ein wesentlicher Verschleißtreiber und muss für eine optimierte Auslegung des Fertigungsprozesses berücksichtigt werden [KOMA01].

Die thermische Belastung resultiert primär aus der Reibarbeit und der durch die Verformungsvorgänge umgesetzten Wärmeenergie. Zur Modellierung des tribologischen Kontaktes unter Berücksichtigung der Schneidkantenform bieten Kontinuum-Methoden wie die Finite-Elemente-Methode (FEM) eine Möglichkeit der Prozesssimulation. Mittels FEM können physikalische Prozess- und Zustandsgrößen, wie beispielsweise Spannungen, Temperaturen, Kräfte und Wärmeströme, orts- und zeitaufgelöst ermittelt werden. Ferner können die geometrischen und tribologischen Kontaktbedingungen sowie Spanbildungsvorgänge entsprechend der jeweiligen Anwendung und Anforderung modelliert werden.

Für den Orthogonalschnitt sowie die Fertigungsprozesse Drehen, Bohren und Fräsen wurde die FEM bereits mehrfach erfolgreich eingesetzt [YEN04, SURM11, JOLI13b, JOLI13a, ODEN14, PULS15, BIND17]. Zum Wälzfräsen existiert hingegen nur eine vergleichsweise geringe Anzahl an Forschungsarbeiten. SABKHI ET AL. entwickelten ein Temperaturmodell zur Approximation der mittleren Spanflächentemperatur beim Wälzfräsen. Eine Skalierung auf den gesamten Wälzfräsprozess wurde jedoch nicht vorgenommen [SABK15, SABK16, SABK20]. KARPUSCHEWSKI ET AL. sowie KÖCHIG analysierten die Zerspantemperatur in individuellen Wälzstellungen. Aufgrund eines vom Versuchswerkstoff abweichenden Werkstoffmodells wurde die Temperatur allerdings nur qualitativ angegeben [KARP17b, KARP17a, KÖCH19]. Zudem erfolgte keine Skalierung auf den Gesamtprozess oder eine Ableitung von thermomechanischen Belastungsgrößen, was eine Übertragung auf andere Verzahnungsfälle erschwert.

Herausforderungen bei der Anwendung der FEM sind hohe Rechenzeiten, die Notwendigkeit validierter Material- und Kontaktmodelle sowie ein hoher Aufwand bei der Modellerstellung, was einen anwendungsgerechten Einsatz erschwert. Zudem ist eine Modellierung und Simulation des Wälzfräsprozesses mittels FEM besonders anspruchsvoll, da in jeder Wälzstellung unterschiedliche Spanungsgeometrien und folglich unterschiedliche Belastungen vorliegen. Zur Berücksichtigung des Belastkollektivs des gesamten Prozesses müssten alle Wälzstellungen simuliert werden, was den Simulationsaufwand exponentiell erhöhen würde.

Während die Spanbildung auf einer mikroskopischen Ebene stattfindet, liegt der Wälzfräsprozess auf einer makroskopischen Ebene vor. Zur effizienten Ermittlung des beim Wälzfräsen vorliegenden Belastungskollektivs bietet sich eine Kopplung der beiden Skalen auf Basis der Mehrskalenmodellierung an. Detaillierte Analysen hinsichtlich einer mehrskaligen Simulation beim Wälzfräsen sowie deren Umsetzung zur Berechnung des thermomechanischen Belastungskollektivs wurden bisher nicht publiziert.

3 Zielsetzung und Vorgehensweise

Objective and approach

Zur Auslegung des Wälzfräsprozesses und zur Interpretation des Verschleißverhaltens werden in der Regel geometrische Kenngrößen herangezogen. Diese berücksichtigen allerdings weder die materialphysikalischen Einflüsse auf die Werkzeugbelastung noch die während des Zerspanvorgangs vorliegenden Kontaktbedingungen. Insbesondere die thermische Belastung, die gerade beim Trockenwälzfräsen einen wesentlichen Einfluss auf die resultierende Verschleißausbildung hat, wird jedoch maßgeblich durch die verwendeten Werk- und Schneidstoffe sowie durch Reibung beeinflusst. Zur Analyse der thermomechanischen Belastung wurde daher in bestehenden Arbeiten vermehrt auf die Finite-Elemente-Methode zurückgegriffen. Aufgrund des hohen Rechenaufwands ist die Abbildung des gesamten Prozesses jedoch nicht zielführend, weshalb in den Untersuchungen nur einzelne Wälzstellungen abgebildet wurden. Für eine Analyse der Gesamtbelastung, respektive des Belastungskollektivs, ist die Betrachtung einer einzelnen Wälzstellung jedoch nicht ausreichend.

Zur anwendungsgerechten Modellierung des Wälzfräsprozesses ist folglich ein effizienter, möglichst realitätsnaher sowie auf unterschiedliche Werkzeug-Werkstück-Kombinationen übertragbarer Ansatz erforderlich. Das Ziel dieser Arbeit ist daher die Entwicklung eines Mehrskalenmodells, welches die geometrischen Durchdringungsgrößen mit den thermomechanischen Belastungs- und Zustandsgrößen auf Basis numerischer FE-Berechnungen verbindet. Das Modell soll eine anwendungsgerechte sowie rechen- und zeiteffiziente Ermittlung des werkzeugseitigen, thermomechanischen Belastungskollektivs beim Wälzfräsen für unterschiedliche Prozessauslegungen erlauben. Die Kenntnis über das vorherrschende Belastungskollektiv soll bei der Interpretation und Beschreibung der daraus resultierenden Verschleißmechanismen und -formen unterstützen. Durch ein besseres Verständnis über die Werkzeugbelastung und den sich ergebenden Werkzeugverschleiß wird die wissensbasierte Auslegung von Werkzeug und Prozess unterstützt und folglich eine Prozessoptimierung ermöglicht. Aus dieser Zielsetzung leitet sich die folgende Forschungshypothese ab:

Das beim Trockenwälzfräsen vorliegende thermomechanische Belastungskollektiv kann mit einem Mehrskalenmodell ermittelt und zur systematischen Werkzeug- und Prozessauslegung genutzt werden

Die thermomechanische Belastung wird in dieser Arbeit auf die Zerspankraftkomponenten sowie die Temperaturverteilung auf der Spanfläche beschränkt. Die Zielgrößen werden auf der Mikroskala auf Basis experimenteller und numerischer Untersuchungen im Linear-Orthogonalschnitt in Abhängigkeit von den Zerspanbedingungen modelliert. Auf der Makroskala wird der Wälzfräsprozess mithilfe einer ebenenbasierten Durchdringungsrechnung abgebildet, was eine lokal und zeitlich aufgelöste Berechnung der Spanungsbedingungen des gesamten Prozesses erlaubt. Das Mehrskalenmodell verknüpft anschließend die lokalen Zerspanbedingungen der Makroskala mit der thermomechanischen Belastung der Mikroskala.

Zur Verifizierung der Forschungshypothese sollen folgende Forschungsfragen beantwortet werden:

1. Wie kann die thermomechanische Belastung auf der Mikroskala (Orthogonalschnitt) quantifiziert werden?
2. Wie kann die thermomechanische Belastung von der Mikroskala auf die Makroskala (Wälzfräsprozess) skaliert werden?
3. Wie kann das thermomechanische Belastungskollektiv beim Trockenwälzfräsen ermittelt und zur Prozessanalyse verwendet werden?
4. Wie kann das Mehrskalenmodell zur systematischen Werkzeug- und Prozessauslegung beim Trockenwälzfräsen genutzt werden?

Die Forschungsmethodik basiert auf einem induktiv-deduktiven Vorgehen. In einem induktiven Schritt werden innerhalb des Anwendungskontextes Ursache-Wirkungszusammenhänge untersucht. Die wissenschaftliche Herausforderung liegt in der Beschreibung der thermomechanischen Belastung unter Berücksichtigung der signifikanten Prozessparameter auf Basis eines Mehrskalenmodells sowie in der Überführung der Einzelbelastungen in ein Belastungskollektiv. Sich anschließende empirisch-deduktive Untersuchungen führen die gewonnenen Erkenntnisse zurück auf konkrete Anwendungsfälle und übertragen diese auf technisch-wirtschaftliche Problemstellungen. **Bild 3-1** fasst die Vorgehensweise und Zusammenhänge zwischen den Teilergebnissen grafisch zusammen.

Zur Beantwortung der *ersten Forschungsfrage* werden in 2D-FE-Simulationen des Orthogonalschnitts Schnittgeschwindigkeit, Spanungsdicke, Spanwinkel und Schneidkantenradius innerhalb eines definierten Parameterraums variiert. Das für die FEM erforderliche Werkstoff- und Kontaktmodell wird für den in dieser Arbeit verwendeten Einsatzstahl 20MnCr5 mithilfe von Zerspanversuchen im Orthogonalschnitt invers kalibriert und in Schlagzahnversuchen validiert (Kapitel 5). Der Ansatz zur Parametrierung verwendet numerische FE-Simulationen in ADVANTEDGE, um die experimentellen Ergebnisse mit dem Werkstoffmodell zu verbinden. Hierzu werden die im Experiment ermittelten Kräfte, Momente und Späne mit den Resultaten der Simulation verglichen. Auf Basis der FE-Simulationen werden funktionale Zusammenhänge zwischen thermomechanischen Belastungs- und Zustandsgrößen (Kraft und Temperatur) und den Variationsparametern abgeleitet und parametriert (Kapitel 6).

Im Rahmen der *zweiten Forschungsfrage* wird der Wälzfräsprozess mittels ebenenbasierter Durchdringungsrechnung in SPARTAPRO simuliert und die Spanungskenngrößen werden für jede Wälzstellung ermittelt (Kapitel 7). Durch die Diskretisierung des Werkzeugprofils in einzelne Schneidensegmente werden die Spanungskenngrößen lokal für jeden Punkt der Werkzeugschneide aufgelöst. Diese dienen als Eingangsgrößen für die ermittelten Belastungsfunktionen. Die Gleichungen werden an jedem Punkt der Schneide für jede Wälzstellung gelöst, sodass das zentrale Ergebnis ein Mehrskalenmodell für die Beschreibung der thermomechanischen Belastung entlang der Werkzeugschneide in jeder Wälzstellung ist. Das Mehrskalenmodell wird im

Schlagzahnversuch hinsichtlich der resultierenden Zerspankraft und mittels 3D-FE-Simulation hinsichtlich der Temperaturverteilung auf der Spanfläche validiert.

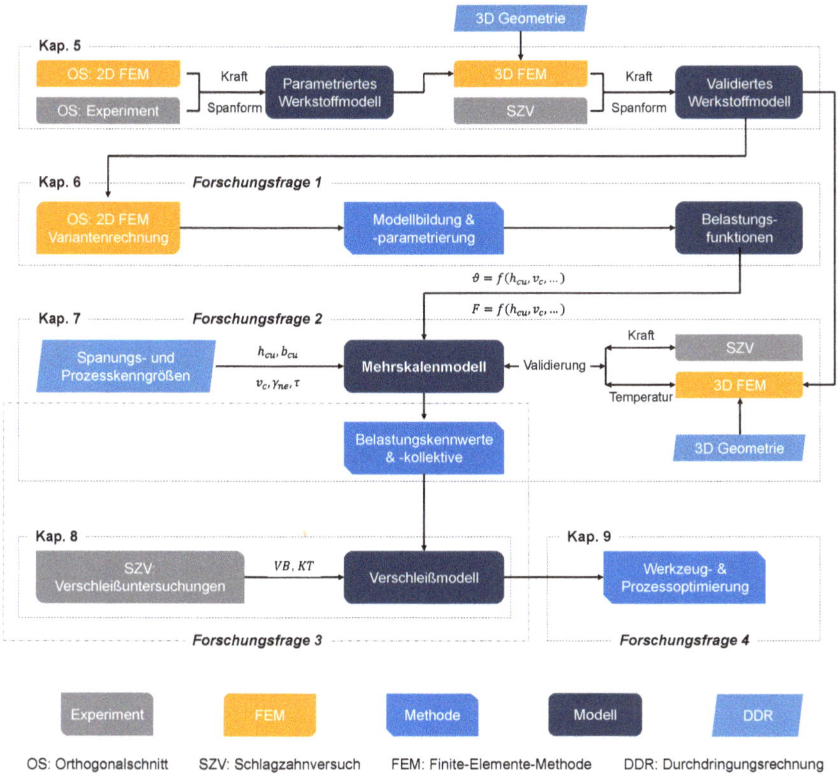

Bild 3-1: Vorgehensweise und Zusammenhänge zwischen Kapiteln und Forschungsfragen
Approach and correlations between chapters and research questions

Zur Beantwortung der *dritten Forschungsfrage* werden basierend auf den zeitlichen Temperatur- und Kraftverläufen, welche mittels Mehrskalenmodell berechnet werden, Kennwerte und Methoden zur Bewertung des thermomechanischen Belastungskollektivs beim Wälzfräsen hergeleitet. Die entwickelten Kennwerte und Methoden werden anschließend dem in Schlagzahnversuchen beobachteten Werkzeugverschleißverhalten gegenübergestellt und hinsichtlich ihrer Tauglichkeit zur Bewertung der Werkzeugbelastung überprüft. Mit den Ergebnissen wird das Belastungsmodell zu einem Verschleißmodell erweitert, welches eine Prognose der Verschleißrate der Werkzeuge und den Zeitpunkt des Eintritts des Verschleißkriteriums erlaubt.

Zur abschließenden Klärung von *Forschungsfrage 4* wird eine Werkzeug- und Prozessoptimierung mithilfe des Mehrskalenmodells und den darauf aufbauenden Methoden an einem alternativen Verzahnungsfall durchgeführt. Diese Untersuchung soll einerseits die industrielle Anwendbarkeit und andererseits die geometrische Unabhängigkeit der Methode aufzeigen.

Die Originalität der Arbeit liegt in der Ermittlung des thermomechanischen Belastungskollektivs beim Wälzfräsen und der Interpretation des auftretenden Werkzeugverschleißes auf Basis eines Mehrskalenmodells. Durch die Mehrskalenmodellierung wird eine effiziente Abschätzung der lokal aufgelösten thermomechanischen Belastung des Werkzeugs für jede Wälzstellung ermöglicht. Das Modell erlaubt die Berücksichtigung von Schnittgeschwindigkeit, Spanwinkel und Schneidkantenradius im Rahmen des verwendeten Parameterraums sowie des Werkstoff- und Kontaktmodells, was bisher nur durch zeit- und modellierungsaufwändige FE-Simulationen oder empirische Versuche möglich war. Die Kenntnis über das vorherrschende Belastungskollektiv unterstützt bei der Interpretation und Beschreibung der daraus resultierenden Verschleißmechanismen und -formen. Durch ein besseres Verständnis über die Werkzeugbelastung und dem sich ergebenden Werkzeugverschleiß wird die wissensbasierte Auslegung von Werkzeug und Prozess unterstützt und folglich eine Prozessoptimierung ermöglicht, woraus ein wirtschaftlicher Nutzen entsteht.

4 Vorstellung und Analyse des Verzahnungsfalls

Presentation and analysis of gear use case

Zunächst wird der in dieser Arbeit verwendete Verzahnungsfall näher beschrieben. Dies umfasst zum einen die geometrischen Informationen von Werkstück und Werkzeug und zum anderen eine detaillierte Analyse des Werkstückwerkstoffes. Da im Laufe der Arbeit unterschiedliche Werkzeuge verwendet werden, erfolgt die Charakterisierung von Schneidstoff und Beschichtung im jeweiligen Kapitel. Abschließend findet eine Betrachtung der geometrischen Spanungskenngrößen auf Basis von Berechnungen mit SPARTAPRO statt.

4.1 Verzahnungsdaten

Gear geometry

Die Verzahnungsdaten des für die Versuche und Analysen verwendeten Verzahnungsfalls sind in **Tabelle 4-1** zusammengefasst. Das verwendete Werkstück war ein rechtssteigendendes, außenverzahntes Motorsteuerritzel mit einem Normalmodul von m_{n2} = 2,557 mm. Der Normaleingriffswinkel war α_{n2} = 17,5°, die Zähnezahl z_2 = 39 und der Schrägungswinkel β_2 = 23°. Die Zahnradbreite betrug b_2 = 30 mm, der Kopfdurchmesser d_{a2} = 116,2 mm und der Fußkreisdurchmesser d_{f2} = 100 mm. Die Zahnweite über k = 5 Messzähne war W_k = 35,753 mm und der Erzeugungs-Profilverschiebungsfaktor x_E = 0,0557.

Tabelle 4-1: Verzahnungsdaten
Gear geometry

Verzahnungsdaten		
Zähnezahl	z_2	39
Normalmodul	m_{n2}	2,557 mm
Normaleingriffswinkel	α_{n2}	17,5°
Schrägungswinkel	β_2	23°
Steigungsrichtung		Rechts
Werkstückbreite	b_2	30 mm
Kopfkreisdurchmesser	d_{a2}	116,2 mm
Fußkreisdurchmesser	d_{f2}	100,0 mm
Messzähnezahl	k	5
Zahnweite	W_k	35,753 mm
Erz.-Profilverschiebungsfaktor	x_E	0,0557

4.2 Werkstückwerkstoff

Workpiece material

Als Werkstückwerkstoff wurde ein für Zahnräder typischer Einsatzstahl 20MnCr5 (Werkstoff-Nr. 1.7174, AISI 5120) verwendet. Der Werkstoff wurde als warmgewalzter Rundstahl in einem Durchmesser von d = 130 mm und einer Länge von jeweils l = 5,8 m pro Stange beschafft. Nach Anlieferung wurde das Stangenmaterial in Rohlinge auf eine Breite b_2 = 30 mm und einen Außendurchmesser d_{a0} = 116,2 mm gesägt und gedreht. Das Werkstoffgefüge wies sowohl im Quer- als auch Längsschliff eine gleichmäßige Ferrit-Perlit-Struktur auf. Im Längsschliff betrug der ferritische Gefügeanteil ca. 55 % und im Längsschliff ca. 58 %, vgl. **Bild 4-1**.

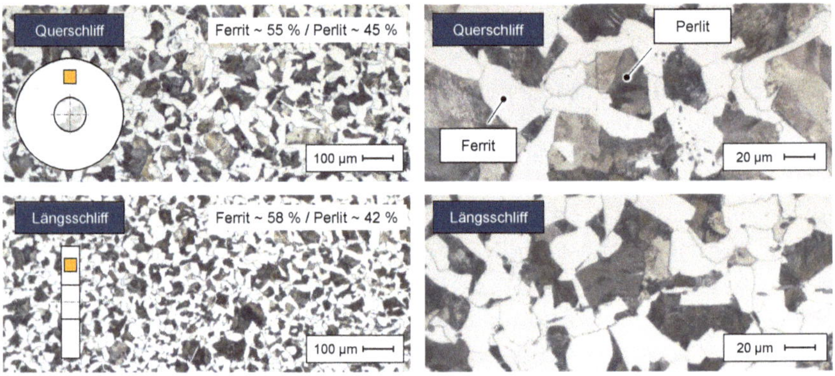

Bild 4-1: Werkstoffgefüge im Längs- und Querschliff
Workpiece microstructure in longitudinal and transverse section

Die chemische Zusammensetzung wurde mittels Funkenspektralanalyse ermittelt, vgl. **Tabelle 4-2**. Die Werte lagen innerhalb des nach DIN EN 10084 geforderten Toleranzbereiches [DIN08]. Der Massenanteil aller weiteren Elemente kann dem Werkstoffdatenblatt im Anhang entnommen werden, vgl. Anhang IV.1. Die Härte wurde durch eine Brinell Härteprüfung auf der Werkstückoberfläche gemessen und nach DIN EN ISO 18265 in die korrespondierende Zugfestigkeit R_m umgewertet [DIN04]. Für den Werkstoff wurde eine Härte von 170 HBW 2,5/62,5 gemessen, was einer Zugfestigkeit von R_m = 575 MPa entspricht.

Tabelle 4-2: Chemische Zusammensetzung des Versuchswerkstoffs
Chemical composition of workpiece material

m%	C	Si	Mn	P	S	Cr
Messung	0,20	0,24	1,14	0,016	0,022	1,06
ISO 10084	0,17-0,22	≤ 0,40	1,10 – 1,40	≤ 0,025	≤ 0,035	1,00 - 1,30

Die für die FE-Simulation benötigten thermophysikalischen Stoffeigenschaften des in dieser Arbeit verwendeten Einsatzstahls 20MnCr5 wurden der Literatur entnommen [SPIT09a, SPIT09b]. In **Tabelle 4-3** sind der Elastizitätsmodul E, die Dichte ρ, der mittlere Wärmeausdehnungskoeffizient α_m, die Wärmeleitfähigkeit k und die spezifische Wärmekapazität c in Abhängigkeit von der Temperatur ϑ dargestellt.

Tabelle 4-3 Thermophysikalische Stoffeigenschaften von 16/20MnCr5

Thermophysical material properties of 16/20MnCr5

ϑ / °C	E / MPa	ρ / kg·m^{-3}	$\alpha_m \cdot 10^{-6}$ / K^{-1}	k / W·m^{-1}·K^{-1}	c / J·kg^{-1}·K^{-1}
20	213000	7818,6	10,92	41,93	474,58
100	203600	7792,0	11,35	43,24	487,90
200	195600	7761,9	12,08	43,20	501,26
300	189100	7729,7	12,63	41,29	521,35
400	182000	7695,2	13,15	38,70	545,76
500	172500	7658,2	13,70	35,85	572,80
600	159700	7618,7	14,20	32,97	601,90
700	143200	7576,5	14,74	30,16	632,97
800	123500	7576,7	12,89	23,54	696,35
900	101500	7525,5	13,88	26,15	693,85
1000	78700	7472,1	14,77	27,80	691,36
1100	57400	7416,6	15,58	29,08	688,87
1200	46500	7359,1	16,33	30,41	686,40

Quelle: [SPIT09a, SPIT09b]

4.3 Werkzeuggeometrie

Tool geometry

Die Werkzeuggeometrie ist in **Tabelle 4-4** dargestellt. Der Normalmodul m_{n0} und der Eingriffswinkel α_{n0} des Werkzeugprofils entsprechen den Werten der zuvor beschriebenen Zahnradgeometrie. Die Kopfhöhe des Werkzeugprofils betrug h_{aP0} = 4,31 mm und der Kopfrundungsradius ρ_{aP0} = 0,85 mm. Das Werkzeug wurde als rechtssteigender, parallelgenuteter Wälzfräser mit einer Gangzahl z_0 = 2, einer Spannutenzahl n_{i0} = 17 und einem Außendurchmesser d_{a0} = 80 mm ausgeführt. Der Steigungswinkel war γ_0 = 4,1086° und der Nutensteigungswinkel γ_{N0} = 90°. Gemessen in der Stirnebene betrug der Werkzeug-Kopffreiwinkel α_{at} = 10° und der Werkzeug-Kopfspanwinkel γ_{at} = 0°.

Tabelle 4-4: Werkzeugdaten
Tool geometry

Werkzeugdaten		
Werkzeugprofil		
Normalmodul	m_{n0}	2,557 mm
Eingriffswinkel	α_{n0}	17,5°
Zahndicke		4,0165 mm
Kopfhöhe	h_{aP0}	4,31 mm
Fußhöhe	h_{fP0}	5,19 mm
Kopfrundungsradius	ρ_{aP0}	0,85 mm
Werkzeug		
Außendurchmesser	d_{a0}	80 mm
Spannutenzahl	n_{i0}	17
Gangzahl	z_0	2
Steigungshöhe	p_{zH}	16,1075 mm
Steigungswinkel	γ_0	4,1086°
Steigungsrichtung		Rechts
Nutensteigungswinkel	γ_{N0}	90°
Kopffreiwinkel	α_{at}	10°
Kopfspanwinkel	γ_{at}	0°

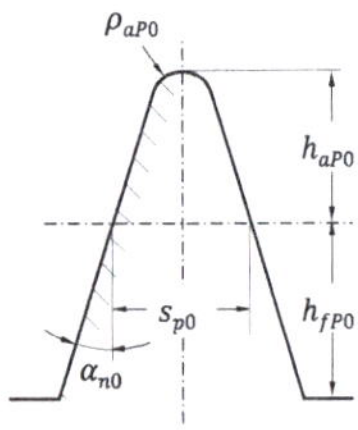

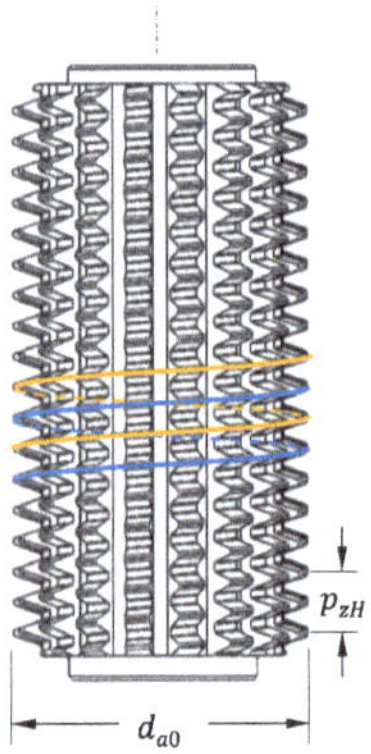

4.4 Analyse der Spanungskenngrößen

Analysis of the chip characteristics

Zur Abschätzung der im Prozess auftretenden Spanungskenngrößen wurde eine Durchdringungsrechnung mit SPARTAPRO durchgeführt. Die Verläufe der maximalen und mittleren Spanungsdicke ($h_{cu,max}$ und $h_{cu,m}$), der Spanungslänge ($l_{cu,max}$ und $l_{cu,m}$), der Anzahl an Schnitten pro Lücke $i_{cu,\Sigma}$ und der kumulierten Schnittbogenlänge pro Lücke $l_{cu,\Sigma}$ sind für drei unterschiedliche Vorschübe f_a über dem abgewickelten Werkzeugprofil x_p dargestellt, vgl. **Bild 4-2**. Die Vorschübe wurden anhand üblicher HOFFMEISTER Spanungsdicken $h_{cu,H}$ für das Wälzfräsen von Einsatzstahl mit PM-HSS Werkzeugen ausgewählt. Simuliert wurden die Vorschübe f_a = 1,6 mm ($h_{cu,H}$ = 0,16 mm), f_a = 2,5 mm ($h_{cu,H}$ = 0,20 mm) und f_a = 3,5 mm ($h_{cu,H}$ = 0,24 mm). Anhand der Spanungskenngrößen kann die Werkzeugbelastung abgeschätzt werden. Weiterhin dienen insbesondere die vorliegenden Spanungsdicken und -längen als Grundlage für die Auslegung des Versuchsplans der nachfolgenden 2D-FE-

Simulationen. Für das hier verwendete rechtssteigende Werkzeug beschreibt der negative Bereich des abgewickelten Werkzeugprofils die einlaufende Werkzeugflanke (EF) und der positive Bereich die auslaufende Werkzeugflanke (AF). Der eingefärbte Bereich umfasst alle Punkte des Werkzeugprofils, welche auf dem Kopfrundungsradius und der Kopfflanke (KF) liegen.

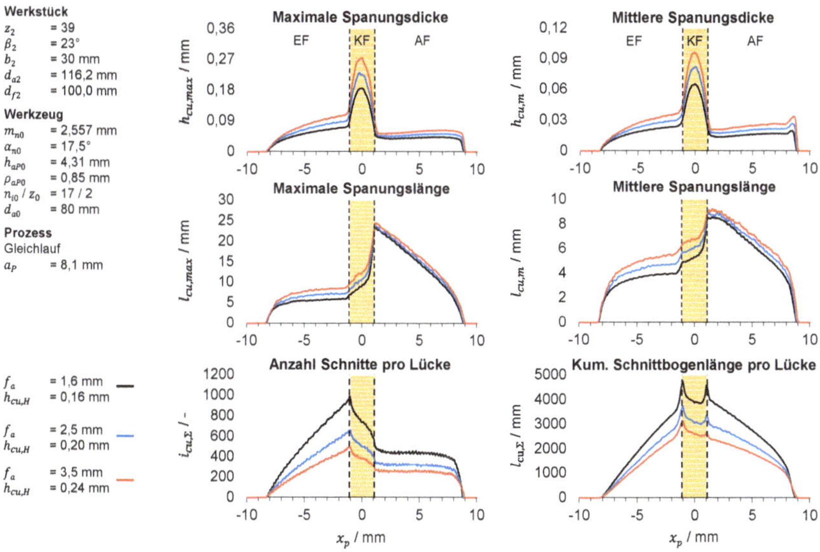

Bild 4-2: Spanungskenngrößen über dem abgewickelten Werkzeugprofil

Uncut chip characteristics over developed tool profile

Die Verläufe der maximalen und mittleren Spanungsdicke sind an der Kopfflanke maximal und fallen zu den Flanken um mehr als 60 % ab. Hierbei sind die Spanungsdicken an der einlaufenden Flanke größer als die Spanungsdicken an der auslaufenden Flanke. In Abhängigkeit vom Vorschub liegt die maximale Spanungsdicke zwischen $h_{cu,max}$ = 0,18 mm (f_a = 1,6 mm) und $h_{cu,max}$ = 0,27 mm (f_a = 3,5 mm) und die mittlere Spanungsdicke zwischen $h_{cu,m}$ = 0,06 mm (f_a = 1,6 mm) und $h_{cu,max}$ = 0,09 mm (f_a = 3,5 mm). Die mittels SPARTAPRO kalkulierte maximale Spanungsdicke liegt somit leicht über der maximalen HOFFMEISTER Spanungsdicke. Maximale Spanungslängen von bis zu $l_{cu,max}$ = 25 mm werden direkt am Übergang der Kopfflanke zur auslaufenden Flanke erzielt. An der einlaufenden Flanke werden hingegen deutlich geringere Werte von maximal $l_{cu,max}$ = 10 mm erreicht. Im Mittel betragen die Spanungslängen zwischen $l_{cu,m}$ = 3 mm an den Flanken und $l_{cu,m}$ = 9 mm am Kopf. Die Anzahl an Schnitten $i_{cu,\Sigma}$ nimmt am Übergang der Kopfflanke zur einlaufenden Flanke ein Maximum an. Der Verlauf der kumulierten Schnittbogenlänge $l_{cu,\Sigma}$ weist sowohl im Übergang der Kopfflanke zur einlaufenden als auch zur auslaufenden Flanke jeweils ein Maximum auf. Auf der einlaufenden Flanke resultiert das Maximum aus einer hohen Anzahl an

Schnitten und auf der auslaufenden Flanke aus den dort vorliegenden hohen Spanungslängen.

In **Bild 4-3** werden die Verläufe der maximalen Spanungsdicke $h_{cu,max}$, der maximalen Spanungslänge $l_{cu,max}$, der Anzahl an Schnitten pro Lücke $i_{cu,\Sigma}$ und der kumulierten Schnittbogenlänge pro Lücke $l_{cu,\Sigma}$ zwischen einer Gleichlaufbearbeitung und einer Gegenlaufbearbeitung verglichen. Für die Betrachtung wurde ein Vorschub von f_a = 2,5 mm zugrunde gelegt. Der qualitative Verlauf der Kennwerte im Gegenlauf entspricht prinzipiell dem gespiegelten Verlauf der Kennwerte im Gleichlauf. Lediglich für die kumulierte Schnittbogenlänge pro Lücke $l_{cu,\Sigma}$ wird das globale Maximum in beiden Fällen am Übergang der Kopfflanke zur einlaufenden Flanke erreicht. Für eine Bearbeitung im Gegenlauf ist diese mit $l_{cu,\Sigma}$ = 4280 mm größer als für eine Bearbeitung im Gleichlauf mit $l_{cu,\Sigma}$ = 3620 mm.

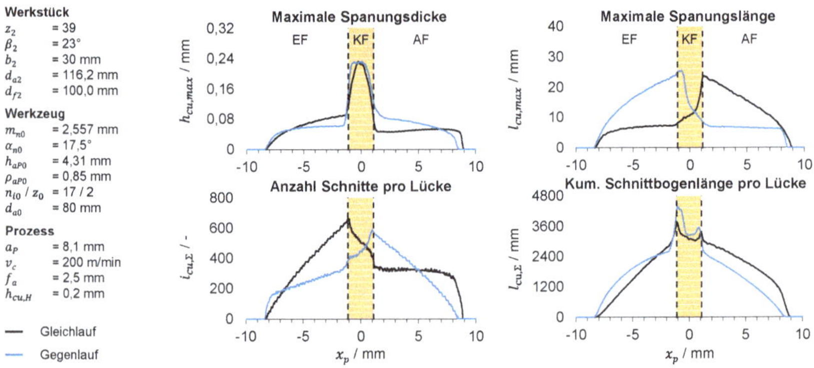

Bild 4-3: Gegenüberstellung der Spanungskenngrößen für Gleichlauf und Gegenlauf
Comparison of uncut chip characteristics for climb and conventional cut

Neben den Spanungskenngrößen ist auch die Kenntnis über die lokal und zeitlich vorliegenden Wirk-Winkel erforderlich, da diese die Spanbildung und somit die thermomechanische Belastung signifikant beeinflussen. Für den in dieser Arbeit betrachteten Verzahnungsfall sind die Verläufe der Werkzeug- und Wirk-Winkel in **Bild 4-4** über dem abgewickelten Werkzeugprofil dargestellt. Der Werkzeug-Kopfspanwinkel wurde in der Stirnebene mit γ_{at} = 0°, der Werkzeug-Flankenspanwinkel in der Achsebene mit γ_{fx} = 0° und der Kopffreiwinkel in Stirnebene mit α_{at} = 10° definiert. Die Werkzeug-Winkel sind in der Schneidennormalebene P_n und die Wirk-Winkel in der Wirk-Schneidennormalebene P_{ne} angegeben. Da die Wirk-Winkel in Abhängigkeit von der Wälzstellung und der Werkzeugrotation variieren, sind in Bild 4-4 lediglich die maximalen bzw. minimalen Beträge dargestellt. Im Hinblick auf die Freiwinkel sind ausschließlich die minimalen Wirk-Freiwinkel $\alpha_{ne,min}$ von Interesse, da sichergestellt werden muss, dass keine Freiwinkel $\alpha_{ne,min} \leq 0°$ erzielt werden. Für die Spanwinkel werden die minimalen, die mittleren sowie die maximalen Wirk-Spanwinkel $\gamma_{ne,min}$, $\gamma_{ne,m}$, und $\gamma_{ne,max}$ betrachtet.

Der konstruktive Werkzeug-Freiwinkel α_n verläuft nahezu symmetrisch zu $x_P = 0$ mm über dem abgewickelten Werkzeugprofil. Am Kopf beträgt der Werkzeug-Freiwinkel gemäß der Vorgabe $\alpha_n = \alpha_{at} = 10°$ und an den Flanken $\alpha_n = 3°$ (vgl. auch Gl. 2-8 bis Gl. 2-10). Der Wirk-Freiwinkel nimmt auf der einlaufenden Flanke zur Kopfflanke ab und auf der auslaufenden Flanke zur Kopfflanke zu. Auf der auslaufenden Flanke nimmt der minimale Wirk-Freiwinkel Werte von bis zu $\alpha_{ne,min} = 2°$ bei $x_p = 9$ mm an. Da die auslaufende Flanke in der letzten Wälzstellung maßgeblich für die Profilierung der Zahnflanke verantwortlich ist, können die geringen Freiwinkel den Werkzeugverschleiß an dieser Stelle begünstigen. Der Wirk-Spanwinkel verläuft nahezu punktsymmetrisch zu $x_P = 0$ mm. Auf der einlaufenden Flanke ist der Wirk-Spanwinkel negativ, auf der auslaufenden positiv und am Zahnkopf Null. Für den hier betrachteten Verzahnungsfall werden mittlere Wirk-Spanwinkel zwischen $-5° \leq \gamma_{ne,m} \leq 5°$ erzielt. Die Maximal- bzw. Minimalwerte weichen vom Mittelwert nur geringfügig ab.

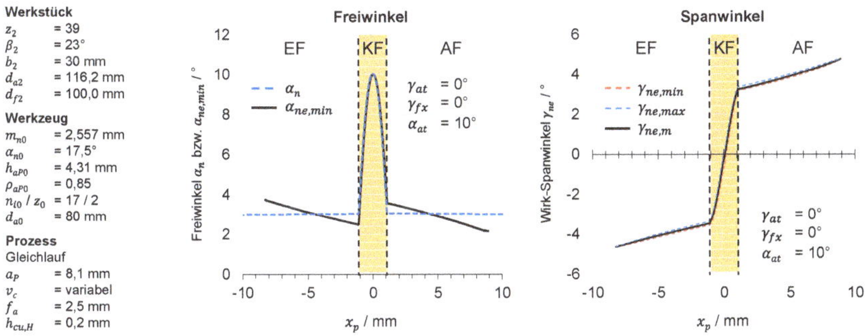

Bild 4-4: Werkzeug- und Wirk-Winkel über dem abgewickelten Werkzeugprofil
Tool and working angles over developed tool profile

Auf eine Variation des Vorschubs f_a wurde bei der Berechnung der Wirk-Winkel verzichtet, da dieser aufgrund des im Vergleich zur Schnittgeschwindigkeit wesentlich geringeren Anteils an der Schnittbewegung keinen signifikanten Einfluss auf den Betrag der Wirk-Winkel hat. Folglich führt auch eine Bearbeitung im Gegenlauf zu keiner nennenswerten Veränderung der Wirkwinkel, da sich im Vergleich zum Gegenlauf lediglich das Vorzeichen des Vorschubs umkehrt. Eine Änderung der Schnittgeschwindigkeit resultiert ebenfalls in keiner Änderung der Wirk-Winkel, da die Werkstückrotation mit der Werkzeugrotation gekoppelt ist und sich die Bewegungsvektoren lediglich im Betrag, nicht aber im Verhältnis zueinander ändern.

5 FE- und Werkstoffmodell

FE- and material model

Für die Simulation der thermomechanischen Belastung mittels FEM ist ein parametriertes und validiertes Material- und Kontaktmodell erforderlich. Aufgrund seiner hohen Relevanz für Zerspansimulationen wird im folgenden Kapitel das konstitutive Materialmodell nach JOHNSON UND COOK auf Basis von Zerspanversuchen im Linear-Orthogonalschnitt parametriert. Anschließend erfolgt eine Validierung des Materialmodells durch den Abgleich von 3D-FE-Simulationen eines Einzelzahneingriffs mit experimentellen Ergebnissen aus Zerspanversuchen.

5.1 Parametrierung des Werkstoffmodells im Orthogonalschnitt

Calibration of the material model in orthogonal cut

Die Parametrierung des Werkstoffmodells erfolgt auf Basis von Zerspanversuchen im Linear-Orthogonalschnitt. Der Ansatz in dieser Arbeit verwendet numerische Berechnungen mit der FE-Software ADVANTEDGE, um die experimentellen Ergebnisse mit dem Materialmodell zu verbinden. Der Abgleich zwischen Simulation und Experiment erfolgt anhand der resultierenden Zerspankraftkomponenten und der Spanform. Abschließend wird der Einfluss der Schneidstoffeigenschaften auf die Simulationsergebnisse diskutiert.

5.1.1 Zerspanversuche im Linear-Orthogonalschnitt

Cutting trials in linear-orthogonal cut

Die Versuche im Linear-Orthogonalschnitt wurden von der Firma SOLIDFLOW durchgeführt. Der verwendete Prüfstand für die Orthogonalschnittversuche besteht aus einem Probenhalter, welcher auf eine definierte Schnittgeschwindigkeit v_c beschleunigt wird, während das Werkzeug an einem stationären Werkzeughalter befestigt ist, vgl. **Bild 5-1**.

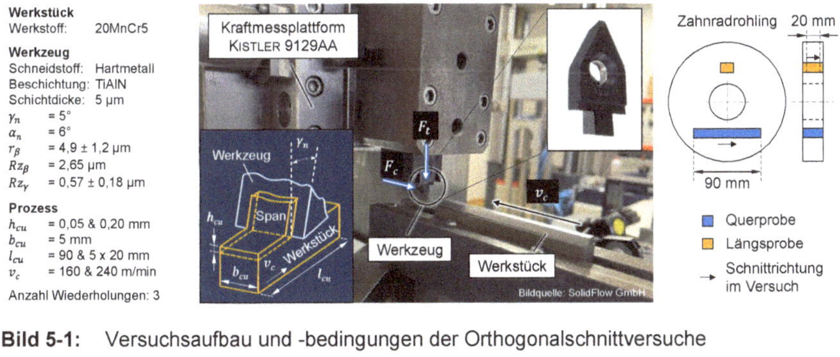

Bild 5-1: Versuchsaufbau und -bedingungen der Orthogonalschnittversuche
Experimental setup and conditions of orthogonal cutting trials

Das Werkzeug war eine geometrisch auf den Prüfstand abgestimmte Schneidplatte aus Hartmetall K30, welche mit einer s = 5 µm dicken TiAlN-Beschichtung versehen war. Der Schneidkantenradius r_β und der Formfaktor K wurden mittels optischer Messverfahren zu r_β = 4,9 ± 1,2 µm und K = 1,75 ± 1,0 bestimmt. Die Schartigkeit der Schneidkante bzw. die Rauheit der Spanfläche wurden taktil gemessen und betrugen Rz_β = 2,65 µm bzw. Rz_γ = 0,57 ± 0,18 µm. Der Spanwinkel war γ_n = 5° und der Freiwinkel α_n = 6°. Für alle in dieser Arbeit durchgeführten Analysen im Orthogonalschnitt werden Span- und Freiwinkel in der Schneidennormalebene angegeben und erhalten somit den Index „n". Da im Linear-Orthogonalschnitt keine Vorschubbewegung vorliegt, entspricht die Richtung der Schnittgeschwindigkeit v_c der Richtung der Wirkgeschwindigkeit v_e. Folglich sind Wirk-Winkel und Werkzeug-Winkel in diesem Fall identisch.

Die Werkstoffproben waren längliche Quader aus dem Versuchswerkstoff 20MnCr5 (vgl. Kapitel 4.2), welche direkt aus den Zahnradrohlingen in Längs- und Querrichtung entnommen wurden. Auf diese Weise konnte der Einfluss der Bearbeitungsrichtung während der Zerspanung des Werkstoffs auf Kräfte und Spanbildung identifiziert werden. Die Querproben hatten eine Länge von l_{cu} = 90 mm und die Längsproben eine Länge von l_{cu} = 20 mm. Zur Sicherstellung einer ausreichenden Schnittlänge wurden fünf Längsproben aneinandergereiht und verspannt, wodurch eine Schnittlänge von l_{cu} = 100 mm resultiert. Die Spanungsbreite war in allen Fällen b_{cu} = 5 mm. Die Werkstofforientierung, die Spanungsdicke h_{cu} und die Schnittgeschwindigkeit v_c wurden vollfaktoriell variiert und jeder Versuch insgesamt dreimal durchgeführt. Die Spanungsdicke h_{cu} betrug h_{cu} = 0,2 mm bzw. h_{cu} = 0,05 mm. Die untersuchten Schnittgeschwindigkeiten waren v_c = 160 m/min bzw. v_c = 240 m/min. Während der Versuchsdurchführung wurden die resultierenden Zerspankräfte axial und orthogonal zur Schnittrichtung über eine am Werkzeughalter montierte Schnittkraftplattform KISTLER 9129AA aufgenommen.

Die Gegenüberstellung der gemessenen Schnittkraft F_c und der Drangkraft F_t ist in **Bild 5-2** dargestellt. Die Kräfte sind in Abhängigkeit von der Werkstofforientierung als Mittelwert der drei Versuchsdurchführungen mit Standardabweichung angegeben. Aufgrund der geringen Standardabweichungen kann auf eine gute Reproduzierbarkeit der Versuche geschlossen werden. Unter Berücksichtigung des Spanwinkels γ_n wurde der effektive Reibkoeffizient μ_e gemäß **Gl. 5-1** aus den Kraftkomponenten nach den Zusammenhängen in Bild 2-3 ermittelt [ABOU21].

$$\mu_e = \frac{F_f}{F_{fn}} = \frac{F_c \cdot sin(\gamma_n) + F_t \cdot cos(\gamma_n)}{F_c \cdot cos(\gamma_n) - F_t \cdot sin(\gamma_n)} \qquad \textbf{Gl. 5-1}$$

Als „effektiver Reibkoeffizient" wird hier der Reibkoeffizient bezeichnet, welcher aus dem Verhältnis der in Experiment oder Simulation ermittelten Reib- und Reibnormalkraft F_f und F_{fn} gebildet wird. Die Unterscheidung zwischen „Reibkoeffizient" μ_0 und „effektivem Reibkoeffizient" μ_e ist an dieser Stelle sinnvoll, da die Bezeichnung „Reibkoeffizient" auch als statische Größe in Herstellerangaben und als Eingabewert für Simulationen verwendet wird.

Aus dem Diagramm ist ersichtlich, dass die Kraftkomponenten F_c und F_t mit Erhöhung der Spanungsdicke h_{cu} zunahmen und mit Vergrößerung der Schnittgeschwindigkeit v_c abnahmen. Während der Kraftanstieg bei höheren Spanungsdicken auf den größeren Spanungsquerschnitt zurückzuführen ist, resultiert die Kraftabnahme mit zunehmender Schnittgeschwindigkeit aus der thermischen Entfestigung des Werkstoffes aufgrund des erhöhten Wärmeeintrags [KLOC08]. Der effektive Reibkoeffizient μ_e nahm mit zunehmender Spanungsdicke h_{cu} ab. Ein Einfluss der Schnittgeschwindigkeit v_c auf den Reibkoeffizient war insbesondere bei einer Spanungsdicke h_{cu} = 0,2 mm deutlich. Hier fiel der Reibkoeffizient durch eine Erhöhung der Schnittgeschwindigkeit von μ_e = 0,6 auf μ_e = 0,54 bzw. von μ_e = 0,57 auf μ_e = 0,52. Bei der kleineren Spanungsdicke h_{cu} = 0,05 mm war keine eindeutige Veränderung des Reibkoeffizienten durch Variation der Schnittgeschwindigkeit v_c zu erkennen. Eine zunehmende Spanungsdicke h_{cu} bzw. Schnittgeschwindigkeit v_c resultiert in einer Erhöhung des Anpressdrucks, der Kontakttemperatur sowie der Spangeschwindigkeit und bewirkt somit eine Verschiebung von Haft- zu Gleitreibung, wodurch der Reibkoeffizient abnimmt [ABOU21].

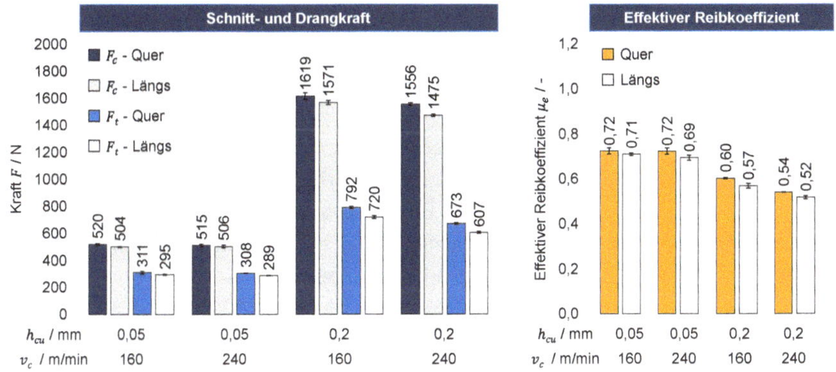

Bild 5-2: Kräfte und effektiver Reibkoeffizient in Abhängigkeit von der Werkstofforientierung
Forces and effective coefficient of friction as a function of material orientation

Im Hinblick auf die Werkstofforientierung wurden in Längsrichtung geringere Kräfte und geringere effektive Reibkoeffizienten als in Querrichtung erzielt. Für die Schnittkraft betrugen die Abweichungen $\Delta F_c \leq 5$ % und für die Drangkraft $\Delta F_t \leq 10$ %. Aufgrund der geringen Abweichungen wurde der Richtungseinfluss für den vorliegenden Fall als vernachlässigbar eingestuft und für alle weiteren Betrachtungen der Mittelwert aus Längs- und Querversuchen verwendet.

5.1.2 Parametrierung von Werkstoff- und Kontaktmodell

Calibration of material and contact model

Das Werkstoff- und Kontaktmodell wurde invers auf Basis der Zerspanversuche mittels FE-Simulation des Linear-Orthogonalschnitts parametriert, vgl. **Bild 5-3**. Als Simulationsumgebung wurde die Software ADVANTEDGE V7.7 der Firma THIRD WAVE SYSTEMS verwendet. In der Software werden Werkstück und Werkzeug gemäß LAGRANGE-Formulierung diskretisiert. Zur Vermeidung starker Netzverzerrung findet nach jedem simulierten Inkrement eine Neuvernetzung des Werkstücks und des Spans statt. Die CEL Methode wurde trotz besserer Performanz bei 2D-FE-Simulationen an dieser Stelle nicht verwendet, da sie zur Abbildung komplexer 3D-Kinematiken wie dem Wälzfräsen nur bedingt geeignet ist [TROß21b]. Folglich wäre eine Übertragbarkeit der Resultate aus den 2D-Simulationen auf den dreidimensionalen Fall nicht gewährleistet.

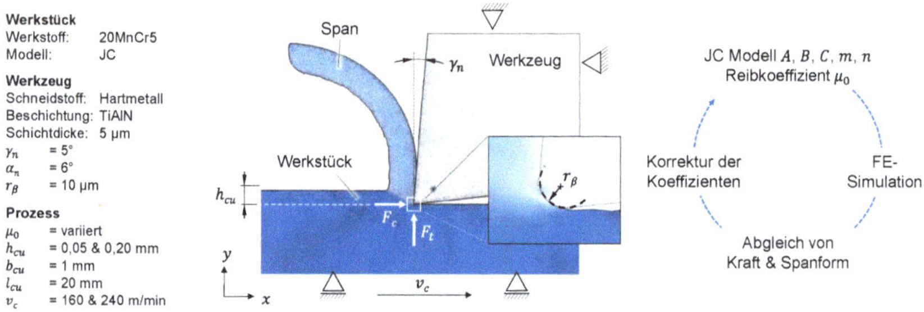

Bild 5-3: Aufbau und Randbedingungen des Linear-Orthogonalschnitt FE-Models
Setup and conditions of the linear-orthogonal cut FE-model

Die der Simulation zugrundeliegenden Vernetzungsparameter sind in **Tabelle 5-1** dargestellt. Sowohl für das Werkzeug als auch das Werkstück war die minimale Elementgröße $s_{e,min}$ = 0,02 mm und die maximale Elementgröße $s_{e,max}$ = 0,1 mm. Für den Netzeinstufungsfaktor K_{mg}, den Schneidkantenfaktor K_{ce}, den Vorschubfaktor K_{ff}, den Netzverfeinerungsfaktor K_{mr} und den Netzvergröberungsfaktor K_{mc} wurden die Vorgabewerte der Simulation verwendet. Die tatsächliche Elementgröße wird während der Simulation auf Basis der minimalen Elementgröße $s_{e,min}$, des Schneidenradiusfaktors K_{cf} und des Vorschubfaktors K_{ff} bestimmt. Aus jedem dieser Werte berechnet das Programm eine Elementgröße, von denen die kleinste in der Simulation als Mindestelementgröße verwendet wird.

Tabelle 5-1: Vernetzungsparameter für die 2D-FE-Simulation
Meshing parameters for the 2D-FE-simulation

$s_{e,min}$ / mm	$s_{e,max}$ / mm	K_{mg} / -	K_{ce} / -	K_{ff} / -	K_{mr} / -	K_{mc} / -
0,02	0,1	0,4	0,6	0,1	2	6

Das Werkzeug wurde ortsfest und idealsteif modelliert, weshalb keine Werkzeugdeformation, sondern lediglich das thermische Verhalten simuliert wird. Das Werkstück hatte einen translatorischen Freiheitsgrad in x-Richtung und führte während der Simulation die Schnittbewegung durch. Die Werkzeuggeometrie wurde so identisch wie möglich zu den Zerspanversuchen im Orthogonalschnitt gestaltet. Der Spanwinkel war γ_n = 5° und der Freiwinkel α_n = 6°. Der Schneidkantenradius lag mit r_β = 10 µm etwas über dem im Experiment vorliegenden Radius, da ein kleinerer Radius zu instabileren

Simulationen führte. Für die Spanungslänge wurde ein Wert von l_{cu} = 20 mm festgelegt. Die Spanungslänge entspricht folglich der Länge einer einzelnen Längsprobe und kann so für den späteren Vergleich der Spanform herangezogen werden. Die Spanungsdicke und die Schnittgeschwindigkeit wurden mit h_{cu} = 0,2 mm und h_{cu} = 0,05 mm und mit v_c = 160 m/min und v_c = 240 m/min vollfaktoriell variiert. Die Spanungsbreite hat in der 2D-FE-Simulation keinen Einfluss auf die Simulationsergebnisse. Nur die Zerspankraft wird in Abhängigkeit von der Spanungsbreite linear skaliert. Die Spanungsbreite wurde daher vereinfachend mit b_{cu} = 1 mm definiert, da so direkt die auf die Spanungsbreite bezogene Zerspankraft ausgegeben wird. Dies ist insbesondere bei der späteren Skalierung der Kraft vom Orthogonalschnitt auf den Wälzfräsprozess von Nutzen.

Zur Abbildung der Werkzeugeigenschaften wurden analog zu den Zerspanversuchen die Eigenschaften eines Hartmetallsubstrats mit TiAlN-Beschichtung verwendet. Die in der Simulation hinterlegten physikalischen Schneidstoffeigenschaften Elastizitätsmodul E, Dichte ρ, Wärmeleitfähigkeit k und spezifische Wärmekapazität c wurden auf Basis von Literaturwerten sowie anhand von Herstellerangaben definiert, vgl. **Tabelle 5-2**. Für die Beschichtung wurde auf die Materialbibliothek von ADVANTEDGE zurückgegriffen und TiAlN mit einer Beschichtungsdicke von s = 5 µm ausgewählt. Übliche Stoffeigenschaften dieser Beschichtung sind in Tabelle 5-2 aufgeführt. Zudem sind die Eigenschaften eines PM-HSS S390 Substrats und einer AlCrN-Beschichtung ergänzt. Diese werden im späteren Verlauf des Kapitels zur Analyse des Einflusses der Substrat- bzw. Schichteigenschaften auf das Simulationsergebnis verwendet.

Tabelle 5-2 Physikalische Schneidstoff- und Schichteigenschaften bei ϑ = 20 °C

Physical properties of cutting materials and coatings at ϑ = 20 °C

	E / MPa	ρ / kg·m^{-3}	k / W·m^{-1}·K^{-1}	c / J·kg^{-1}·K^{-1}
Hartmetall	650000	14306	65,33	223
PM-HSS S390	231000	8100	17	420
TiAlN	380000	4000	0,9	598,3
AlCrN	420000	4770	4,4	534,6

Quelle: Hartmetall: [AUGS19], S390: BÖHLER, TiAlN: OERLIKON BALZERS, AlCrN: OERLIKON BALZERS

Die thermophysikalischen Stoffeigenschaften des in dieser Arbeit verwendeten Einsatzstahls 20MnCr5 wurden gemäß Tabelle 4-3 in Abhängigkeit von der Temperatur ϑ definiert. Da keine Daten für Temperaturen von ϑ > 1200 °C vorliegen, wurden bei höheren Temperaturen die Werte für ϑ = 1200 °C angenommen. Das Werkstoffverhalten während des Zerspanvorgangs wurde mit dem konstitutiven Materialgesetz nach JOHNSON UND COOK (JC) und der Kontakt zwischen Werkzeug und Werkstoff durch einen konstanten Reibkoeffizienten μ_0 gemäß dem COULOMBSCHEN Reibmodell beschrieben. Ausgehend von angenommenen Startwerten wurden die JC Modellparameter A, B, C, n und m und der Reibkoeffizient μ_0 so lange iterativ angepasst, bis eine hinreichende Übereinstimmung zwischen den simulierten und gemessenen Kräften (Δ < 10 %) sowie der Spanform erreicht wurde. Die finalen Parameter sind zusammen mit dem Reibkoeffizienten in **Tabelle 5-3** dargestellt. Der Reibkoeffizient entspricht mit μ_0 = 0,64 in etwa dem Mittelwert der im Experiment ermittelten effektiven Reibkoeffizienten.

Tabelle 5-3 JC Parameter und Reibkoeffizient
JC parameters and friction coefficient

A / MPa	B / MPa	ϑ_R / °C	ϑ_S / °C	n / -	m / -	C / -	$\dot{\epsilon}_0$ / s^{-1}	μ_0 / -
420	620	20	1500	0,2	0,4	0,0264	0,001	0,64

Die Gegenüberstellung der simulierten und der im Experiment gemessenen Kräfte ist in **Bild 5-4** dargestellt. Da die Experimente mit einer Spanungsbreite von b_{cu} = 5 mm und die Simulation mit b_{cu} = 1 mm durchgeführt wurden, wurden die Schnitt- und Drangkraft aus dem Experiment für einen direkten Vergleich auf eine Spanungsbreite von b_{cu} = 1 mm bezogen. Hierzu wurde gemäß der allgemeinen Modellvorstellung von einer linearen Abhängigkeit der Kraft von der Spanungsbreite ausgegangen [MERC45].

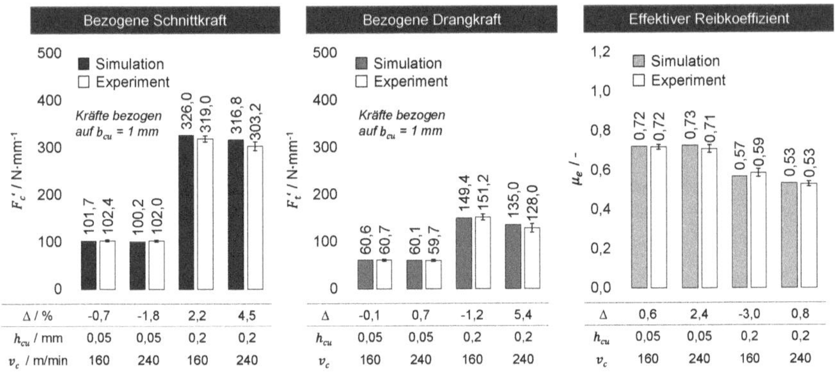

Bild 5-4: Vergleich der simulierten und gemessenen Kräfte und effektiven Reibkoeffizienten
Comparison of simulated and measured forces and effective friction coefficients

Unter Verwendung des parametrierten Werkstoff- und Kontaktmodells konnten die im Experiment ermittelten Kräfte und effektiven Reibkoeffizienten mit einer maximalen Abweichung von Δ_{max} = 5,4 % abgebildet werden. Im Hinblick auf die Schnittkraft F_c wurden in der Simulation bei der größeren Spanungsdicke höhere Kräfte und bei der kleinen Spanungsdicke geringere Kräfte als im Experiment ermittelt. Für die Drangkraft F_t wurden bei Verwendung der höheren Schnittgeschwindigkeit größere Kräfte und bei kleinerer Schnittgeschwindigkeit niedrigere Kräfte simuliert.

Für einen Abgleich der Spanform wurden die realen Späne mit den simulierten Spänen verglichen, vgl. **Bild 5-5**. Da die simulierte Schnittlänge der Länge einer einzelnen

Längsprobe entspricht, wurden für diesen Vergleich die Späne aus den Experimenten mit den Längsproben entnommen. Auch hier sind gute Übereinstimmungen zwischen Simulation und Experiment zu beobachten. Spankrümmung, -dicke und -länge wurden durch die Simulation gut abgebildet. Durch eine Variation der Spanungsdicke h_{cu} nahm konsequenterweise auch die Spandicke h_c des verformten Spans zu. Weiterhin ist zu beobachten, dass eine geringere Spanungsdicke h_{cu} im Vergleich zu einer größeren Spanungsdicke zu einer stärken Spankrümmung führte. Eine Erhöhung der Schnittgeschwindigkeit v_c führte zu einer weiteren Begünstigung des Krümmungsverhaltens.

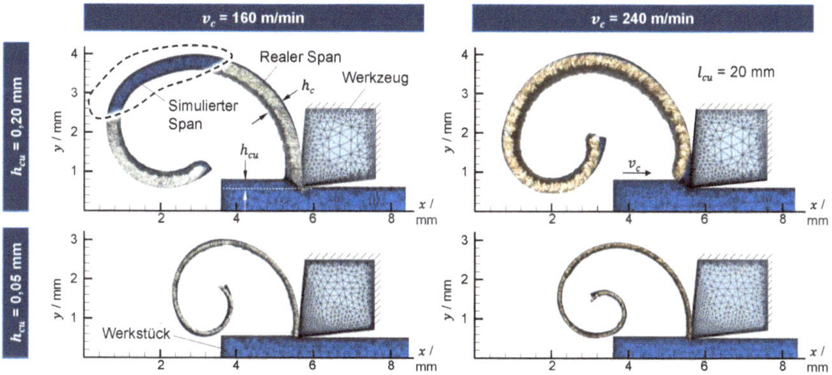

Bild 5-5: Gegenüberstellung simulierter und realer Späne
Comparison of simulated and real chips

5.1.3 Einfluss der Werkzeugeigenschaften

Influence of tool properties

Die Versuche im Linear-Orthogonalschnitt wurden mit Hartmetallwerkzeugen mit TiAlN-Beschichtung durchgeführt. Für das Wälzfräsen wird neben Hartmetall hauptsächlich PM-HSS als Schneidstoff verwendet. Beide Substrate werden nach aktuellem Stand der Technik vorwiegend mit einer AlCrN- oder TiAlN-Beschichtung versehen. Zur Prüfung des Einflusses der unterschiedlichen Schneidstoff- und Schichteigenschaften auf die Simulationsergebnisse wurden zusätzliche Simulationen mit unterschiedlichen Werkzeugspezifikationen durchgeführt. Die physikalischen Stoffeigenschaften bei Raumtemperatur wurden für die genannten Schneidstoffe bzw. Beschichtungen bereits in Tabelle 5-2 aufgeführt. Hierbei ist zu beachten, dass die Stoffeigenschaften auf Basis von Herstellerangaben bzw. Literaturwerten ausgewählt und nicht explizit gemessen wurden. Die thermophysikalischen Eigenschaften können infolge einer abweichenden chemischen Zusammensetzung sowie der Struktur bzw. des Gefüges der Versuchswerkzeuge von den aufgeführten Werten abweichen. Das Ziel dieser Analyse bestand darin festzustellen, inwieweit sich die unterscheidenden Eigenschaften auf die Simulationsergebnisse, insbesondere die Temperaturverteilung im Werkzeug, auswirken.

Für die Untersuchung wurden die Schneidstoffeigenschaften von Hartmetall bzw. HSS in der Simulation hinterlegt. Im Gegensatz zu den zuvor durchgeführten Simulationen wurde hier jedoch keine Beschichtung verwendet. Alle weiteren Einstellungen und Randbedingungen waren zu den zuvor diskutierten Simulationen identisch. In **Bild 5-6** sind die Schnitt- und Drangkraft F_c und F_t für die untersuchten Schneidstoffe dargestellt. Die Ergebnisse aus dem Experiment und der Simulation von beschichtetem Hartmetall sind zusätzlich in der Abbildung ergänzt. Aus den Diagrammen ist ersichtlich, dass die hier verwendeten Schneidstoff-Schicht-Kombinationen keinen nennenswerten Einfluss auf die simulierten Kräfte haben. Das Ergebnis ist plausibel, da die Kraft maßgeblich vom Spanungsquerschnitt und der Werkstofffestigkeit, weniger aber von den Werkzeugstoffeigenschaften beeinflusst wird. Einen eventuellen Einfluss könnte ein durch andere Schicht- und Schneidstoffeigenschaften veränderter Reibkoeffizient auf die Ausprägung der Kräfte haben. Insbesondere die Drangkraft würde aufgrund des hohen Reibanteils bei größerem Reibkoeffizienten zunehmen. Da im vorliegenden Fall allerdings der gleiche Reibkoeffizient zugrunde gelegt wurde und nicht bekannt ist, inwiefern andere Schicht- bzw. Schneidstoffeigenschaften den Reibkoeffizienten verändern, konnte dieser Einfluss hier nicht berücksichtigt werden.

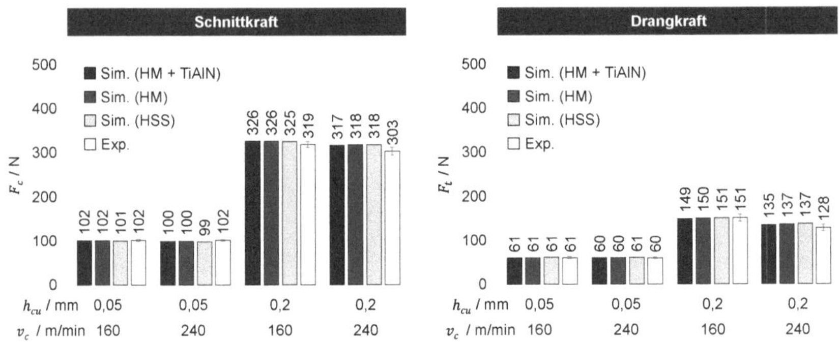

Randbedingungen: l_{cu} = 20 mm; b_{cu} = 1 mm; γ_n = 10°; α_n = 6°; r_β = 10 µm; μ_0= 0,64

Bild 5-6: Schnitt- und Drangkraft für unterschiedliche Schneidstoff-Schicht-Kombinationen
Cutting and thrust force for different cutting material-coating-combinations

Neben den vorliegenden Zerspankräften ist insbesondere die Spanflächentemperatur für die Bewertung der Werkzeugbelastung von Interesse. In **Bild 5-7** sind die Temperaturverteilungen für unterschiedliche Schneidstoff-Schicht-Kombinationen für eine Spanungsdicke von h_{cu} = 0,2 mm und eine Schnittgeschwindigkeit von v_c = 200 m/min nach einer Schnittlänge von l_{cu} = 20 mm gegenübergestellt. Der Verlauf der Spanflächentemperatur ϑ_γ über dem Abstand zur Schneidkante s_γ ist ergänzend unterhalb des jeweiligen Schaubilds dargestellt. PM-HSS hat im Vergleich zu Hartmetall eine geringere Wärmeleitfähigkeit k. Hierdurch resultieren höhere Temperaturen an der Spanfläche, da weniger Wärme vom Werkzeug aufgenommen wird. Durch die Verwendung einer zusätzlichen Beschichtung verringert sich die thermische Leitfähigkeit, wodurch die Spanflächentemperatur eines beschichten Hartmetalls im Vergleich zu einem unbeschichteten ansteigt. Prinzipiell liegen die maximalen Spanflächentemperaturen für die untersuchten Fälle zwischen 790 °C ≤ $\vartheta_{\gamma,max}$ ≤ 820 °C und weichen somit um bis zu 4 % voneinander ab. Auch die Lage des Temperaturmaximums auf der Spanfläche ist in allen Fällen vergleichbar. Der Einfluss der unterschiedlichen Stoffeigenschaften des Werkzeugs ist in der Simulation folglich als vernachlässigbar anzusehen.

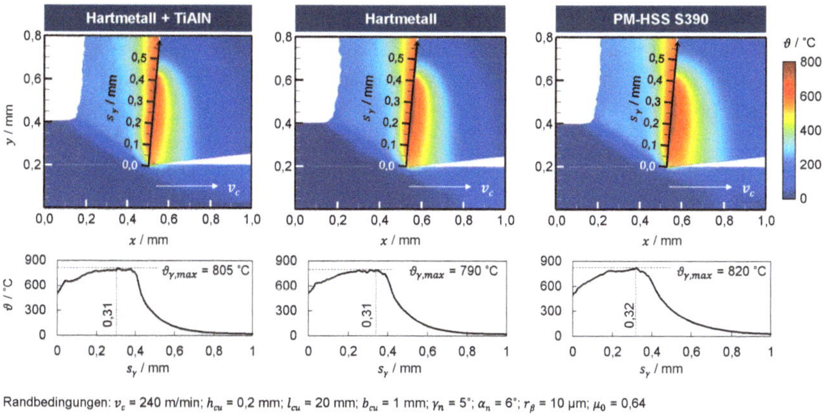

Bild 5-7: Temperaturverteilung in Abhängigkeit vom Schneidstoff

Temperature distribution as a function of the cutting material

Für alle nachfolgenden Simulationen werden die Stoffeigenschaften von PM-HSS S390 ohne zusätzliche Beschichtung zugrunde gelegt. Dies liegt einerseits darin begründet, dass für die später folgenden Verschleißuntersuchungen im Schlagzahnversuch ein PM-HSS S390 Substrat verwendet wird. Andererseits begünstigen hohe Spanflächentemperaturen die Entstehung von Kolkverschleiß, welcher ein maßgebliches Standzeitkriterium bei PM-HSS Werkzeugen darstellt, während Hartmetallwerkzeuge überwiegend aufgrund von abrasivem Freiflächenverschleiß ausfallen [TROß21a]. Auf die Vorgabe einer Beschichtung wird verzichtet, da die Gegenüberstellung keinen signifikanten Einfluss der Beschichtung auf die Zerspankräfte oder das Temperaturverhalten in der Simulation gezeigt hat.

5.2 Validierung des Werkstoffmodells

Validation of the material model

Das Wälzfräsen ist durch eine Mehrflankenspanbildung und eine komplexe Schnittkinematik gekennzeichnet. Aufgrund der hohen Berechnungszeit ist eine Abbildung eines vollen Prozesses mit allen Werkzeugzähnen bzw. -schneiden und der kompletten Werkstückbearbeitung mittels FEM jedoch nicht zielführend. Der Prozess kann alternativ auf einen einzelnen Zahn- bzw. Schneideneingriff in einer Werkstücklücke und eine Spanabnahme reduziert werden. Durch diese Vorgehensweise kann eine hohe Vernetzung bei angemessener Simulationszeit realisiert und ein sicherer Abgleich der

Simulationsergebnisse mit einem dem Simulationsaufbau entsprechendem Experiment gewährleistet werden. Eine zu geringe Vernetzung der Simulation würde in fehlerhaften Ergebnissen resultieren.

Zur Überprüfung der Validität des parametrierten Werkstoffmodells sowie dessen Eignung zur Abbildung des Wälzfräsprozesses wird im Folgenden ein dreidimensionales FE-Modell eines einzelnen Zahneingriffs aufgebaut. Für das Wälzfräsen existiert mit dem Schlagzahnversuch bereits eine validierte und etablierte Prüfmethode, welche die Kinematik des Wälzfräsens mit einem Zahn abbildet. Durch einen Abgleich von gemessenen und simulierten Kräften sowie der Spanform wird die Eignung des Materialmodells bewertet.

5.2.1 Aufbau der 3D-FE-Simulation

Setup of the 3D-FE-simulation

Die Vorgehensweise zum Aufbau des dreidimensionalen FE-Modells eines einzelnen Zahneingriffs in einer definierten Wälzstellung beim Wälzfräsen ist in **Bild 5-8** dargestellt. Für die Ermittlung der erforderlichen Lückengeometrie, der zu betrachtenden Wälzstellung und der relativen Werkzeugposition wurde die ebenenbasierte Durchdringungsrechnung in SPARTAPRO verwendet.

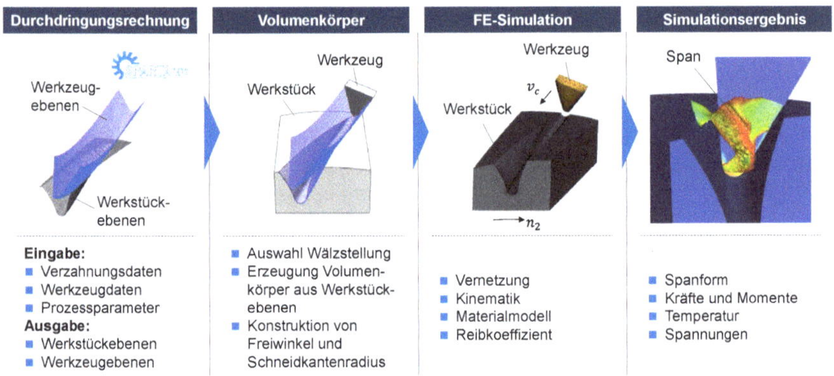

Bild 5-8: Vorgehensweise zum Aufbau des 3D-FE-Modells eines einzelnen Zahneingriffs
Procedure for setting up the 3D-FE-Model of a single tooth engagement

Über den Berechnungskern von SPARTAPRO kann die individuelle Lückengeometrie, die vor einem ausgewählten Schnitt vorliegt, in Form von parallelen Werkstückebenen ausgegeben werden. Die Werkstückebenen werden von dem Werkzeughüllkörper, welcher sich aus einzelnen Werkzeugebenen zusammensetzt, durchdrungen. Die Werkzeugebenen repräsentieren hierbei die Lage der Spanfläche des Werkzeuges zu verschiedenen Werkzeugdrehwinkeln φ_0 bzw. zu unterschiedlichen Zeitpunkten t. Im realen Prozess rotieren das Werkzeug mit der Drehzahl n_0 (Schnittbewegung) und das Werkstück mit der Drehzahl n_2 um ihre jeweilige Achse. In der Simulation ist das Werkstück im Raum fixiert, während das Werkzeug die Relativbewegung ausführt. In diesem Fall muss der Schnittbewegung des Werkzeugs eine Rotation um die Werkstückachse überlagert werden. Da das Werkzeug in jeder Wälzstellung eine andere Lage zum Werkstückmittelpunkt hat, liegt folglich in jeder Wälzstellung ein individueller Hüllkörper vor. Da der Anteil der axialen Vorschubbewegung des Werkzeugs an der Gesamtbewegung gering ist, kann er im Aufbau des Werkzeughüllkörpers vernachlässigt werden. Die Vorschubbewegung wird ausschließlich bei der initialen Positionierung des Werkzeughüllkörpers in der Wälzstellung berücksichtigt.

Die Werkstückebenen werden anschließend in ein kommerzielles CAD-Programm importiert und in einen Volumenkörper überführt. In diesem Fall wurde das CAD-Programm SOLIDWORKS verwendet. Der Volumenkörper des Werkzeuges wurde entsprechend des Werkzeugprofils konstruiert. Der konstruktive Freiwinkel am Kopf wurde in der Stirnebene mit α_{at} = 10° eingestellt. Durch die geometrische Abhängigkeit ergibt sich aus dem Kopffreiwinkel ein konstruktiver Flankenfreiwinkel in der Schneidennormalebene von α_{fn} = 3° [PFAU76]. Ein konstruktiver Spanwinkel wurde im vorliegenden Fall nicht explizit eingestellt und beträgt daher sowohl für Kopf als auch Flanke $\gamma_{an} = \gamma_{fn}$ = 0° in den Schneidennormalebenen. Der Schneidkantenradius wurde mit r_β = 20 µm modelliert. Durch Importieren der Werkzeugebenen in das CAD-Modell kann das Werkzeug relativ zum Werkstück auf einer der Ebenen innerhalb des Hüllkörpers positioniert werden. Die so erstellten und räumlich ausgerichteten Volumenkörper wurden anschließend in ADVANTEDGE vernetzt. Die Werte für die minimale und maximale Elementgröße $s_{e,min}$ und $s_{e,max}$, die minimale Elementlänge $l_{e,min}$ sowie die Faktoren für die Netzeinstufung K_{mg}, die Krümmungssicherheit K_{cs} und die Segmente pro Kante K_{se} sind in **Tabelle 5-4** für Werkstück und Werkzeug angegeben.

Tabelle 5-4: Vernetzungsparameter für das 3D-FE-Modell
Meshing parameters for the 3D-FE-model

	$s_{e,min}$ / mm	$s_{e,max}$ / mm	$l_{e,min}$ / mm	K_{mg} / -	K_{cs} / -	K_{se} / -
Werkstück	0,4	0,15	0	0,3	3	0,5
Werkzeug	0,1	0,03	3×10^{-4}	0,3	4	0,5

Die Parameter für die adaptive Neuvernetzung des Werkstücks und des Spans werden mit den Parametern für die anfängliche Vernetzung kombiniert, um das Netz während der Simulation zu bestimmen. Diese Werte werden auf Grundlage des vom Nutzer vorgegebenen minimalen Vorschubs pro Zahn f_z automatisch bestimmt. Im vorliegenden Fall wurde ein Wert von f_z = 0,05 mm vorgegeben.

Im Anschluss an die Vernetzung wird die Kinematik definiert. Da die Software nur eine rotatorische Bewegung pro Körper erlaubt, ist eine reine Relativbewegung des Werkzeugs bei räumlich fixiertem Werkstück, wie in der Durchdringungsrechnung, nicht abbildbar. Dem Werkzeug wurde daher eine Rotationsbewegung um seine Achse mit der Drehzahl n_0 und dem Werkstück eine Rotationsbewegung um die Werkstückachse mit der Drehzahl n_2 zugewiesen. Die axiale Vorschubbewegung des Werkzeugs parallel zur Werkstückachse wurde, wie auch in der Durchdringungsrechnung, vernachlässigt. Alle Werkzeug- und Werkstückeigenschaften wurden analog zur 2D-Simulation ausgewählt. Als Werkstoffmodell wurde das JC Modell mit den zuvor hergeleiteten Parametern hinterlegt, vgl. Tabelle 5-3. Der vorgegebene Reibkoeffizient war μ_0 = 0,64.

5.2.2 Schlagzahnversuche

Fly-cutting trials

Die Validierung des Modells erfolgte anhand von Zerspankraft- und Drehmomentmessungen im Schlagzahnversuch am Beispielverzahnungsfall. Der Versuchsaufbau und die Bewegungsabläufe sind in **Bild 5-9** dargestellt. Im Schlagzahnversuch reproduziert ein einzelner Wälzfräserzahn (Schlagzahn) alle Wälzstellungen des zugehörigen Wälzfräsers und folglich das komplette Belastungskollektiv durch einen kontinuierlichen Shiftvorgang. Das Werkzeug wird zunächst parallel zur Werkstückachse um den Einlaufweg zur Werkstückstirnfläche und in radialer Richtung auf Solltauchtiefe positioniert. Unter einer kontinuierlichen Drehzahl n_0, die die Schnittgeschwindigkeit v_c erzeugt, wird das Werkzeug entlang seiner Achse mit einer Tangentialgeschwindigkeit v_t bewegt. Der Shiftweg entspricht mindestens der Länge des Fräserarbeitsbereichs l_{A0}. Gleichzeitig dreht sich das Werkstück mit der Drehzahl n_2, die mit der Bewegung des Werkzeugs synchronisiert ist. Nach Beendigung eines Shiftdurchgangs, hier bezeichnet als Umlauf U, kehrt das Werkzeug in seine Ausgangsposition zurück, verfährt parallel zur Werkstückachse um den Betrag des Vorschubs f_a und startet den nächsten Durchgang. Dieser Prozess wiederholt sich, bis das Zahnrad vollständig profiliert ist. Durch eine Reihe von Untersuchungen wurde die Übertragbarkeit der in diesem Versuch ermittelten Effekte auf den Wälzfräsprozess belegt und der Schlagzahnversuch als Analogieprozess zum Wälzfräsen validiert [WINK05, HIPK12, SCHA12, WENG17].

Werkstück
20MnCr5
z_2 = 39
β_2 = 23°
b_2 = 30 mm
d_{a2} = 116,2 mm
d_{f2} = 100,0 mm

Werkzeug
K30 + AlCrN
m_{n0} = 2,557 mm
α_{n0} = 17,5°
h_{aP0} = 4,31 mm
ρ_{aP0} = 0,85 mm
n_{i0} / z_0 = 17 / 2
d_{a0} = 80 mm

Prozess
Gleichlauf, trocken
a_P = 8,1 mm
v_c = variiert
f_a = variiert
$h_{cu,H}$ = variiert

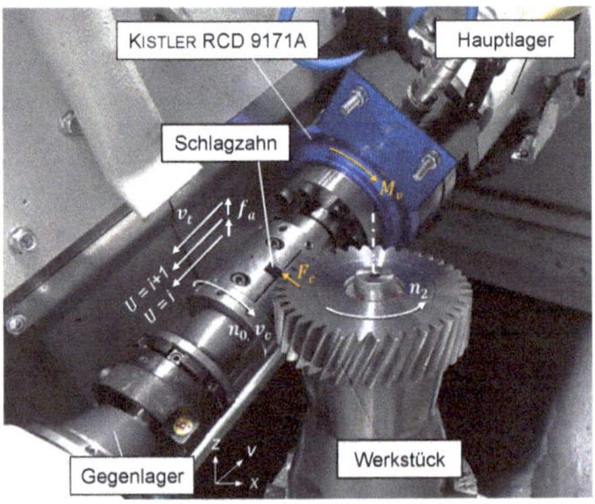

Schlagzahn

Nomenklatur

U: Shiftdurchgang bzw. Umlauf
i: Zählvariable
f_a: Axialer Vorschub
n_0: Werkzeug-Drehzahl
n_2: Werkstück-Drehzahl
v_c: Schnittgeschwindigkeit
v_t: Tangentialgeschwindigkeit
F_c: Schnittkraft
M_v: Drehmoment um v-Achse

Bild 5-9: Aufbau und Kinematik des Schlagzahnversuchs
Setup and kinematics of the fly-cutting trial

Die benötigten Schlagzahnwerkzeuge wurden mittels Drahterosion aus einem handelsüblichen Vollhartmetallwälzfräser mit AlCrN-Beschichtung getrennt. Der Schneidkantenradius r_β und der Formfaktor K wurden mittels optischer Messverfahren zu r_β = 14,8 ± 1,4 µm und K = 1,0 ± 0,13 bestimmt. Die Schartigkeit der Schneidkante Rz_β bzw. die Rautiefe der Spanfläche Rz_γ wurden taktil gemessen und betrugen Rz_β = 4,0 ± 0,6 µm bzw. Rz_γ = 0,9 ± 0,2 µm.

Die Versuche wurden auf einer LIEBHERR LC180 Wälzfräsmaschine durchgeführt. Die Kraftkomponenten und das Drehmoment M_v um die Werkzeugachse wurden mit einem rotierenden Mehrkomponenten-Dynamometer KISTLER RCD 9171A gemessen, welches zwischen Werkzeug und Hauptlager montiert war. Während die Reaktionskräfte sowohl am Haupt- als auch am Gegenlager der Werkzeugwelle auftreten, wird das resultierende Drehmoment um die Werkzeugachse nur vom Hauptlager aufgenommen. Untersuchungen von KLOCKE ET AL. wiesen bei Kraftmessungen im Schlagzahnversuch zudem Störsignale in der Größenordnung der Schnittkräfte nach, was eine Auswertung der Kraftkomponenten zusätzlich erschwert [KLOC07]. Aus diesem Grund wurde die Validierung ausschließlich auf der Basis der Drehmomentmessung durchgeführt. Der Versuchsplan ist in **Bild 5-10** dargestellt. Die Schnittgeschwindigkeit v_c und der Vorschub f_a wurden variiert. Der Vorschub wurde auf Basis üblicher HOFFMEISTER Spannungsdicken $h_{cu,H}$ ausgelegt, welche auch zuvor in Kapitel 4.4 analysiert wurden. Alle Versuche wurden im Gleichlauf unter Trockenschnittbedingungen durchgeführt. Der zentrale Versuchspunkt wurde zusätzlich mit Gegenlaufbearbeitung durchgeführt.

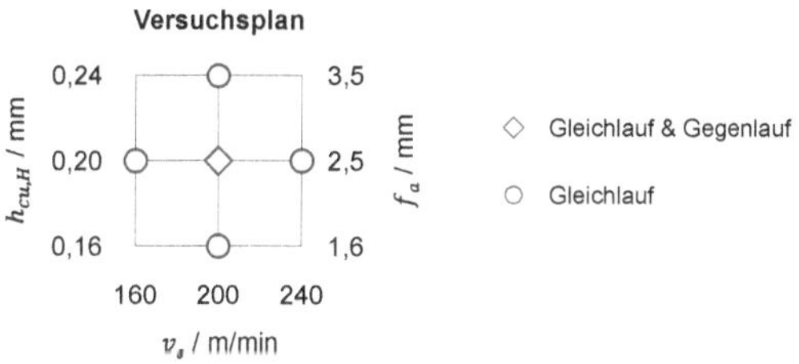

Bild 5-10: Versuchsplan zu den Schlagzahnversuchen
Design of experiments for the fly-cutting trials

Durch ein kontinuierliches Shiften des Werkzeugs werden zwar alle Wälzstellungen aller Lücken bearbeitet, allerdings findet dadurch jeder einzelne Schnitt in einer unterschiedlichen relativen Lage des Werkzeugs zum Werkstück statt. Folglich ist die Position des Werkzeuges in der theoretisch identischen Wälzstellung der nachfolgenden Lücken um den tangentialen Vorschubbetrag pro Werkzeugumdrehung versetzt. Weiterhin erschwert ein kontinuierlicher Shiftvorgang die eindeutige Zuordnung eines abgetrennten Spans zu der zugehörigen Wälzstellung. Für eine gezielte Untersuchung der Kräfte und der Spanform in einer Wälzstellung ist daher eine konstante Relativposition des Werkzeugs zum Werkstück in allen Lücken sinnvoll. Aus diesem Grund wurde der Schlagzahnversuch gemäß der Darstellung in **Bild 5-11** modifiziert.

Zunächst erfolgt der reguläre Programmablauf mit einem kontinuierlichen Shiftvorgang entlang der Werkzeugachse bis zu einem definierten Shiftdurchgang bzw. Umlauf U_{def}. In Umlauf U_{def} wird das Werkzeug nicht kontinuierlich mit der Tangentialgeschwindigkeit v_t, sondern inkrementell in die einzelnen Wälzstellungen zugestellt. Die Zustellgeschwindigkeit wurde so gewählt, dass das Werkzeug nach zwei vollen Umdrehungen um ein Wälzstellungsinkrement ΔWS versetzt wird. Das Inkrement ΔWS berechnet sich als Quotient aus Frässersteigung p_{zH} und der Spannutenzahl n_{i0}. Nach der Zustellung wird das Werkzeug nicht weiterbewegt und alle folgenden Schnitte finden in der gleichen Relativposition statt. Die Zustellung in die nächste Wälzstellung wird erst nach manueller Bestätigung durch den Maschinenbediener ausgeführt. Vor der Zustellung wird die Kraftmessung gestartet und die Vorrichtung zum Auffangen der Späne platziert. Auf diese Weise können Kraftsignal und Späne einer eindeutigen Wälzstellung WS innerhalb des festgelegten Umlaufes U gezielt zugeordnet werden. Da der gleiche Schnitt in jeder Werkstücklücke durchgeführt wird, ist zudem eine statistische Absicherung der Ergebnisse möglich.

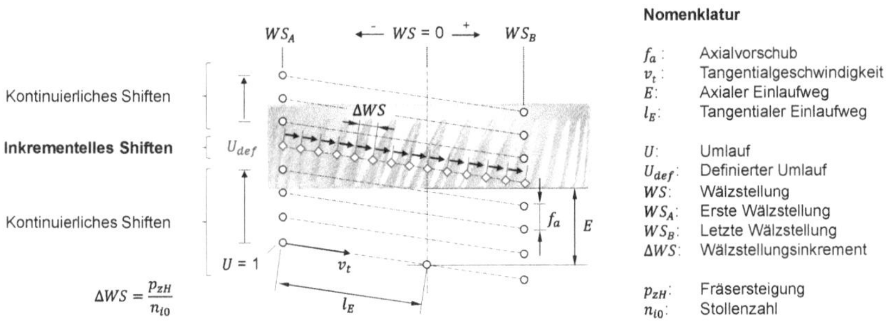

Bild 5-11: Modifizierter Schlagzahnversuch
Modified fly-cutting trial

Für einen exakten Abgleich mit den auf SPARTAPRO basierenden Berechnungen und Simulationen wurden der axiale Einlaufweg E und der tangentiale Einlaufweg l_E auf die entsprechenden Werte aus SPARTAPRO angeglichen. Somit wird sichergestellt, dass Umlauf und Wälzstellung zwischen Simulation und Experiment übereinstimmen und einander zugeordnet werden können. Nachdem alle Wälzstellungen des spezifizierten Umlaufes U_{def} bearbeitet wurden, wird der reguläre Programmablauf mit kontinuierlichem Shiftvorgang fortgeführt. Zur Sicherstellung der Versuchsbedingungen wurden die bearbeiteten Werkstücke vollständig verzahnt und die Verzahnungsqualität auf einer Verzahnungsmessmaschine P65 der Firma KLINGELNBERG dokumentiert. Die entsprechenden Messprotokolle können dem Anhang IV.2 entnommen werden. Neben der Überprüfung der Profil- und Flankenlinien-Abweichungen wurde durch eine Prüfung der Zahnweite W_k bzw. des Fußkreisdurchmessers d_{f2} sichergestellt, dass die experimentellen Spanungsdicken möglichst den simulierten entsprechen.

In **Bild 5-12** ist der Verlauf des Drehmoments M_v über den Wälzstellungen WS für Umlauf $U = 13$ bei einer Schnittgeschwindigkeit von $v_c = 200$ m/min und einer HOFFMEISTER Spanungsdicke von $h_{cu,H} = 0{,}2$ mm dargestellt. Alle weiteren Drehmomentverläufe können dem Anhang IV.7 entnommen werden. Das Drehmoment M_v einer Wälzstellung wurde als Mittelwert der maximalen Drehmomente aller Lücken für diese Wälzstellung ermittelt. Die Standardabweichung ist ergänzend am jeweiligen Drehmomentwert eingezeichnet. Der Drehmomentverlauf wurde als gleitender Mittelwert der Einzelwerte approximiert. Für die Wälzstellung $WS = -21$ ist zudem der Drehmomentverlauf über der Eingriffszeit τ dargestellt.

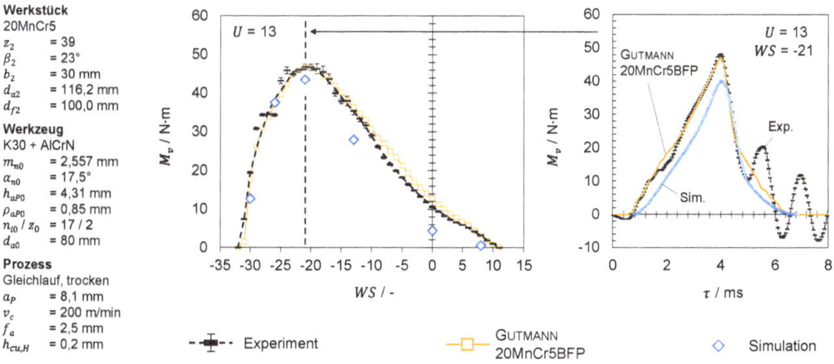

Bild 5-12: Gemessener, simulierter und berechneter Drehmomentverlauf

Measured, simulated and calculated torque

Zu Beginn des Umlaufs sind größere Abweichungen des Drehmomentwerts vom Verlauf des gleitenden Mittelwertes zu beobachten. Das gemessene Drehmoment weicht beispielsweise in $WS = -29$ um ca. +18 % und in $WS = -26$ um -12 % vom gleitenden Mittelwert ab. Für Wälzstellungen $WS > -24$ nehmen die Abweichungen ab und betragen im Durchschnitt +1 %. Die Standardabweichung der Messung ist in allen Fällen gering und beträgt durchschnittlich 2 % und maximal 3 % vom jeweiligen Messwert, was auf eine gute Reproduzierbarkeit der Kräfte in den einzelnen Lücken hindeutet.

Zur Einordnung des Drehmomentverlaufs wurde basierend auf den Spanungsgeometrien von SPARTAPRO das Drehmoment für die einzelnen Wälzstellungen mit dem Schnittkraftmodell nach GUTMANN berechnet [GUTM88]. Hierzu wurden aus der Bibliothek von SPARTAPRO Modellkoeffizienten für einen 20MnCr5BFP entnommen. Die Modellverläufe weisen einen qualitativ mit der Messung vergleichbaren Verlauf auf. Die erste Wälzstellung, in der eine Zerspanung stattfindet, ist $WS = -31$ und die letzte $WS = +10$. Das maximale Drehmoment wird in allen Fällen bei $WS = -21$ erreicht. Aus dem beinahe identischen qualitativen Verlauf von Experiment und Berechnung kann geschlossen werden, dass der axiale und tangentiale Einlaufweg sowie die Mittenposition im Experiment gut auf die Durchdringungsrechnung abgestimmt waren und dass die in der Simulation verwendete Kinematik die Realität gut abbildet.

Zur Abbildung der Kräfte bei der Zerspanung des hier verwendeten Versuchswerkstoffes scheint das Modell nach GUTMANN mit den Koeffizienten für 20MnCrB5FP gut geeignet. Im Gegensatz zu einer Berechnung mittels FEM ist das Modell nach GUTMANN jedoch auf die ausschließliche Berechnung der Kraftkomponenten beschränkt. Eine Bewertung der Zerspantemperaturen, der Spanverformung sowie der Spannungen im Werkzeug und Werkstück kann hiermit nicht vorgenommen werden.

Zur Validierung des parametrierten Werkstoffmodells wurden 3D-FE-Simulationen für ausgewählte Wälzstellungen nach der in Kapitel 5.2.1 beschriebenen Vorgehensweise durchgeführt. Die simulierten maximalen Drehmomente sind für die untersuchten Wälzstellungen in Bild 5-12 ergänzt. Im Hinblick auf den Drehmomentverlauf über der Kontaktzeit kann eine gute Übereinstimmung der Schnittdauer zwischen Ein- und Austritt des Werkzeugs sowie ein qualitativ beinah identischer Verlauf festgestellt werden. Das simulierte maximale Drehmoment ist in diesem Vergleich ca. 6 % geringer als der maximale Messwert. Da das Werkzeug nicht ideal steif ist, schwingt das gemessene Drehmomentsignal am Ende des Schnitts auf. Weitere Beispiele können Anhang IV.3 entnommen werden. Aus dem Verlauf über den Wälzstellungen geht ebenfalls hervor, dass die simulierten Werte durchgängig kleiner sind als die gemessenen Werte. Die Differenz nimmt mit zunehmender Wälzstellung zu. In **Bild 5-13** sind für einen besseren Vergleich die Beträge der betrachteten Wälzstellungen auf das gemessene Drehmoment dieser Wälzstellung normiert. Insbesondere bei den Wälzstellungen WS = 0 und WS = 8 werden Abweichungen von bis zu 80 % erreicht.

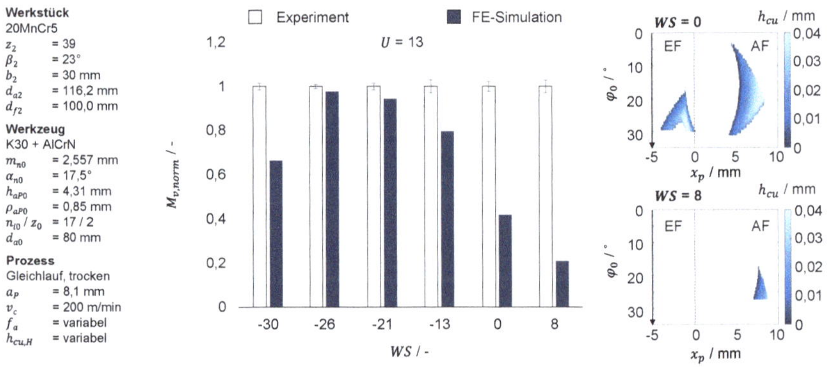

Bild 5-13: Differenz zwischen simuliertem und gemessenem Drehmoment

Difference between simulated and measured torque

Diese Abweichungen können auf die sehr geringen Spanungsdicken zurückgeführt werden, die in diesen Wälzstellungen vorliegen, wie die Darstellung der Spanungsgeometrie der jeweiligen Wälzstellung rechts in Bild 5-13 verdeutlicht. In WS = 0 beträgt die maximale Spanungsdicke $h_{cu,max}$ = 0,04 mm und in WS = 8 $h_{cu,max}$ = 0,025 mm. Ein Großteil der Spanungsdicken liegt unterhalb des in der Simulation verwendeten Schneidkantenradius r_β = 0,02 mm, was dazu führen kann, dass keine Spanabnahme erfolgt. Zudem wurden für alle Simulationen die gleichen Vernetzungsparameter verwendet, was eine unzureichende Auflösung bei kleinen Spanungsdicken bedeuten kann. Im Hinblick auf die Wälzstellungen mit höheren Spanungsvolumina (WS = -26 und WS = -30) kann auf eine gute Abbildung des Experiments durch die Simulation geschlossen werden. Für Wälzstellungen mit kleinen Spanungsdicken sind künftig noch weitere Untersuchungen zur erforderlichen Netzauflösung durchzuführen.

Zur weiteren Validierung der FEM und Analyse der Abweichungen zwischen FE-Simulation und Experiment wurde neben dem Drehmoment die resultierende Spanform aus FEM und Experiment miteinander verglichen. In **Bild 5-14** sind die Späne der Wälzstellungen WS = -21 und WS = -13 gegenübergestellt. Die zugehörige Spanungsgeometrie aus SPARTAPRO ist ergänzend dargestellt. Für das Experiment wurde ein repräsentativer Span aus der Gesamtzahl der für diese Wälzstellung aufgefangenen Späne ausgewählt. Weitere Späne können Anhang IV.4 entnommen werden. Die grundlegende Form des Spans stimmt zwischen Simulation und Experiment überein, was auf einen guten Abgleich der Lage der Wälzstellung und eine korrekte Abbildung der Schnittbewegung durch die Simulation hindeutet.

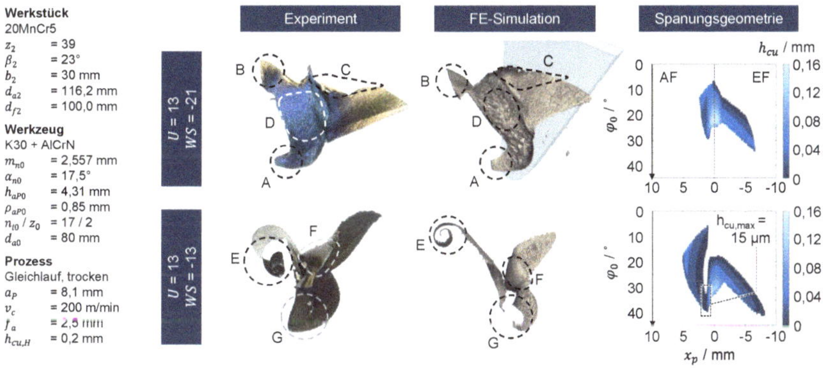

Bild 5-14: Vergleich der simulierten und realen Späne
Comparison of simulated and real chips

Zur besseren Orientierung sind prägnante Merkmale an den jeweiligen Spänen gekennzeichnet. Alle gekennzeichneten Merkmale finden sich sowohl im mittels FEM simulierten als auch im realen Span wieder. Für WS = -21 ist Merkmal A gleichermaßen ausgeprägt, während für Merkmal B eine stärke Krümmung in der Simulation als im Experiment zu beobachten ist. Der rechte Flügel des Spans ist im Experiment im Gegensatz zur FE-Simulation an der oberen Seite eingeklappt (Merkmal C), was auf einen geringeren Spanungsquerschnitt an dieser Stelle oder ein abweichendes Werkstoffverhalten im Experiment gegenüber der Simulation hindeuten kann. Der Körper des Spans (Merkmal D) war im Experiment breiter als in der FE-Simulation, was auf eine größere Spandicke schließen lässt. Für WS = -13 ist der linke sowie ein Teil des rechten Flügels (Merkmal E und F) im realen Span stärker eingerollt als im Span aus der FE-Simulation. Während im Experiment ein zusammenhängender Mehrflankenspan erzeugt wird, werden in der FE-Simulation zwei separate Späne generiert. Ein Grund hierfür könnte sein, dass im Experiment ein größerer Spanungsquerschnitt am Werkzeugkopf zerspant wird, sodass der Spankörper (Merkmal G) im realen Span verbunden ist und eine größere Spandicke vorliegt.

Die größere Spandicke wird hier als die maßgebliche Ursache für die größeren gemessenen Momente im Experiment angesehen. Eine Ursache für eine größere Spandicke im Experiment könnte eine von der Simulation abweichende relative Lage des Werkzeugs zum Werkstück sein. Das Werkzeug wurde zu Beginn des Versuchs möglichst exakt zur Tischmitte (WS = 0) ausgerichtet und die entsprechenden Achskoordinaten in der Maschine hinterlegt. Da alle weiteren Wälzstellungen relativ zu dieser Position verschoben sind, kann eine Abweichung der Lage der zentralen Wälzstellung in entsprechenden Abweichungen der Spanform resultieren. Da Beginn, Ende und Maximum des Drehmomentverlaufs über den Wälzstellungen zwischen Experiment und Durchdringungsrechnung nahezu identisch waren, wird eine fehlerhafte Position der Wälzstellung hier jedoch ausgeschlossen.

Neben einer axialen und tangentialen Lageabweichung würde eine größere radiale Zustellung im Experiment zu größeren Spanungsquerschnitten führen. Bei Betrachtung der Spanungsgeometrie von WS = -13 aus SPARTAPRO (vgl. Bild 5-14 rechts unten) ist ersichtlich, dass der Span zwischen Kopf und der auslaufenden Flanke zunächst nicht verbunden ist und erst gegen Ende des Schnitts zusammenläuft. Die maximale Spanungsdicke in diesem Bereich beträgt $h_{cu,max}$ = 15 µm, was etwas geringer als die Schneidkantenverrundung des Werkzeugs der FE-Simulation (r_β = 20 µm) ist. Aufgrund der geringen Spanungsdicken kann argumentiert werden, dass die Mindestspanungsdicke nicht überschritten wurde und folglich keine Spanbildung stattfand. Da FE-Simulation und Durchdringungsrechnung in dieser Hinsicht übereinstimmen, erscheint eine zu hohe Tauchtiefe im Experiment schlüssig. Der gemessene Fußkreis der Verzahnung betrug jedoch d_{f2} = 100,03 mm (vgl. Anhang Bild IV-2), was entgegen der Annahme auf eine eher kleinere Tauchtiefe im Experiment hindeutet.

Abweichungen im Versuch können weiterhin durch Effekte wie Reibung, Verschleiß und Dynamik hervorgerufen werden. Ein vom angenommenen Reibkoeffizienten abweichendes Reibverhalten zwischen Span und Spanfläche würde beispielsweise in andere Scherwinkel und folglich andere Spandicken und Kräfte resultieren. Da das Werkstück bis zum gewünschten Umlauf zerspant werden muss, stellt sich ein gewisser Initialverschleiß an der Schneidkante ein, welcher zusätzliche Reibkräfte in Schnittrichtung durch Kontakt zwischen Freifläche und neu erzeugter Werkstückoberfläche hervorrufen kann. Das dynamische Verhalten des Schneideneingriffs konnte insbesondere beim Werkzeugaustritt beobachtet werden. Inwiefern die Dynamik die Spanbildung beeinflusst, muss in künftigen Untersuchungen noch geprüft werden.

Seitens der Simulation kann eine zu grobe Netzauflösung zu Ergebnisabweichungen führen. Insbesondere bei sehr kleinen Spanungsdicken ist eine entsprechend hohe Auflösung erforderlich, da Elemente sonst eventuell nicht erfasst werden und keine Spanbildung an dieser Stelle stattfindet. Zur Überprüfung, ob die verwendete Netzauflösung zu den beobachteten Abweichungen geführt hat, sind künftig noch ergänzende Simulationen mit höherer Auflösung geplant.

5.3 Zusammenfassung

Summary

Das JC Werkstoffmodell wurde für den Versuchswerkstoff 20MnCr5 invers auf Basis von Linear-Orthogonalschnittversuchen parametriert. Hierzu wurden die Modellkoeffizienten iterativ angepasst bis eine gute Übereinstimmung zwischen Simulation und Experiment im Hinblick auf die Zerspankraftkomponenten und die Spanform vorlag. Für die Validierung wurde ein dreidimensionales FE-Modell eines Einzahneingriffs beim Wälzfräsen aufgebaut. Die erforderliche Lückengeometrie und die relative Werkzeugposition wurden mit Hilfe von SPARTAPRO ermittelt. Die Simulationsergebnisse wurden anschließend mit experimentellen Ergebnissen aus dem Schlagzahnversuch abgeglichen. Der Schlagzahnversuch wurde diesbezüglich so modifiziert, dass eine gezielte Bearbeitung einzelner Wälzstellungen mit konstanter Relativposition des Werkzeugs möglich war. Auf diese Weise konnten Kraft- und Drehmomentsignale sowie Späne einer eindeutigen Wälzstellung zugewiesen werden.

Der Vergleich zwischen simulierten und gemessenen Drehmomentverläufen sowie der Spanform deutet prinzipiell auf eine gute Abbildung des Experiments durch die Simulation hin. Insbesondere für Wälzstellungen im Bereich der Vorschneidezone wurde eine gute Übereinstimmung der Drehmomentverläufe mit geringen Abweichungen vom Messwert festgestellt. Als Grund für diese Abweichungen wurde eine größere Spandicke im Experiment angeführt und mögliche Ursachen, die hierzu führen können, diskutiert. Für Wälzstellungen mit sehr geringen Spanungsdicken wurden deutlich höhere Abweichungen beobachtet. Hier sind künftig noch weiterführende Untersuchungen zur Prüfung der erforderlichen Netzauflösung durchzuführen.

Als Ergebnis liegt ein parametriertes und validiertes Werkstoffmodell für 20MnCr5 sowie ein abgesichertes 3D-FE-Modell des Einzelzahneingriffs beim Wälzfräsen für Wälzstellungen in der Vorschneidezone vor. Die 3D-FE-Simulation wird im späteren Verlauf dieser Arbeit herangezogen, um das entwickelte Mehrskalenmodell zu verifizieren. Hierzu wird die mittels Mehrskalenmodell berechnete Temperaturverteilung auf der Spanfläche eines Wälzfräserzahns mit den FE-Simulationsergebnissen abgeglichen.

6 Werkzeugbelastung im Orthogonalschnitt

Tool load in orthogonal cut

Mit dem validierten FE-Modell des Linear-Orthogonalschnitts werden im Folgenden wesentliche Einflussgrößen auf die thermomechanische Werkzeugbelastung – insbesondere die Spanflächentemperatur und die Zerspankraftkomponenten – analysiert. Auf Basis der generierten Simulationsergebnisse werden anschließend analytische Modelle zur Beschreibung der Belastungskenngrößen erprobt und parametriert.

6.1 Variation von Werkzeug- und Prozessparametern

Variation of tool and process parameters

Der Simulationsplan ist in **Bild 6-1** dargestellt. Die Spanungsdicke h_{cu} und die Schnittgeschwindigkeit v_c wurden innerhalb des im Orthogonalschnittversuchs validierten Bereiches $0{,}05 < h_{cu} \leq 0{,}2$ mm und $160 \leq v_c \leq 240$ m/min vollfaktoriell variiert. Zur Vergrößerung des Parameterraums wurden an ausgewählten Punkten außerhalb des experimentell abgesicherten Bereiches zusätzliche Simulationen durchgeführt. Alle Punkte wurden mit den Spanwinkeln $\gamma_{ne} = -5°$, $\gamma_{ne} = 0°$ und $\gamma_{ne} = 5°$ simuliert. An den Randpunkten des validierten Bereiches sowie am Referenzpunkt ($v_c = 200$ m/min und $h_{cu} = 0{,}1$ mm) wurden zusätzlich Spanwinkel von $\gamma_{ne} = -10°$ und $\gamma_{ne} = 10°$ untersucht. Da im Linear-Orthogonalschnitt keine Vorschubbewegung vorliegt, entspricht die Richtung der Schnittgeschwindigkeit v_c der Richtung der Wirkgeschwindigkeit v_e. Folglich sind Wirk-Winkel (α_{ne}, γ_{ne}) und Werkzeug-Winkel (α_n, γ_n) identisch. Die Angabe der Winkel erfolgt für alle Betrachtungen in der Wirk-Normalebene, da im späteren Verlauf dieser Arbeit die Wirk-Winkel beim Wälzfräsen in dieser Ebene ermittelt werden und als Eingangsgröße für die analytischen Modelle dienen.

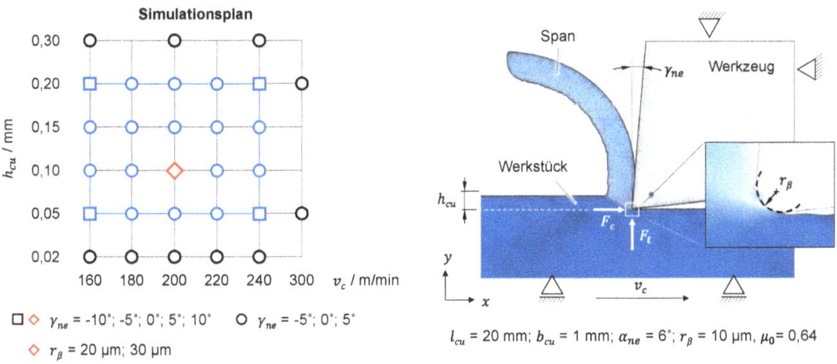

Bild 6-1: Simulationsplan

Design of simulations

Die Spanungsbreite wurde für alle Varianten mit b_{cu} = 1 mm und die Spanungslänge mit l_{cu} = 20 mm konstant gehalten. Eine Variation der Spanungslänge war nicht erforderlich, da die Simulation zu unterschiedlichen Zeitpunkten ausgewertet werden kann. Hierzu wurde die Simulation in 20 äquidistante Inkremente unterteilt, zu denen die Daten gezielt ausgewertet werden können. Dies betrifft insbesondere die Auswertung des Temperaturverlaufes auf der Spanfläche. Die Zerspankraftkomponenten und die maximale Spanflächentemperatur werden von der Software standardmäßig hoch aufgelöst (> 10^6 Inkremente) ausgegeben. Der Schneidkantenradius war in allen Fällen r_β = 10 µm und wurde ausschließlich am Referenzpunkt stichpunktartig mit r_β = 20 µm und r_β = 30 µm für drei verschiedene Spanwinkel γ_{ne} = -10°, γ_{ne} = 0° und γ_{ne} = 10° untersucht. Für den Schneidstoff wurden die Stoffeigenschaften von PM-HSS S390 ohne zusätzliche Beschichtung und für den Werkstoff die Stoffeigenschaften von 20MnCr5 zugrunde gelegt. Das Werkstoffverhalten während des Zerspanvorgangs wurde nach dem im vorangegangenen Kapitel parametrierten JC Modell abgebildet.

6.1.1 Variation der Spanungsdicke

Variation of chip thickness

Zunächst wurde der Einfluss der Spanungsdicke h_{cu} auf die Spanflächentemperatur ϑ_γ und die Zerspankraftkomponenten untersucht. Der Wälzfräsprozess wird häufig auf Basis der maximalen Spanungsdicke ausgelegt. Übliche maximale Kopfspanungsdicken beim Wälzfräsen von Einsatzstahl mit PM-HSS Werkzeugen liegen im Bereich von $h_{cu,max}$ = 0,15 mm bis $h_{cu,max}$ = 0,25 mm. An den Werkzeugflanken liegen je nach Verzahnungs- und Werkzeuggeometrie deutlich niedrigere Spanungsdicken vor.

Die Variation der Spanungsdicke ist beispielhaft für eine konstante Schnittgeschwindigkeit v_c = 200 m/min, einen Spanwinkel γ_{ne} = 0° und einen Schneidkantenradius r_β = 10° in **Bild 6-2** dargestellt. Die mittels FEM simulierten Temperaturverteilungen im Werkzeug und Werkstück können für die Spanungsdicken h_{cu} = 0,05 mm, h_{cu} = 0,1 mm und h_{cu} = 0,2 mm dem oberen Teil des Bildes entnommen werden. Darunter sind die Spanflächentemperatur ϑ_γ in Abhängigkeit von der verwendeten Spanungsdicke h_{cu} über dem Abstand zur Schneidkante s_γ nach einer Schnittlänge l_{cu} = 20 mm und die Schnitt- und Drangkraft F_c und F_t über der Spanungsdicke h_{cu} dargestellt. Eine Erhöhung der Spanungsdicke h_{cu} führt zu einem Anstieg der Spanflächentemperatur ϑ_γ sowie zu einer Vergrößerung des Abstands zwischen der Lage des Temperaturmaximums $\vartheta_{\gamma,max}$ und der Schneidkante. Durch die Bearbeitung größerer Spanungsquerschnitte ist eine größere Zerspanleistung erforderlich, welche maßgeblich in thermische Energie umgewandelt wird, wodurch eine höhere Temperatur resultiert. Die Verschiebung der Lage des Temperaturmaximums ist auf die größere Kontaktzone zwischen Werkzeug und Span zurückzuführen. Die Schnittkraft F_c nimmt linear mit der Spanungsdicke h_{cu} zu, während die Drangkraft F_t einen degressiven Verlauf aufweist. Da der Anteil der Drangkraft abnimmt, nimmt der effektive Reibkoeffizient mit zunehmender Spanungsdicke ab. Der Scherwinkel wird mit zunehmender Spanungsdicke größer und liegt für den hier betrachteten Fall zwischen 22° ≤ ϕ ≤ 28°.

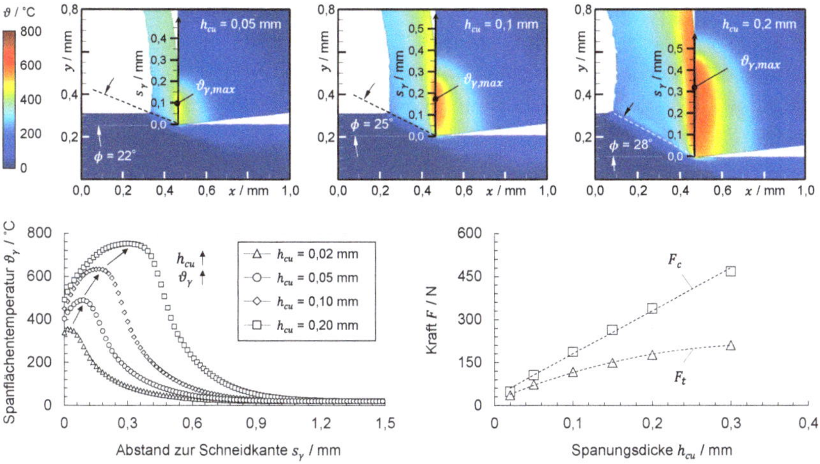

Randbedingungen: v_c = 200 m/min; l_{cu} = 20 mm; b_{cu} = 1 mm; γ_{ne} = 0°; α_{ne} = 6°; r_β = 10 µm

Bild 6-2: Einfluss der Spanungsdicke auf die Spanflächentemperatur und die Zerspankraftkomponenten

Influence of the uncut chip thickness on the rake face temperature and the resultant force components

6.1.2 Variation der Schnittgeschwindigkeit

Variation of cutting speed

Neben der Spanungsdicke h_{cu} ist die Schnittgeschwindigkeit v_c eine wichtige Größe bei der Prozessauslegung. Die Schnittgeschwindigkeit hat einen wesentlichen Einfluss auf die während der Zerspanung resultierenden Temperaturen und folglich auf den Werkzeugverschleiß. Bei der Bearbeitung von Einsatzstahl mit Wälzfräsern aus PM-HSS werden üblicherweise Schnittgeschwindigkeiten von v_c = 150 m/min bis zu v_c = 250 m/min verwendet.

Der Einfluss der Schnittgeschwindigkeit v_c auf die Spanflächentemperatur ϑ_γ und die Zerspankraftkomponenten kann **Bild 6-3** entnommen werden. Die Variation der Schnittgeschwindigkeit v_c ist beispielhaft für eine Spanungsdicke h_{cu} = 0,1 mm, einen Spanwinkel γ_{ne} = 0° und einen Schneidkantenradius r_β = 10° dargestellt. Analog zur Betrachtung der Spanungsdicke zeigt der obere Teil des Bildes die Temperaturverteilung im Werkzeug und im Werkstück für Schnittgeschwindigkeiten von v_c = 160 m/min, v_c = 200 m/min und v_c = 240 m/min. Im unteren Teil ist die Spanflächentemperatur ϑ_γ in Abhängigkeit von der verwendeten Schnittgeschwindigkeit v_c über dem Abstand zur Schneidkante s_γ nach einer Schnittlänge l_{cu} = 20 mm aufgetragen. Weiterhin sind der Verlauf der Schnitt- und Drangkraft F_c und F_t über der Schnittgeschwindigkeit v_c dargestellt. Eine Erhöhung der Schnittgeschwindigkeit führt zu einem Anstieg der Temperatur im Kontaktbereich zwischen Span und Werkzeug aufgrund einer höheren Zerspanleistung, die in Wärme umgewandelt wird. Die Lage des Temperaturmaximums wird in den betrachteten Fällen kaum beeinflusst, da sich die Kontaktlänge zwischen Span und Spanfläche nicht signifikant verändert. Die Schnitt- und Drangkraft F_c und F_t nehmen mit zunehmender Schnittgeschwindigkeit v_c aufgrund der thermischen Erweichung des Werkstoffes nahezu linear ab. Eine Änderung des Scherwinkels ϕ in Abhängigkeit von der Schnittgeschwindigkeit v_c ist in diesem Fall nicht zu beobachten.

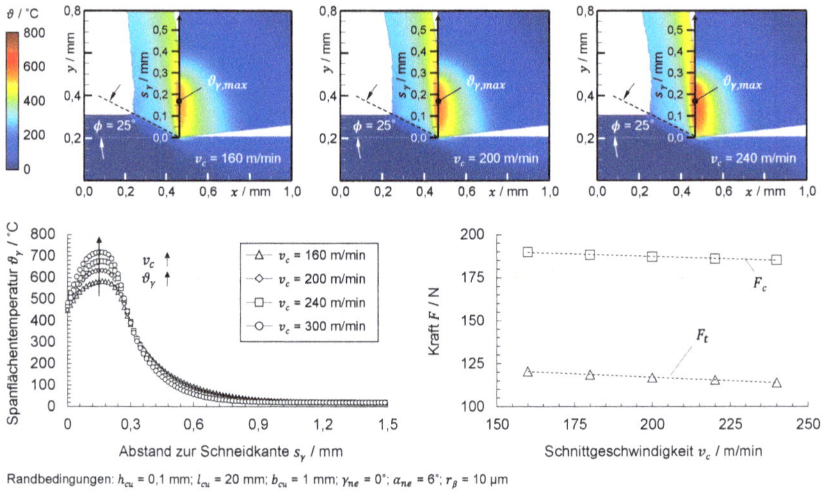

Bild 6-3: Einfluss der Schnittgeschwindigkeit auf die Spanflächentemperatur und die Zerspankraftkomponenten

Influence of the cutting speed on the rake face temperature and the resultant force components

6.1.3 Variation des Spanwinkels

Variation of rake angle

Beim Wälzfräsen werden üblicherweise axial genutete Wälzfräser (Flankenspanwinkel γ_f = 0°) ohne konstruktiven Kopfspanwinkel (γ_a = 0°) verwendet. Aufgrund der Bewegungen im Prozess unterliegen diese Winkel einer lokalen und zeitlichen Veränderung. Die resultierenden Wirk-Winkel beeinflussen die Spanbildung und sind folglich bei der Analyse Beschreibung der thermomechanischen Belastung zu berücksichtigen. Der Einfluss des Spanwinkels γ_{ne} auf die Spanflächentemperatur ϑ_γ und die Zerspankraftkomponenten ist in **Bild 6-4** dargestellt. Negative Spanwinkel führen in dem vorliegenden Fall zu einem Anstieg der Temperatur und einer Vergrößerung der Kontaktlänge zwischen Span und Spanfläche. Der Scherwinkel ϕ nimmt für positive Spanwinkel größere Werte als für negative Spanwinkel an. Sowohl die Schnittkraft F_c als auch die Drangkraft F_t nehmen quasi linear mit zunehmendem Spanwinkel γ_{ne} ab, wobei die Drangkraft mit größerer Steigung abfällt als die Schnittkraft. Die geringeren Kräfte bei positiven Spanwinkeln erklären folglich die Abnahme der Temperatur bei zunehmendem Spanwinkel.

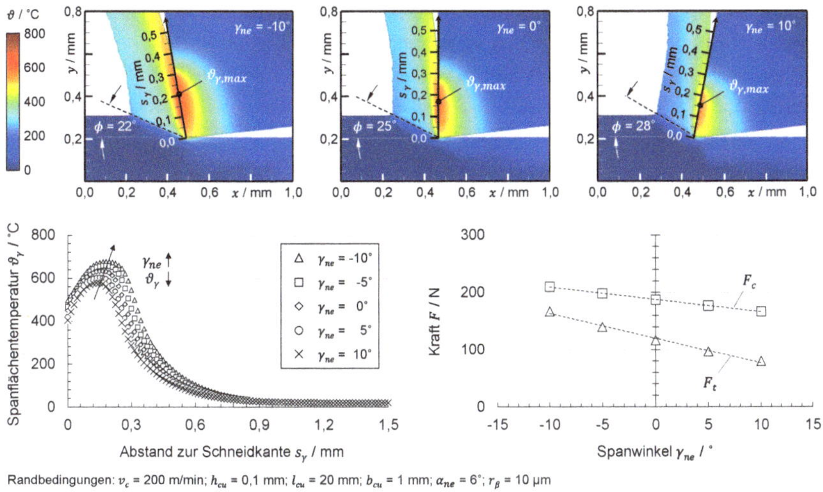

Bild 6-4: Einfluss des Spanwinkels auf die Spanflächentemperatur und die Zerspankraftkomponenten

Influence of the rake angle on the rake face temperature and the resultant force components

6.1.4 Variation des Schneidkantenradius

Variation of cutting edge radius

Als letzte Einflussgröße auf die thermomechanische Werkzeugbelastung wird der Schneidkantenradius analysiert. Der Einfluss des Schneidkantenradius r_β auf die maximale Spanflächentemperatur $\vartheta_{\gamma,max}$, die Schnittkraft F_c und die Drangkraft F_t ist in Abhängigkeit vom Spanwinkel γ_{ne} in **Bild 6-5** dargestellt. Die untersuchten Spanwinkel waren γ_{ne} = -10°, γ_{ne} = 0° und γ_{ne} = 10°. Das Balkendiagramm gibt die prozentuale Veränderung der Kenngrößen bei Verwendung größerer Schneidkantenradien gegenüber einem Schneidkantenradius von r_β = 10 µm an. Aus der Abbildung geht hervor, dass im Vergleich zwischen den untersuchten Spanwinkeln ein hoher positiver Spanwinkel von γ_{ne} = 10° den größten Einfluss auf die maximale Spanflächentemperatur aufweist. Bei einem Spanwinkel von γ_{ne} = 10° nimmt beispielsweise die maximale Spanflächentemperatur $\vartheta_{\gamma,max}$ um ca. 10 % ab, wenn der Schneidkantenradius von r_β = 10 µm auf r_β = 30 µm erhöht wird. Ein signifikanter Einfluss des Schneidkantenradius bei kleineren Spanwinkeln ist nicht zu erkennen. Die Schnittkraft F_c nimmt bei Vergrößerung des Schneidkantenradius unabhängig vom Spanwinkel um bis zu 4 % zu. Der größte Einfluss des Schneidkantenradius ist bei der Drangkraft F_t zu beobachten. Bei der Verwendung eines Schneidkantenradius von r_β = 30 µm und eines Spanwinkels von γ_{ne} = 10° steigt die Drangkraft um 35 % im Vergleich zur Referenz (r_β = 10 µm). Dies kann dadurch erklärt werden, dass die lokalen Kraftvektoren an der Schneidkante aufgrund des größeren Radius einen größeren Anteil in die Drangrichtung aufweisen. Die

Drangkraft wird folglich durch Staueffekte an der Schneidkante und nicht durch eine erhöhte Reibung vergrößert. Dies wird auch dadurch bestätigt, dass trotz größerer Schnitt- und Drangkraft bei r_β = 30 µm und γ_{ne} = 10° die maximale Spanflächentemperatur sinkt.

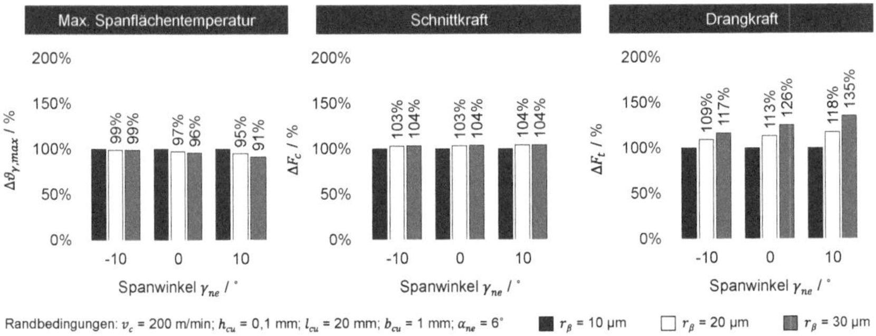

Bild 6-5: Einfluss des Schneidkantenradius auf die maximale Spanflächentemperatur und die Zerspankraftkomponenten in Abhängigkeit vom Spanwinkel

Influence of the cutting edge radius on the maximum rake face temperature and the resultant force components as a function of the rake angle

6.2 Modellparametrierung zur Kraft- und Temperaturberechnung

Model calibration for force and temperature calculations

Zur analytischen Beschreibung der Kräfte und Temperaturverläufe im Orthogonalschnitt werden im Folgenden etablierte Modelle aus der Zerspanungstheorie anhand der Simulationsdaten mittels nichtlinearer Regressionsanalyse parametriert und hinsichtlich ihrer Prognosefähigkeit analysiert. Sofern erforderlich werden die Modelle zur Verbesserung der Abbildungsgüte modifiziert. Da der größte Teil der während der Zerspanung verrichteten Arbeit in Wärme umgewandelt wird, ist zunächst die Kenntnis der Zerspankraftkomponenten erforderlich. Etablierte Modelle zur Kraftberechnung im Orthogonalschnitt wurden von MERCHANT [MERC45] und KIENZLE [KIEN52] vorgeschlagen. Die am Schneidkeil wirkenden Kräfte sind in **Bild 6-6** links dargestellt. Für die Berechnung gilt die Annahme einer ideal scharfen Schneidkante (r_β = 0). Sind die Kraftkomponenten bekannt, können die Zerspanleistung und die daraus resultierenden Zerspantemperaturen bestimmt werden. Analytische Modelle zur Temperaturberechnung im Orthogonalschnitt wurden unter anderem von HAHN [HAHN51], TRIGGER & CHAO [TRIG51], LEONE [LEON54], RAPIER [RAPI54], LOEWEN & SHAW [LOEW54], WEINER [WEIN55], CHAO & TRIGGER [CHAO55], NAKAYAMA [NAKA56] und BOOTHROYD [BOOT63] entwickelt. Eine Zusammenfassung über die Modellvorstellung inklusive der Randbedingungen gibt Bild 6-6. Die Umwandlung der während der Zerspanung verrichteten Arbeit findet in zwei Hauptbereichen der plastischen Verformung, der primären Scherzone (PSZ) und der sekundären Scherzone (SSZ), statt. Die Temperatur im Kontaktbereich zwischen Werkzeug und Span ergibt sich aus der Erwärmung der Werkstoffvolumenelemente, welche die gleichmäßigen Wärmequellen in den Scherzonen durchlaufen. An allen weiteren Oberflächen findet kein Wärmeaustausch mit der Umgebung statt ($\delta\vartheta/\delta y = 0$), sodass das System als adiabat betrachtet werden kann. Der Wärmefluss ist zweidimensional und der Wärmetransport durch Wärmeleitung in Richtung der Werkstoffbewegung vernachlässigbar [WEIN55]. Die maximale Spanflächentemperatur $\vartheta_{\gamma,max}$ liegt am Ende des Kontaktbereiches der Länge l_f zwischen Span und Spanfläche vor und ist die Summe aus der Temperatur an der Schneidkante $\vartheta_{\gamma,s}$ und dem maximalen Temperaturanstieg $\theta_{\gamma,max}$ in der sekundären Scherzone. Die Schneidkantentemperatur ϑ_s ist nach der Modellvorstellung gleich der Temperatur in der primären Scherzone ϑ_ϕ, welche sich aus dem Temperaturanstieg in der Scherzone θ_ϕ und der initialen Werkstücktemperatur ϑ_0 zusammensetzt.

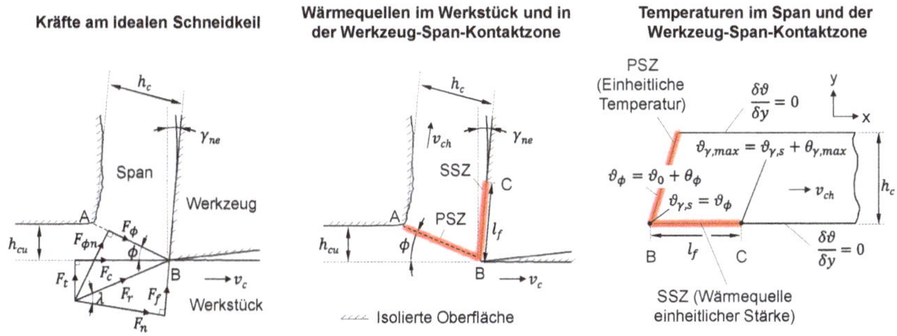

Bild 6-6: Modellvorstellung und Randbedingungen
Model conception and boundary conditions

Die Regressionsanalyse wurde in MATLAB R2018b mit der Funktion *fitnlm* durchgeführt. Die in den jeweiligen Modellfunktionen verwendeten Koeffizienten c_i werden ausgehend von Anfangswerten mittels iterativer Schätzung der Fehlerquadrate approximiert, bis die relative Änderung der Summe der Fehlerquadrate (SSE) kleiner ist als die Abbruchtoleranz für den Zielfunktionswert. Für die Schätzung verwendet *fitnlm* den LEVENBERG-MARQUARDT-Algorithmus für nichtlineare Fehlerquadrate [MATH18]. Erläuterungen zur Methode der kleinsten Fehlerquadrate sowie weitere statistische Begriffe sind in Anhang IV.5 aufgeführt. Die Modellgüte wurde anhand einer Gegenüberstellung von modellierten und simulierten Kenngrößen sowie der Residuen bewertet. Das Residuum e ist die Differenz zwischen dem beobachteten Wert y_{sim} (hier der mittels FE-Simulation ermittelte Wert) und dem vom Modell geschätzten Wert y_{mod} [SEBE03]. Eine ausführliche statistische Analyse der Modellgüte sowie unterschiedliche Darstellungen der Residuen der parametrierten Modellfunktionen sind in Anhang IV.5 zu finden.

6.2.1 Reibung, Scherwinkel und Zerspankraftkomponenten

Friction, shear angle and resultant force components

Als Basis für alle weiteren Betrachtungen ist zunächst die Kenntnis des effektiven Reibkoeffizienten μ_e während des Zerspanvorgangs erforderlich. Hierzu wurden unterschiedliche Modellansätze formuliert, auf Basis von Simulationsdaten parametriert und im Hinblick auf die Prognosefähigkeit verglichen. Die für die Parametrierung erforderlichen Reibkoeffizienten $\mu_{e,sim}$ wurden aus den simulierten Kraftkomponenten F_c und F_t gemäß Gl. 5-1 ermittelt. Das Regressionsmodell nach **Gl. 6-1** wies die besten Übereinstimmungen zwischen berechneten und simulierten Werten auf. Das Modell erlaubt die Berechnung des effektiven Reibkoeffizienten μ_e anhand der Schnittgeschwindigkeit v_c, der Spanungsdicke h_{cu} und des Spanwinkels γ_{ne}.

$$\mu_e = v_c^{c_1} \cdot e^{(c_2 \cdot \gamma_{ne} - c_3 \cdot h_{cu})} \qquad \textbf{Gl. 6-1}$$

In **Bild 6-7** sind die ermittelten Modellkoeffizienten c_1 bis c_3 angegeben und die modellierten Reibkoeffizienten $\mu_{e,mod}$ den simulierten Reibkoeffizienten $\mu_{e,sim}$ gegenübergestellt. Das Bestimmtheitsmaß des Regressionsmodells beträgt hierbei R^2 = 0,98. Weiterhin wurden die Residuen, welche hier auf den simulierten Wert bezogen sind, in Form von Boxplotdiagrammen dargestellt. Die Verteilung der Residuen wurde mithilfe der Standardabweichung STD und des Interquartilsabstandes IQR quantifiziert. Die Standardabweichung ist ein Maß für die Streubreite der Elemente um deren Mittelwert, während der Interquartilsabstand die Breite des Intervalls angibt, in dem die mittleren 50 % der Elemente liegen. Für das Reibmodell beträgt der Interquartilsabstand IQR = 3,0 % und die Standardabweichung STD = 2,7 %, was zusammen mit dem hohen Bestimmtheitsmaß auf eine gute Abbildung der Simulation durch das Modell hindeutet. Die größten Abweichungen treten insbesondere bei kleinen (μ_e < 0,5) bzw. großen effektiven Reibkoeffizienten (μ_e > 0,7) auf.

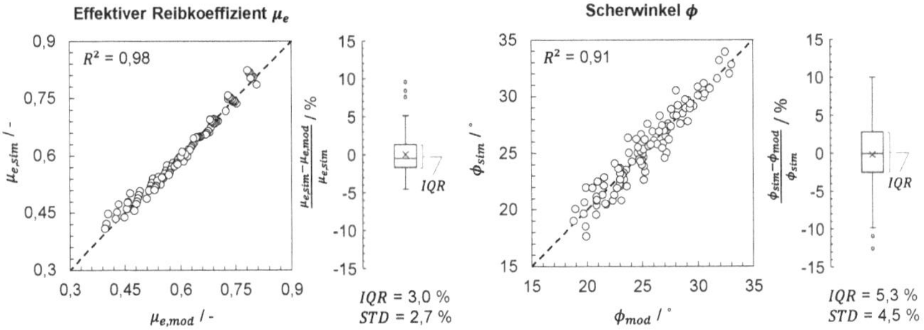

Gl. 6-1: c_1 = -0,505 c_2 = 0,014 c_3 = 1,94 **Gl. 6-3**: c_1 = 46,24° c_2 = 0,67

Bild 6-7: Modellierte vs. simulierte Reibkoeffizienten und Scherwinkel
Modeled vs. simulated friction coefficients and shear angles

Aus dem Reibkoeffizienten μ_e kann anschließend nach **Gl. 6-2** der Reibwinkel λ gebildet werden, welcher neben dem Spanwinkel γ_{ne} zur Berechnung des Scherwinkels ϕ nach **Gl. 6-3** gemäß dem Modell von MERCHANT benötigt wird [MERC45].

$$\lambda = tan^{-1}(\mu) \quad \textbf{Gl. 6-2}$$

$$\phi = c_1 + c_2 \cdot (\lambda - \gamma_{ne}) \quad \textbf{Gl. 6-3}$$

Das Scherwinkelmodell bildet den simulierten Scherwinkel mit einem Bestimmtheitsmaß von R^2 = 0,91 ab, vgl. Bild 6-7. Der Interquartilsabstand beträgt IQR = 5,3 % und die Standardabweichung STD = 4,5 %. Die ermittelten Modellparameter c_1 = 46,24° und c_2 = 0,67 liegen in einer ähnlichen Größenordnung wie die von MERCHANT vorgeschlagenen Koeffizienten c_1 = 45° und c_2 = 0,5 [MERC45], was auf eine gute Übereinstimmung zwischen numerischer Berechnung und Modellvorstellung hindeutet. Die große Streuung der Datenpunkte um die Winkelhalbierende kann auf die Ableitung des Scherwinkels aus der Simulation zurückgeführt werden. Der Winkel wurde zwischen der Horizontalen und einer Geraden durch die primäre Scherzone gemessen. Eine exakte Positionierung der Geraden in der primären Scherzone ist nicht möglich, da das Werkzeug in der Simulation nicht ideal scharf, sondern verrundet ist. Infolgedessen unterliegt der zur Parametrierung des Scherwinkelmodells verwendete Datensatz bereits einer Streuung. Zur bestmöglichen Annäherung und Reproduzierbarkeit der Messung wurde im vorliegenden Fall die Gerade durch den Bereich mit der höchsten Scherdehnrate in der primären Scherzone gelegt.

Sind der Reibwinkel λ und der Scherwinkel ϕ bekannt, kann c_1 für das Schnittkraftmodell nach MERCHANT (**Gl. 6-4**) auf Basis der Simulationsergebnisse parametriert werden [MERC45]. Der Koeffizient c_1 entspricht hierbei der werkstoffspezifischen Schubspannung τ_ϕ. Der Wert wurde zu $c_1 = \tau_\phi$ = 505,58 MPa bestimmt, was ca. 90 % der ermittelten Zugfestigkeit des hier verwendeten Werkstoffs entspricht. Alternativ kann zur Berechnung der Schnittkraft auf einen Regressionsansatz in Anlehnung an das Schnittkraftmodell nach KIENZLE zurückgegriffen werden. Das Regressionsmodell nach **Gl. 6-5** bildet in diesem Fall eine direkte Abhängigkeit der Schnittkraft F_c von der Spanungsdicke h_{cu}, der Schnittgeschwindigkeit v_c und dem Spanwinkel γ_{ne} ab.

$$F_c = \frac{cos(\lambda - \gamma_{ne})}{sin(\phi) \cdot cos(\phi + \lambda - \gamma_{ne})} \cdot c_1 \cdot h_{cu} \cdot b_{cu} \quad \textbf{Gl. 6-4}$$

$$F_c = c_1 \cdot v_c^{c_2} \cdot h_{cu}^{c_3} \cdot e^{c_4 \cdot \gamma} \cdot b_{cu} \quad \textbf{Gl. 6-5}$$

Beide Schnittkraftmodelle erzielen nach der Parametrierung ein Bestimmtheitsmaß von R^2 = 1, vgl. **Bild 6-8**. Der Ansatz nach MERCHANT weist hingegen mit einem Interquartilsabstand von IQR = 5,1 % und einer Standardabweichung STD = 4,6 % eine höhere Streuung der Abweichungen gegenüber dem Regressionsmodell (IQR = 1,5 %, STD = 1,4 %) auf. Aus der Schnittkraft F_c kann anschließend die Drangkraft F_t gemäß der Beziehung nach **Gl. 6-6** abgeleitet werden.

$$F_t = F_c \cdot tan(\lambda - \gamma_{ne})$$ **Gl. 6-6**

Eine Gegenüberstellung der modellierten und der simulierten Drangkräfte ist sowohl für eine Berechnung auf Basis der Schnittkraft nach MERCHANT als auch der Schnittkraft nach dem Regressionsmodell in Bild 6-8 gegeben. Analog zur Modellierung der Schnittkraft, wird auch bei der Modellierung der Drangkraft jeweils ein Bestimmtheitsmaß von $R^2 = 1$ erzielt. Die statistischen Kenngrößen sind etwas höher als für die Schnittkraft und liegen für den Ansatz nach MERCHANT bei IQR = 6,5 % und STD = 5,5 %. Für den Regressionsansatz betragen die Werte IQR = 3,3 % und STD = 2,6 %. Aufgrund der besseren Übereinstimmung zwischen modellierten und simulierten Werten sowie der besseren Verteilung der Residuen (vgl. Bild IV-22 und Bild IV-23) wird im weiteren Verlauf dieser Arbeit vorrangig die Schnittkraftberechnung nach dem Regressionsansatz gemäß Gl. 6-5 verwendet.

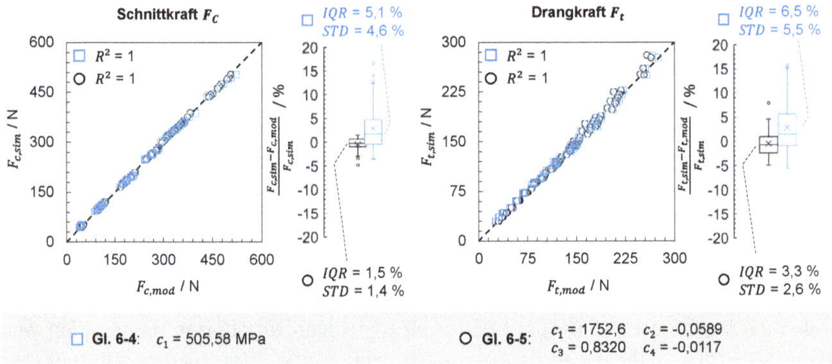

Bild 6-8: Modellierte vs. simulierte Schnitt- und Drangkraft
Modeled vs. simulated cutting and thrust force

Sind die Schnittkraft F_c und die Drangkraft F_t bekannt, so können abschließend die resultierende Zerspankraft F_r, die Reibkraft F_f und die Reibnormalkraft F_{fn} nach **Gl. 6-7** bis **Gl. 6-9** bestimmt werden. Insbesondere die Reibkraft F_f wird für die spätere Berechnung der Temperaturen benötigt.

$$F_r = \sqrt{F_c^2 + F_t^2}$$ **Gl. 6-7**

$$F_f = F_r \cdot sin(\lambda) = F_c \cdot sin(\gamma_{ne}) + F_t \cdot cos(\gamma_{ne})$$ **Gl. 6-8**

$$F_{fn} = F_r \cdot cos(\lambda) = F_c \cdot cos(\gamma_{ne}) - F_t \cdot sin(\gamma_{ne})$$ **Gl. 6-9**

Aus dem Verhältnis der Reibkraft F_f zur Reibnormalkraft F_{fn} resultiert der effektive Reibkoeffizient μ_e. In der hier vorgestellten Vorgehensweise wurde zunächst der Reibkoeffizient auf Basis eines Regressionsmodells bestimmt und darauf aufbauend die Kraftkomponenten ermittelt. Sind die Kraftkomponenten bereits bekannt, z. B. aus Zerspanversuchen oder aus bereits parametrierten Kraftmodellen, kann der Reibkoeffizient μ_e alternativ über das Kraftverhältnis bestimmt werden.

6.2.2 Schneidkantentemperatur

Cutting edge temperature

Sind die Zerspankraftkomponenten bekannt, können die Schnittleistung P_c, die Reibleistung P_f und die Scherleistung P_ϕ nach **Gl. 6-10** bis **Gl. 6-12** ermittelt werden. Zur Berechnung der Reibleistung ist die Kenntnis über die Spangeschwindigkeit v_{ch} erforderlich, welche aus der Schnittgeschwindigkeit v_c und dem Spandickenverhältnis r_c nach **Gl. 6-13** berechnet werden kann. Das Spandickenverhältnis kann über **Gl. 6-14** angenähert werden.

$$P_c = F_c \cdot v_c \qquad \text{Gl. 6-10}$$

$$P_f = F_f \cdot v_{ch} \qquad \text{Gl. 6-11}$$

$$P_\phi = P_c - P_f \qquad \text{Gl. 6-12}$$

$$v_{ch} = v_c \cdot r_c \qquad \text{Gl. 6-13}$$

$$r_c = \frac{h_{cu}}{h_c} = \frac{sin(\phi)}{cos(\phi - \gamma_{ne})} \qquad \text{Gl. 6-14}$$

Der Temperaturanstieg in der primären Scherzone θ_ϕ kann nach **Gl. 6-15** berechnet werden [BOOT06]. Die Leistung, die in der primären Scherzone in Wärme umgewandelt wird, entspricht nach der allgemeinen Modellvorstellung der Scherleistung P_ϕ [TRIG51, BOOT06]. Ein Anteil dieser Wärme, beschrieben durch den Wärmeanteil Γ, verbleibt als latente Wärme im Werkstück, während die restliche Wärme in den Span geleitet wird. Weitere Eingangsgrößen sind die Werkstoffdichte ρ_{wst}, die Wärmekapazität des Werkstoffs c_{wst}, die Schnittgeschwindigkeit v_c, die Spanungsdicke h_{cu} und die Spanungsbreite b_{cu}. Die Temperatur an der Schneidkante $\vartheta_{\gamma,s}$ ist nach der Modellvorstellung gleich der Temperatur in der Scherzone ϑ_ϕ und kann als Summe aus dem Temperaturanstieg θ_ϕ und der initialen Werkstücktemperatur ϑ_0 berechnet werden, vgl. **Gl. 6-16**. Im vorliegenden Fall beträgt ϑ_0 = 20 °C, was dem initialen Temperaturwert der FE-Simulationen entspricht.

$$\theta_\phi = \frac{(1 - \Gamma) \cdot P_\phi}{\rho_{wst} \cdot c_{wst} \cdot v_c \cdot h_{cu} \cdot b_{cu}} \qquad \text{Gl. 6-15}$$

$$\vartheta_{\gamma,s} = \vartheta_\phi = \vartheta_0 + \theta_\phi \qquad \text{Gl. 6-16}$$

Der Wärmeanteil Γ ist nicht konstant, sondern hängt von den Schnittbedingungen und den Werkstoffparametern ab. In vorangegangenen Arbeiten wurde gezeigt, dass der im Werkstück verbleibende Wärmeanteil Γ in einem funktionalen Zusammenhang mit der Péclet-Zahl n_{pe} bzw. einer Kombination aus Péclet-Zahl n_{pe} und dem Scherwinkel ϕ steht [LEON54, WEIN55, BOOT63, AUGS19]. Die Péclet-Zahl ist eine dimensionslose Kennzahl zur Beschreibung von Wärme- und Stoffübergängen und kann nach **Gl. 6-17** in Abhängigkeit von einer Relativgeschwindigkeit v_{rel}, einer charakteristischen Länge L, der Dichte ρ, der Wärmekapazität c und der Wärmeleitfähigkeit k berechnet werden. Als charakteristische Länge wird für die Modellierung des Zerspanprozesses üblicherweise die Spanungsdicke h_{cu} und als Relativgeschwindigkeit die Schnittgeschwindigkeit v_c verwendet. Als Stoffeigenschaften werden die des Werkstoffes verwendet. Augspruger wies eine direkte Korrelation zwischen dem Wärmeanteil Γ und der Péclet-Zahl n_{pe} nach [AUGS19], während Boothroyd das Produkt aus Péclet-Zahl und dem Tangens des Scherwinkels $n_{pe} \cdot tan(\phi)$ verwendete [BOOT06]. Weitere funktionale Zusammenhänge wurden unter anderem von Weiner [WEIN55] und Leone [LEON54] vorgestellt.

$$n_{pe} = \frac{v_{rel} \cdot L \cdot \rho \cdot c}{k} \qquad \textbf{Gl. 6-17}$$

Zur Vereinfachung werden die Dichte ρ_{wst}, die spezifische Wärmekapazität c_{wst} und die Wärmeleitfähigkeit k_{wst} des Werkstoffes als konstant und unabhängig von der Temperatur angenommen. Die Werte wurden für $\vartheta = 20°C$ mit $\rho_{wst} = 7850$ kg·m^{-3}, $c_{wst} = 474{,}58$ J·kg^{-1}·K^{-1} und $k_{wst} = 41{,}93$ W·m^{-1}·K^{-1} aus Tabelle 4-3 entnommen. Tatsächlich nimmt die spezifische Wärmekapazität c_{wst} mit der Temperatur zu, während die Dichte ρ_{wst} und die Wärmeleitfähigkeit k_{wst} abnehmen. Zur Berechnung des im Werkstück verbleibenden Wärmeanteils Γ wurde von Boothroyd ein logarithmischer Ansatz nach **Gl. 6-18** vorgeschlagen [BOOT06].

$$\Gamma = c_1 - c_2 \cdot lg(n_{pe} \cdot tan(\phi)) \qquad \textbf{Gl. 6-18}$$

Nach Einsetzten von Gl. 6-18 in Gl. 6-15 können die Koeffizienten c_i mittels Regressionsanalyse anhand der Simulationsergebnisse parametriert und die Temperatur in der primären Scherzone ϑ_ϕ berechnet werden. Da die Schneidkantentemperatur $\vartheta_{\gamma,s}$ von Interesse ist, wurden die für die Parametrierung erforderlichen Temperaturdaten direkt an der Schneidkante des Werkzeugs aus den Simulationsergebnissen extrahiert. Das parametrierte Modell bildet die simulierte Temperatur mit einem Bestimmtheitsmaß von $R^2 = 0{,}88$ ab, vgl. **Bild 6-9**. Obwohl das Modell die Temperatur gut approximiert, ist der resultierende Verlauf des Wärmeanteils Γ über $n_{pe} \cdot tan(\phi)$ physikalisch nicht sinnvoll. Bei den hier getroffenen Annahmen nimmt Γ für $n_{pe} \cdot tan(\phi) > 6$ negative Werte an. Das würde bedeuten, dass mehr als die durch die Leistung eingebrachte Energie in Wärme umgewandelt und demnach Energie erzeugt wird. Um negative Wärmeanteile auszuschließen, wurde daher ein alternativer Modellansatz nach **Gl. 6-19** formuliert.

$$\Gamma = \frac{c_1}{c_2 + [n_{pe} \cdot tan(\phi)]^{c_3}} \qquad \textbf{Gl. 6-19}$$

Wird das Modell auf Basis des alternativen Zusammenhangs zwischen Γ und $n_{pe} \cdot tan(\phi)$ parametriert, resultiert der in Bild 6-9 mittels schwarzer Dreiecke dargestellte Zusammenhang zwischen modellierten und simulierten Temperaturwerten. Aus dem Diagramm ist ersichtlich, dass die Annahme ausschließlich positiver Wärmeanteile zu keiner guten Approximation führt. Insbesondere für höhere Temperaturen, bzw. höhere Péclet-Zahlen, weichen die simulierten Werte stark von den modellierten Werten ab.

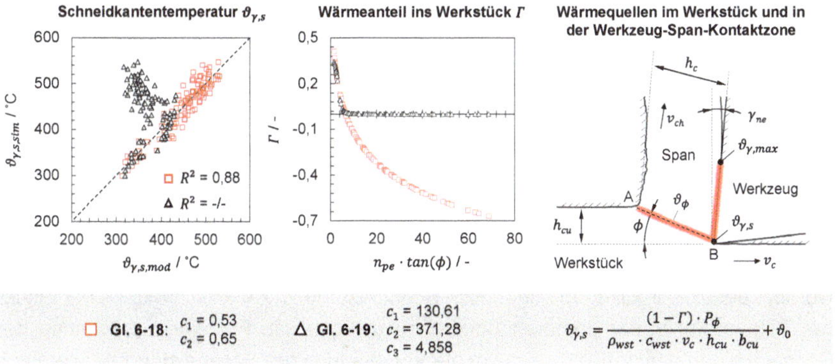

Bild 6-9: Modellierte vs. simulierte Schneidkantentemperatur
Modeled vs. simulated cutting edge temperature

Eine mögliche Erklärung liefert eine Analyse der Temperaturen in den einzelnen Bereichen. In **Bild 6-10** sind die simulierten Temperaturwerte der primären Scherzone ϑ_ϕ, die Temperaturwerte der Schneidkante $\vartheta_{\gamma,s}$ und die maximalen Spanflächentemperaturen $\vartheta_{\gamma,max}$ über der Péclet-Zahl n_{pe} dargestellt. Auf eine Multiplikation mit $tan(\phi)$ wurde in diesem Fall verzichtet. Zusätzlich sind zwei Konturgraphen für unterschiedliche Schnittbedingungen dargestellt. Der linke Graph stellt repräsentativ die Temperaturverteilung für kleine und der rechte Graph die Temperaturverteilung für große Péclet-Zahlen dar. Aus der Abbildung kann entnommen werden, dass die Temperatur an der Schneidkante $\vartheta_{\gamma,s}$ ca. dem Doppelten der Temperatur der primären Scherzone ϑ_ϕ entspricht. Die maximale Temperatur des Scherbandes liegt in beiden Fällen bei ca. ϑ_ϕ = 250 °C. Höhere Temperaturen werden ausschließlich in der sekundären Scherzone erreicht, welche im Gegensatz zur Temperatur in der primären Scherzone ϑ_ϕ einen funktionalen Zusammenhang mit der Péclet-Zahl n_{pe} aufweisen. Insbesondere der Verlauf der maximalen Spanflächentemperatur $\vartheta_{\gamma,max}$ lässt eine eindeutige Abhängigkeit von der Péclet-Zahl erkennen. Der Modellansatz, auf welchem Gl. 6-15 basiert, wurde zur Beschreibung der Temperatur in der primären Scherzone entwickelt. Die Modellvorstellung setzt eine ideal scharfe Schneidkante ohne Schneidkantenradius voraus. Durch eine Verrundung können zusätzliche Reib- und Trenneffekte auftreten (vgl. Bild 2-2), welche in erhöhten Temperaturen nahe der Schneidkante resultieren.

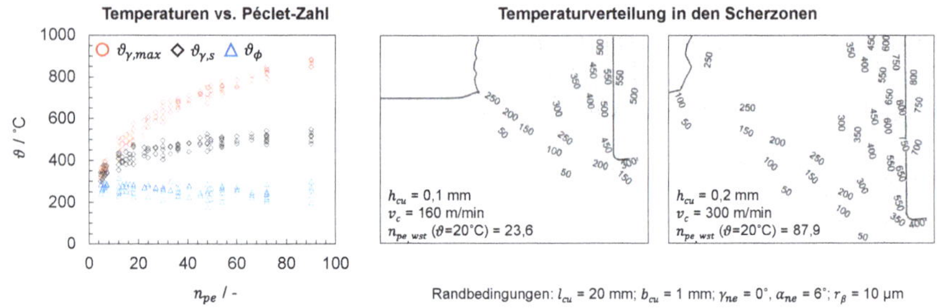

Bild 6-10: Abhängigkeit der Temperaturwerte von der Péclet-Zahl

Dependence of the temperature values on the Péclet number

Weitere Untersuchungen haben ergeben, dass der Wärmeanteil nach dem logarithmischen Ansatz (Gl. 6-18) keine negativen Werte annimmt, wenn das Modell auf Basis der Temperaturwerte der primären Scherzone anstelle der direkt an der Schneidkante vorliegenden Temperaturwerte parametriert wird. Daher kann davon ausgegangen werden, dass die in Gl. 6-15 angesetzte Scherleistung P_ϕ zur Beschreibung der mittleren Temperatur in der primären Scherzone geeignet ist. Für eine Berechnung der Schneidkantentemperatur $\vartheta_{\gamma,s}$ scheint die Verwendung der Scherleistung P_ϕ allerdings nicht geeignet. Zur Berücksichtigung der durch die Schneidkantenverrundung hervorgerufenen Effekte wurde der Korrekturfaktor K_s eingeführt, der mit der Scherleistung P_ϕ multipliziert wird, vgl. **Gl. 6-20**. Eine Parametrierung ergab einen Wert von $K_s = 2$.

$$\vartheta_{\gamma,s} = \frac{(1-\Gamma) \cdot P_\phi \cdot K_s}{\rho_{wst} \cdot c_{wst} \cdot v_c \cdot h_{cu} \cdot b_{cu}} + \vartheta_0 \qquad \textbf{Gl. 6-20}$$

Die Ergebnisse der Modellvorhersage mit Korrekturfaktor sind in **Bild 6-11** dargestellt. Sowohl der logarithmische Ansatz nach Gl. 6-18 als auch der Ansatz nach Gl. 6-19 liefern eine vergleichbare Übereinstimmung zwischen den modellierten und den simulierten Temperaturen an der Schneidkante und haben jeweils ein Bestimmtheitsmaß von etwa $R^2 = 0{,}95$. Auch die statistischen Kenngrößen sind mit $IQR = 3{,}5$ % und $STD = 2{,}7$ % ungefähr gleich. Der Verlauf des Wärmeanteils Γ ist für beide Modelle quasi identisch und ausschließlich positive Werte werden erzielt. Hierbei ist anzumerken, dass für Γ geringere Werte erwartet wurden. In den Arbeiten von BOOTHROYD werden beispielsweise Wärmeanteile von $\Gamma < 0{,}2$ für $n_{pe} \cdot tan(\phi) > 10$ für Stahl angegeben [BOOT63], während AUGSPURGER Werte von $\Gamma < 0{,}15$ für $n_{pe} > 20$ feststellte [AUGS19]. Der Verlauf des Wärmeanteils kann so interpretiert werden, dass in dem Bereich in der Nähe der Schneidkante ein größerer Anteil der Wärme im Werkstück verbleibt als prinzipiell in der primären Scherzone erwartet wird. Weiterhin werden durch den Korrekturfaktor unbekannte Effekte berücksichtigt, welche beispielsweise durch eine erhöhte Wärmestromdichte in der Nähe der Schneidkante aufgrund von Reib- und Trenneffekten hervorgerufen werden. Eine weitere Ursache könnte in den Stoffeigenschaften begründet liegen. Aktuell wird davon ausgegangen, dass diese temperaturunabhängig sind. Für Stahlwerkstoffe nimmt die spezifische Wärmekapazität c jedoch mit der Temperatur zu, während die Dichte ρ und die Wärmeleitfähigkeit k abnehmen. Wird das Modell beispielsweise für Stoffeigenschaften höherer Temperaturen (z.B. ϑ = 500 °C) parametriert, wird der Wärmeanteil Γ geringer, ohne dass die Modellgüte signifikant abnimmt. Im weiteren Verlauf wird aufgrund der etwas besseren Normalverteilung der Residuen (vgl. Anhang Bild IV-24 und Bild IV-25) und der Vermeidung negativer Werte der Ansatz nach Gl. 6-19 verwendet.

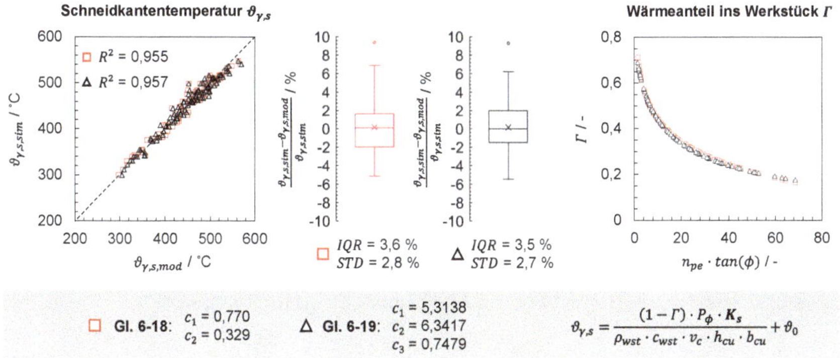

Bild 6-11: Verbesserung der Prognosefähigkeit durch Verwendung eines Korrekturfaktors
Improvement of the predictive quality by using a correction factor

6.2.3 Maximale Spanflächentemperatur und Kontaktlänge

Maximum rake face temperature and contact length

Die maximale Temperatur auf der Spanfläche kann nach **Gl. 6-21** als die Summe aus der Schneidkantentemperatur $\vartheta_{\gamma,s}$ und dem maximalen Temperaturanstieg $\theta_{\gamma,max}$ in der sekundären Scherzone berechnet werden. Der maximale Temperaturanstieg $\theta_{\gamma,max}$ liegt an dem Punkt vor, an dem der Reibkontakt zwischen Span und Spanfläche verloren geht. Für die Ermittlung des maximalen Temperaturanstiegs $\theta_{\gamma,max}$ formulierte RAPIER einen Zusammenhang zwischen $\theta_{\gamma,max}$ und dem Temperaturanstieg durch Reibung $\theta_{\gamma,f}$ nach **Gl. 6-22** [RAPI54]. Darin ist l_0 die Länge der gleichmäßigen Wärmequelle in der sekundären Scherzone. Der Temperaturanstieg durch Reibung $\theta_{\gamma,f}$ in der sekundären Scherzone ist gegeben durch **Gl. 6-23** und die spezifische Länge l_0 durch **Gl. 6-24**, worin l_f die Kontaktlänge zwischen Span und Spanfläche ist.

$$\vartheta_{\gamma,max} = \theta_{\gamma,max} + \vartheta_{\gamma,s} \quad \text{Gl. 6-21}$$

$$\frac{\theta_{\gamma,max}}{\theta_{\gamma,f}} = 1{,}13 \cdot \sqrt{\left(\frac{n_{pe}}{l_0}\right)} \quad \text{Gl. 6-22}$$

$$\theta_{\gamma,f} = \frac{P_f}{\rho \cdot c \cdot v_c \cdot h_{cu} \cdot b_{cu}}$$ Gl. 6-23

$$l_0 = \frac{l_f}{h_c} = \frac{l_f \cdot r_c}{h_{cu}}$$ Gl. 6-24

Die Kontaktlänge l_f kann nach **Gl. 6-25** in Anlehnung an MOUFKI bestimmt werden [MOUF98]. Die Gleichung wurde zur Verbesserung der Modellgüte zusätzlich durch den dimensionslosen Term e^{r_c}, welcher das Spandickenverhältnis berücksichtigt, erweitert. Die Gegenüberstellung zwischen den modellierten und den simulierten Kontaktlängen ist links in **Bild 6-12** dargestellt. Das nach der Parametrierung resultierende Bestimmtheitsmaß ergibt sich zu $R^2 = 0{,}98$. Für sehr kleine Spanungsdicken $h_{cu} = 0{,}02$ mm werden bis zu 50 % größere Werte modelliert als simuliert. Dies führt zu einer hohen Standardabweichung von $STD = 46$ %. Werden nur Spanungsdicken von $h_{cu} > 0{,}02$ mm betrachtet, verschiebt sich der Mittelwert der Abweichungen auf etwa 0 % und die Standardabweichung verringert sich zu $STD = 7$ %. Das Modell ist folglich zur Berechnung der Kontaktlänge l_f geeignet, für Spanungsdicken $h_{cu} \leq 0{,}02$ mm ist jedoch mit höheren Abweichungen zu rechnen.

$$l_f = \frac{sin(\phi + \lambda - \gamma_{ne})}{cos(\lambda) \cdot sin(\phi)} \cdot c_1 \cdot h_{cu} \cdot e^{r_c}$$ Gl. 6-25

Sind l_f und $\theta_{\gamma,f}$ bekannt, kann der maximale Temperaturanstieg $\theta_{\gamma,max}$ nach Gl. 6-22 und die maximale Temperatur $\vartheta_{\gamma,max}$ nach Gl. 6-21 berechnet werden. Bei Verwendung von Gl. 6-22 wird das Temperaturmaximum $\vartheta_{\gamma,max}$ jedoch um mehr als das doppelte überschätzt. Zur Verbesserung der Prognosefähigkeit wurde daher Gl. 6-22 in seine Grundform entsprechend **Gl. 6-26** überführt und nach Einsetzen in Gl. 6-21 anhand der Simulationsergebnisse parametriert.

$$\frac{\theta_{\gamma,max}}{\theta_{\gamma,f}} = c_1 \cdot \left(\frac{n_{pe}}{l_0}\right)^{c_2}$$ Gl. 6-26

Die neuen Koeffizienten ergeben sich zu $c_1 = 0{,}018$ und $c_2 = 1{,}054$ bei einem Bestimmtheitsmaß von $R^2 = 0{,}95$. Zur Vereinfachung kann der Exponent zu $c_2 = 1$ gesetzt werden, ohne dass die Abbildungsgüte des Modells signifikant abnimmt ($R^2 = 0{,}95$, $c_1 = 0{,}023$). Wird das Verhältnis ausschließlich in Abhängigkeit von der Péclet-Zahl gemäß **Gl. 6-27** beschrieben, wird eine weitere Reduzierung der Komplexität erreicht.

$$\frac{\theta_{\gamma,max}}{\theta_{\gamma,f}} = c_1 \cdot n_{pe}$$ Gl. 6-27

Diese Vereinfachung scheint angemessen, da sie die Modellgüte sogar leicht verbessert ($R^2 = 0{,}98$, $c_1 = 0{,}0356$), vgl. Bild 6-12 (rechts). Der Interquartilsabstand der Abweichungen beträgt in diesem Fall $IQR = 13$ % und die Standardabweichung $STD = 4$ %.

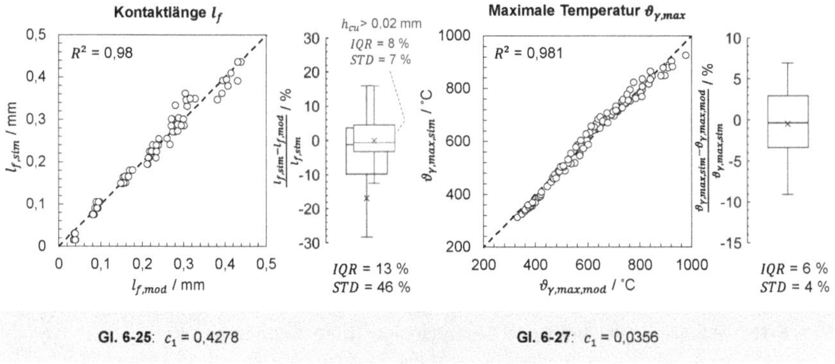

Bild 6-12: Modellierte vs. simulierte Kontaktlänge und maximale Spanflächentemperatur
Modeled vs. simulated contact length and maximum rake face temperature

6.2.4 Beschreibung der Relaxation

Description of relaxation

Die Relaxation, d. h. der zeitliche Übergang eines Systems in einen Gleichgewichtszustand, muss bei der Modellierung der Temperatur berücksichtigt werden, da die Temperatur zu Beginn des Schnitts sonst überschätzt wird. Die exponentielle Relaxation der Temperaturwerte $\vartheta_{\gamma,s}$ und $\vartheta_{\gamma,max}$ sowie der Kontaktlänge l_f kann nach **Gl. 6-28** bis **Gl. 6-30** beschrieben werden. Darin ist τ die Zeit, die das Werkzeug in Kontakt mit dem Werkstück ist und τ_0 die Relaxationszeitkonstante, welche die charakteristische Zeit beschreibt, mit der der jeweilige Gleichgewichtszustand angenähert wird.

$$\vartheta_{\gamma,s}(\tau) = \vartheta_{\gamma,s} + \left(\vartheta_{ini} - \vartheta_{\gamma,s}\right) \cdot e^{\left(-\frac{\tau}{\tau_0}\right)} \qquad \text{Gl. 6-28}$$

$$l_f(\tau) = l_f - l_f \cdot e^{\left(-\frac{\tau}{\tau_0}\right)} \qquad \text{Gl. 6-29}$$

$$\vartheta_{\gamma,max}(\tau) = \vartheta_{\gamma,max} + \left(\vartheta_{\gamma,s} - \vartheta_{\gamma,max}\right) \cdot e^{\left(-\frac{\tau}{\tau_0}\right)} \qquad \text{Gl. 6-30}$$

Nach der Regression ergeben sich die individuellen Relaxationszeitkonstanten τ_0 zu den in **Bild 6-13** dargestellten Werten. Aufgrund der exponentiellen Formulierung der Gleichung gilt, dass die Temperatur nach der Zeit $t = 3 \cdot \tau_0$ zu etwa 95 % relaxiert ist. Das bedeutet, dass die maximale Temperatur $\vartheta_{\gamma,max}$ aufgrund der höheren Zeitkonstante länger zum Erreichen des Gleichgewichtszustands benötigt als die Kontaktlänge l_f oder die Schneidkantentemperatur $\vartheta_{\gamma,s}$. Die zeitlichen Verläufe der einzelnen Kennwerte werden mit Bestimmtheitsmaßen von $R^2 > 0{,}95$ abgebildet. Abweichungen sind insbesondere für den mittleren Temperaturbereich der maximalen Spanflächentemperatur $\vartheta_{\gamma,max}$ und für die Kontaktlänge l_f feststellbar. Die Abweichungen werden vor allem für kleine Zeitinkremente $\tau < 1$ ms erzielt.

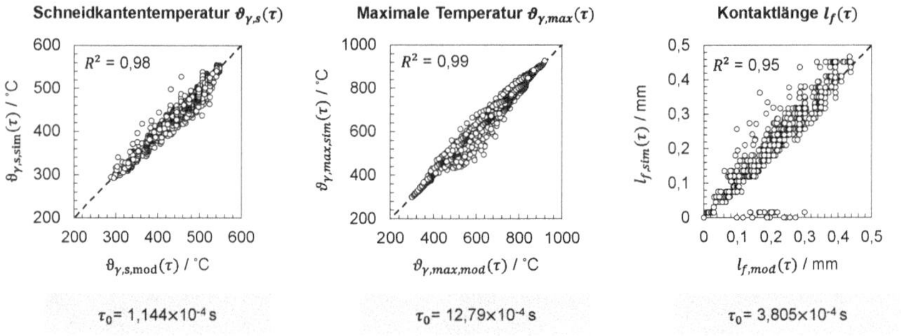

Bild 6-13: Modellierte vs. simulierte zeitabhängige Temperaturkennwerte
Modeled vs. simulated time-dependent temperature characteristics

6.2.5 Interpolation des Temperaturverlaufs auf der Spanfläche

Interpolation of the temperature profile on the rake face

Nachdem die Temperatur der Schneidkante $\vartheta_{\gamma,s}$, die maximale Temperatur $\vartheta_{\gamma,max}$ und die Kontaktlänge l_f zwischen Span und Spanfläche, respektive die Lage des Temperaturmaximums, zu einem Zeitpunkt τ bekannt sind, können diese Punkte zur Interpolation des Temperaturverlaufs über der Strecke auf der Spanfläche s_γ verwendet werden. Hierfür wurden unterschiedliche Interpolationsfunktionen getestet. Die beste Übereinstimmung im Bereich $0 \leq s_\gamma \leq l_f$ wurde mit einer Interpolationsfunktion nach **Gl. 6-31** erreicht.

$$\vartheta_\gamma(s_\gamma) = \frac{(l_f - s_\gamma)^3}{l_f^3} \cdot \left(\vartheta_{\gamma,s} - \vartheta_{\gamma,max}\right) + \vartheta_{\gamma,max} \qquad \text{für } 0 \leq s_\gamma \leq l_f \qquad \textbf{Gl. 6-31}$$

Zur Beschreibung des degressiven Verlaufs für $s_\gamma > l_f$ wurde die Wahrscheinlichkeitsdichtefunktion in der Form nach **Gl. 6-32** verwendet. Der Faktor σ beeinflusst die Geschwindigkeit, mit der die Temperatur abfällt. Größere Werte für σ führen zu einem langsameren Temperaturabfall. In dem vorliegenden Fall wurde für eine bestmögliche Approximation ein Wert von σ = 0,15 identifiziert.

$$f(s_\gamma) = \frac{1}{\sqrt{2 \cdot \pi \cdot \sigma^2}} \cdot e^{-\frac{(s_\gamma - l_f)^2}{2 \cdot \sigma^2}} \qquad \text{für } s_\gamma > l_f \qquad \textbf{Gl. 6-32}$$

Die Dichtefunktion muss abschließend noch an ihrem Maximalwert, welcher bei $s_\gamma = l_f$ vorliegt, normiert werden, vgl. **Gl. 6-33**. Der asymptotische Grenzwert, gegen den die Funktion strebt, wird mit der initialen Temperatur ϑ_0 angesetzt.

$$\vartheta_\gamma(s_\gamma) = \frac{f(s_\gamma)}{f(s_\gamma = l_f)} \cdot \left(\vartheta_{\gamma,max} - \vartheta_0\right) + \vartheta_0 \qquad \textbf{Gl. 6-33}$$

In **Bild 6-14** sind die modellierten Verläufe der Spanflächentemperatur für unterschiedliche Spanungsdicken h_{cu} bei einer Schnittgeschwindigkeit v_c = 200 m/min und einem Spanwinkel γ_{ne} = 0° beispielshaft den simulierten Verläufen gegenübergestellt. Insbesondere der relevante Bereich $0 \leq s_\gamma \leq l_f$ wird durch die Interpolationsfunktion gut abgebildet. Die größten Abweichungen sind bei der kleinsten betrachteten Spanungsdicke h_{cu} = 0,02 mm zu beobachten. Die Interpolation ist insbesondere von der Genauigkeit der Stützpunkte $(0 \mid \vartheta_{\gamma,s})$ und $(l_f \mid \vartheta_{\gamma,max})$ abhängig. Wie im vorangegangenen Kapitel gezeigt, treten bei Spanungsdicken h_{cu} ≤ 0,02 mm die größten Abweichungen auf. Für den Bereich $s_\gamma > l_f$ wird die Neigung des Temperaturabfalls zunächst gut abgebildet. Ab $\vartheta_\gamma \approx$ 400 °C verlangsamt sich der simulierte Temperaturabfall, sodass der asymptotische Grenzwert ϑ_0 später als modelliert erzielt wird. Für die Bewertung der thermischen Belastung des Werkzeugprofils ist dieser Bereich allerdings von vernachlässigbarer Bedeutung, sodass die Approximationsfunktion als geeignet angesehen wird.

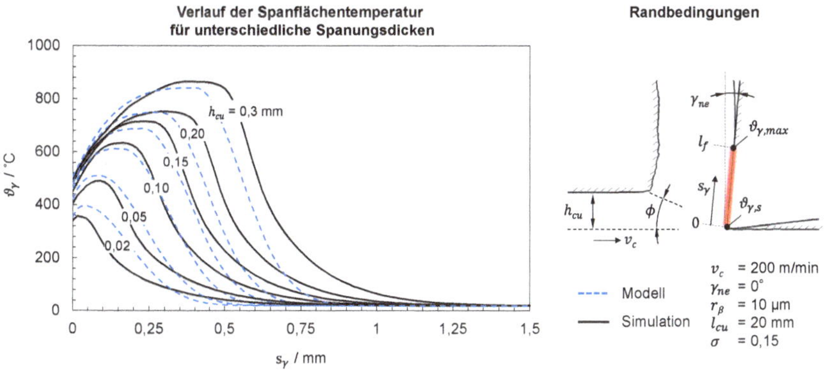

Bild 6-14: Approximation des Temperaturverlaufes auf der Spanfläche
Approximation of the temperature profile on the rake face

Die Ergebnisse zeigen, dass die abgeleiteten und parametrierten Modelle die thermomechanische Belastung im Orthogonalschnitt gut abbilden. Bisher wurde jedoch ein stets konstanter Spanungsquerschnitt angenommen. Das Wälzfräsen ist allerdings durch einen orts- und zeitabhängigen Spanungsdickenverlauf entlang der Werkzeugschneide während eines Zahneingriffs gekennzeichnet. Daher sollen die Modelle im folgenden Kapitel für veränderliche Spanungsdickenverläufe verifiziert werden.

6.2.6 Modellverifikation für veränderliche Spanungsdickenverläufe

Model verification for variable chip thickness profiles

Zur Verifikation der Modellgültigkeit für veränderliche Spanungsdickenverläufe wurden FE-Simulationen mit dreieckförmigen Spanprofilen durchgeführt, vgl. **Bild 6-15**. Der Verlauf wird beschrieben durch eine Spanungsdicke $h_{cu,A}$ zu Beginn des Schnitts, eine maximale Spanungsdicke $h_{cu,B}$ nach der Spanungslänge $l_{cu,B}$ und eine Spanungsdicke

$h_{cu,C}$ nach der Spanungslänge $l_{cu,C}$. Für die Anwendung der zuvor diskutierten Modelle wird das Profil des Spanungsdickenverlaufes in einzelne Elemente diskretisiert. Die Modellgleichungen werden an allen Elementen unter Berücksichtigung der individuellen Spanungsdicke $h_{cu,i}$ und der zugehörigen Kontaktzeit τ gelöst. Die Schnittgeschwindigkeit v_c, der Spanwinkel γ_{ne}, die Spanungsbreite b_{cu} und der Schneidkantenradius r_β sind in dem vorliegenden Beispiel konstant.

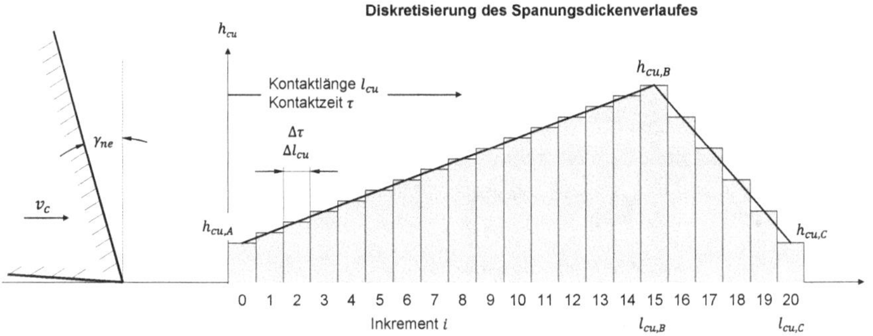

Bild 6-15: Diskretisierung von veränderlichen Spanungsdickenverläufen

Discretization of variable chip thickness profiles

Eine Gegenüberstellung der Berechnungsergebnisse und der Simulationsergebnisse ist in **Bild 6-16** für zwei verschiedene Spanungsdickenverläufe gegeben. Verglichen werden der Verlauf der Schnitt- und Drangkraft F_c und F_t, der Schneidkantentemperatur $\vartheta_{\gamma,s}$, der maximalen Temperatur $\vartheta_{\gamma,max}$ und der Kontaktlänge l_f über der Kontaktzeit τ.

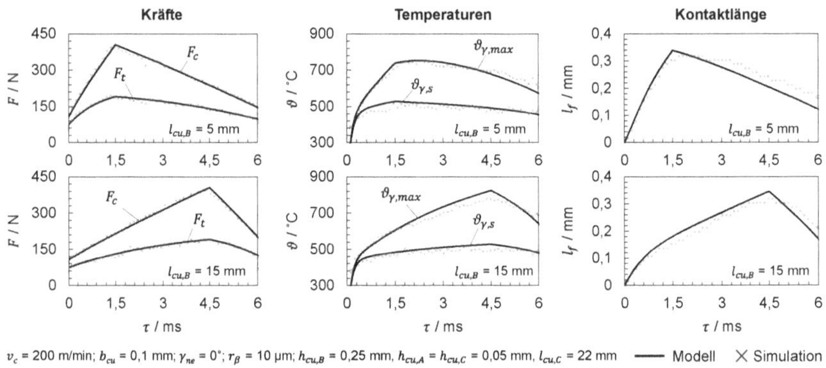

Bild 6-16: Vergleich der modellierten und simulierten Kraft- und Temperaturkennwerte für veränderliche Spanungsdickenverläufe

Comparison of modeled and simulated force and temperature characteristics for variable chip thickness profiles.

Die Spanungsdicke zu Beginn und Ende des Profils betrug $h_{cu,A} = h_{cu,C} = 0{,}05$ mm. Die maximale Spanungsdicke war $h_{cu,B} = 0{,}25$ mm und lag für den ersten Fall nach einer Spanungslänge $l_{cu,B} = 5$ mm und für den zweiten Fall nach $l_{cu,B} = 15$ mm vor. Die Schnittgeschwindigkeit war $v_c = 200$ m/min, der Spanwinkel $\gamma_{ne} = 0°$, die Spanungsbreite $b_{cu} = 0{,}1$ mm und der Schneidkantenradius $r_\beta = 10$ µm. Aus der Gegenüberstellung ist ersichtlich, dass die Modelle die Simulation trotz veränderlichem Spanungsdickenverlauf gut abbilden. Leichte Abweichungen sind bei der Kontaktlänge l_f zu erkennen. Nach Erreichen des Maximalwertes verweilt die simulierte Kontaktlänge l_f für eine kurze Zeit auf diesem Wert, während die modellierte Kontaktlänge direkt wieder abnimmt. Weitere Vergleiche zwischen Modell und Simulation können Anhang IV.6 entnommen werden.

6.3 Zusammenfassung

Summary

In diesem Kapitel wurde eine Variantenrechnung mittels 2D-FE-Simulation des Orthogonalschnitts durchgeführt und der Einfluss der Variationsparameter auf die thermomechanische Belastung analysiert. Für die Simulation wurde das in Kapitel 5 parametrierte Werkstoffmodell verwendet. Variiert wurden die Schnittgeschwindigkeit v_c, die Spanungsdicke h_{cu}, der Wirk-Spanwinkel γ_{ne} sowie der Schneidkantenradius r_β.

Eine Steigerung der Spanungsdicke h_{cu} führte zu einer gleichzeitigen Erhöhung der Spanflächentemperatur ϑ_γ und der Kontaktlänge l_f zwischen Span und Spanfläche. Die Distanz des Temperaturmaximums zur Schneidkante nahm infolgedessen mit zunehmender Spanungsdicke zu. Die Schnittkraft F_c nahm linear und die Drangkraft F_t degressiv mit der Spanungsdicke h_{cu} zu. Im Gegensatz dazu führte eine Erhöhung der Schnittgeschwindigkeit v_c ausschließlich zu einem Anstieg der Spanflächentemperatur. Die Lage des Temperaturmaximums wurde aufgrund invarianter Kontaktlängen nicht beeinflusst. Die Kraftkomponenten F_c und F_t nahmen erwartungsgemäß mit zunehmender Schnittgeschwindigkeit v_c linear ab. Mit zunehmendem Wirk-Spanwinkel γ_{ne} wurde eine Abnahme der Temperatur und der Zerspankraftkomponenten festgestellt. Ein signifikanter Einfluss des Schneidkantenradius r_β auf die Spanflächentemperatur ϑ_γ und die Schnittkraft F_c konnte nicht festgestellt werden. Die Drangkraft nahm mit zunehmenden Schneidkantenradius zu. Dies kann auf die lokalen Kraftvektoren an der Schneidkante zurückgeführt werden, welche aufgrund des vergrößerten Schneidkantenradius einen größeren Anteil in die Drangrichtung aufweisen.

Anschließend wurden analytische Modelle zur Approximation der Zerspankraftkomponenten und Temperaturkenngrößen basierend auf den Simulationsergebnissen hergeleitet und parametriert. Zunächst erfolgte die Parametrierung eines Regressionsmodells zur Berechnung des effektiven Reibkoeffizienten μ_e. Darauf aufbauend wurden Modelle für den Scherwinkel ϕ sowie die Schnitt- und Drangkraft F_c und F_t diskutiert und parametriert. Sobald die Zerspankraftkomponenten bekannt sind, können die erforderliche Leistung P und die daraus resultierende Schneidkantentemperatur $\vartheta_{\gamma,s}$ sowie der Betrag und die Lage des Temperaturmaximums $\vartheta_{\gamma,max}$ angenähert werden. Der

Verlauf der Temperatur zwischen der Schneidkante und der Lage des Temperaturmaximums wurde anschließend durch eine Interpolationsfunktion beschrieben. Abschließend wurden die Modellfunktionen für veränderliche Spanungsdickenverläufe verifiziert. Als Ergebnis liegen parametrierte Modellfunktionen vor, welche die analytische Berechnung der thermomechanischen Werkzeugbelastung auf Basis von Spanungskenngrößen sowohl bei konstanten als auch bei veränderlichen Spanungsdickenverläufen erlauben. Folglich wurde die erste Forschungsfrage „*Wie kann die thermomechanische Belastung auf der Mikroskala quantifiziert werden?*" beantwortet.

7 Entwicklung des Mehrskalenmodells

Development of the multiscale model

Im folgenden Kapitel werden die in Kapitel 6.2 parametrierten Modelle für den zweidimensionalen Orthogonalschnitt auf den dreidimensionalen Zerspanvorgang beim Wälzfräsen skaliert. Die Vorgehensweise ist in **Bild 7-1** dargestellt. Zunächst erfolgt die Berechnung der orts- und zeitaufgelösten Spanungs- und Prozesskenngrößen mithilfe der ebenenbasierten Durchdringungsrechnung in SPARTAPRO. Die Größen werden anschließend als Eingangsgrößen zur Berechnung der orts- und zeitaufgelösten Kräfte und Temperaturen verwendet. Die hierfür erforderlichen Modelle und Randbedingungen wurden in Kapitel 6.2 abgeleitet und diskutiert. Auf Basis der Temperaturkennwerte erfolgt im Anschluss die Berechnung der Temperaturverteilung auf der Spanfläche des Werkzeuges für jede Wälzstellung bzw. jeden Schnitt in Abhängigkeit von der Zeit. Nach erfolgter Skalierung wird das Mehrskalenmodell einerseits anhand des Drehmoments in Schlagzahnversuchen validiert. Anderseits findet ein Abgleich der prognostizierten Temperaturverteilung auf der Spanfläche zwischen Modell und 3D-FE-Simulation statt. Aus dem zeitlichen Verlauf der lokal aufgelösten Spanflächentemperatur werden abschließend charakteristische Kenngrößen und Berechnungsmethoden abgeleitet, welche eine Bewertung der thermischen Belastung des Werkzeuges und eine Interpretation des Werkzeugverschleißes erlauben.

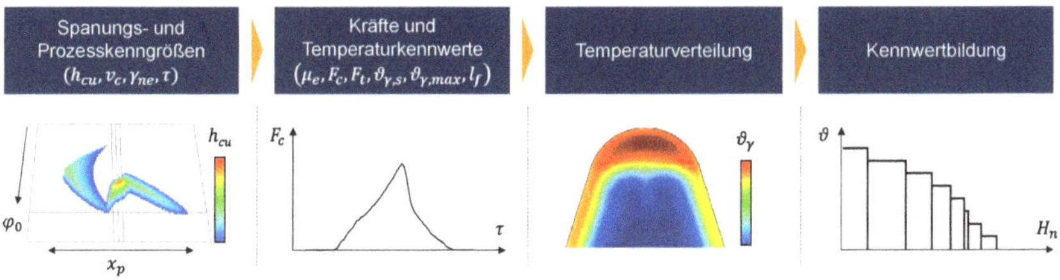

Bild 7-1: Vorgehensweise zur Herleitung des Mehrskalenmodells
Procedure for deriving the multiscale model

7.1 Berechnung der Spanungs- und Prozesskenngrößen

Calculation of chip and process characteristics

Der Wälzfräsprozess wird auf der Makroskala mithilfe der ebenenbasierten Durchdringungsrechnung in SPARTAPRO abgebildet. Für den verwendeten Verzahnungsfall sind die Spanungs- und Prozesskenngrößen in **Bild 7-2** für eine repräsentative Wälzstellung WS = -21 in Umlauf U = 13 dargestellt. Die Diagramme stellen den Betrag der jeweiligen Kenngröße lokal über dem abgewickelten Werkzeugprofil x_P und zeitlich über dem Werkzeug-Drehwinkel φ_0 dar. Aus den Diagrammen kann abgeleitet werden, an welchen Punkten eine Durchdringung stattgefunden hat und welche Spanform gebildet wird. In dem betrachteten Fall liegt ein Dreiflankenspan vor, da alle drei Flanken an der Zerspanung beteiligt sind und die Spanform zusammenhängend ist. Der Schnitt beginnt am Werkzeugkopf und endet auf der einlaufenden Flanke EF. Die maximale Spanungsdicke wird mit h_{cu} = 0,18 mm am Werkzeugkopf erzielt. An den Flanken liegen Spanungsdicken bis zu h_{cu} = 0,10 mm vor.

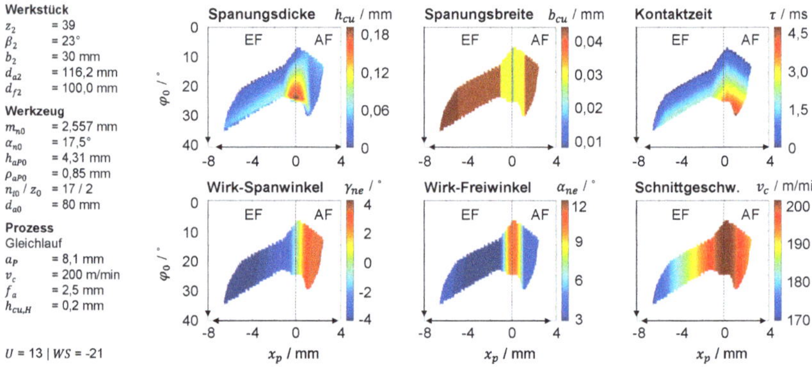

Bild 7-2: Spanungs- und Prozesskenngrößen einer Wälzstellung
Chip and process characteristics of a generating position

Die Spanungsbreite b_{cu} wird nicht numerisch ermittelt, sondern von der Simulation als Auflösung des Werkzeugprofils verwendet. Die lokale Spanungsbreite gibt folglich den Abstand eines Profilpunktes zu seinem Nachbarpunkt an. An den geradlinigen Werkzeugflanken beträgt die Spanungsbreite in dem vorliegenden Fall b_{cu} = 0,04 mm. Aufgrund der Krümmung im Bereich des Kopfrundungsradius ist eine höhere Auflösung erforderlich, weshalb sich der Wert auf b_{cu} = 0,03 mm verringert. In der Mitte des Werkzeugprofils, am Werkzeugkopf, ist die Spanungsbreite mit b_{cu} = 0,01 mm am geringsten und folglich die Auflösung am höchsten.

Die lokale Kontaktzeit τ eines Schneidenpunktes wird von dem Moment des Eintritts dieses Punktes bis zu dessen Austritt ermittelt. Sie nimmt an der auslaufenden Flanke aufgrund der hier vorliegenden hohen Spanungslänge einen maximalen Wert von τ = 4,5 ms an. An der einlaufenden Flanke ist das Werkzeug bis zu τ = 1,5 ms im Eingriff. Am Werkzeugkopf werden Kontaktzeiten von ca. τ = 4 ms erreicht.

Der Wirk-Spanwinkel nimmt auf der auslaufenden Flankenseite positive Werte bis zu γ_{ne} = 4° und auf der einlaufenden Flanke negative Werte bis zu γ_{ne} = -4° an. Am Werkzeugkopf beträgt der Wirk-Spanwinkel γ_{ne} = 0°. Der Verlauf ist nicht symmetrisch, da die Extremwerte auf der auslaufenden Seite bereits an der Stelle x_P = 2 mm des abgewickelten Profils erreicht werden, während die minimalen Wirk-Spanwinkel auf der einlaufenden Seite bei x_P = -6 mm vorliegen.

Der Wirk-Freiwinkel beträgt am Werkzeugkopf α_{ne} = 10° und entspricht dem vorgegebenen Werkzeug-Kopffreiwinkel α_{at}. An den Flanken fällt der Wirk-Freiwinkel auf bis zu α_{ne} = 3° ab. Allgemein sind Wirk-Freiwinkel von $\alpha_{ne} \leq 0°$ zu vermeiden, da sonst die

Freifläche des Werkzeugs mit der neu erzeugten Werkstückoberfläche in Kontakt kommt und abrasiver Freiflächenverschleiß begünstigt wird.

Die Schnittgeschwindigkeit v_c entspricht am Werkzeugkopf dem hier verwendeten Vorgabewert von v_c = 200 m/min. Aufgrund des abnehmenden lokalen Werkzeugradius nimmt die Schnittgeschwindigkeit entlang der Flankenpunkte kontinuierlich ab. Am äußersten Punkt der einlaufenden Flanke, an dem noch eine Durchdringung stattfindet, beträgt die Schnittgeschwindigkeit nur noch v_c =170 m/min.

7.2 Berechnung der Kraft und der Temperaturkenngrößen

Calculation of force and temperature characteristics

Die zuvor diskutierten Spanungs- und Prozesskenngrößen stellen die Eingangsgrößen für die in Kapitel 6.2 parametrierten Modelle zur Approximation der Kraft und Temperaturkenngrößen dar. Die Modellfunktionen werden unter der Annahme eines lokalen freien Orthogonalschnitts mit zeitlich veränderlicher Spanungsdicke h_{cu} und Wirk-Spanwinkel γ_{ne} an jedem Punkt x_P und für jeden Werkzeug-Drehwinkel φ_0, respektive für jeden Zeitpunkt t, unter Berücksichtigung der lokalen Kontaktzeit τ gelöst. Die Schnittgeschwindigkeit v_c und die Spanungsbreite b_{cu} bleiben hingegen für jeden lokal betrachteten Punkt über der Zeit konstant. Weiterhin wird die Annahme getroffen, dass keine Wechselwirkungen mit benachbarten Schneidenelementen auftreten. Ebenso werden Effekte durch Spanbildung (z. B. Mehrflankenspanbildung) oder durch eingeschränkten Spanfluss an gekrümmten Bereichen im Modell nicht berücksichtigt. Spanungskenngrößen kleiner als der bei der Parametrierung verwendete Schneidkantenradius (r_β = 10 µm) werden bei der Berechnung ebenfalls nicht berücksichtigt.

Zunächst wird der lokale effektive Reibkoeffizient μ_e auf Basis des entwickelten Regressionsmodells nach Gl. 6-1 berechnet. Durch die niedrigen Spanungsdicken auf der einlaufenden Flanke werden in diesem Bereich hohe effektive Reibkoeffizienten bis zu μ_e = 0,8 erreicht, vgl. **Bild 7-3**. Am Werkzeugkopf führen die im Vergleich zu den Werkzeugflanken höheren Spanungsdicken zu geringeren Reibkoeffizienten (μ_e = 0,5). Die lokale Schnittkraft F_c wurde mittels Regressionsmodell nach Gl. 6-5 bestimmt. Durch die nahezu lineare Abhängigkeit der Kraft vom Spanungsquerschnitt werden im Kopfbereich die größten Kräfte erzielt. Hierbei ist zu beachten, dass aufgrund der niedrigen Spanungsbreite b_{cu} in der Mitte des Profils geringere Kraftwerte berechnet werden. Eine Multiplikation der lokalen Schnittkraft F_c mit dem an diesem Punkt vorliegenden Werkzeugradius ergibt das Drehmoment M_v um die Werkzeugachse. Die lokalen Einzelkräfte bzw. Momente werden anschließend für jeden Werkzeug-Drehwinkel φ_0 bzw. jeden Zeitpunkt t über dem abgewickelten Werkzeugprofil x_p integriert, um so die resultierende Schnittkraft F_c bzw. das resultierende Drehmoment M_v zu diesem Zeitpunkt zu erhalten.

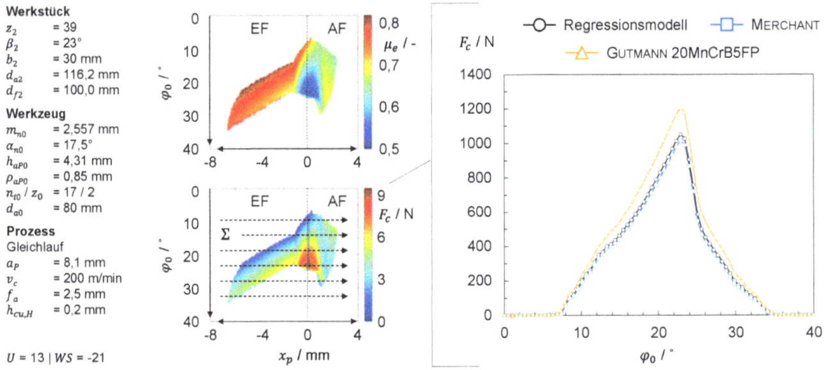

Bild 7-3: Effektiver Reibkoeffizient und Schnittkraft in einer Wälzstellung
Effective coefficient of friction and cutting force in a generating position

Der Verlauf der resultierenden Schnittkraft F_c über dem Werkzeug-Drehwinkel φ_0 ist für die repräsentative Wälzstellung beispielhaft in Bild 7-3 dargestellt. Zur Verifikation der Kraftberechnung und Einordnung der Kraftbeträge wurden die parametrierten Modellfunktionen auf Basis des Regressionsansatzes und des Modells nach MERCHANT dem in SPARTAPRO hinterlegten Modell nach GUTMANN gegenübergestellt. Die Koeffizienten für das GUTMANN Modell wurden in der Vergangenheit für einen 20MnCrB5 Einsatzstahl parametriert und sind in SPARTAPRO hinterlegt. Erwartungsgemäß werden durch das Regressionsmodell und das Modell nach MERCHANT nahezu identische Verläufe erzielt, da beide Modelle anhand der gleichen Kraftdaten parametriert wurden. Bei Verwendung des Modells nach GUTMANN mit Koeffizienten für den Werkstoff 20MnCrB5 werden etwa 15 % höhere Schnittkräfte berechnet. Da alle drei Modelle den gleichen qualitativen Verlauf aufweisen, kann davon ausgegangen werden, dass die Verwendung des hier vorgeschlagenen Regressionsmodells sowie des Modells nach MERCHANT zur Berechnung der Schnittkraft beim Wälzfräsen geeignet sind. Im Gegensatz zum Modell nach GUTMANN sind in den beiden alternativen Modellen weniger Koeffizienten erforderlich, was die Parametrierung und Anwendung vereinfacht. Weiterhin berücksichtigen sowohl das Regressionsmodell als auch das Modell nach MERCHANT den Spanwinkel, was insbesondere bei alternativen Verzahnungsprozessen mit starker Variation des Wirk-Spanwinkels, wie beispielsweise dem Wälzschälen, von Interesse ist.

Sind die Kräfte bekannt, können die Temperatur der Schneidkante $\vartheta_{\gamma,s}$, die maximale Temperatur auf der Spanfläche $\vartheta_{\gamma,max}$ und die Kontaktlänge bzw. die Lage der maximalen Temperatur l_f berechnet werden. Für die repräsentative Wälzstellung sind die Kenngrößen graphisch in **Bild 7-4** dargestellt. An der Schneidkante werden im Kopfbereich zu Beginn des Schnitts Temperaturen von $\vartheta_{\gamma,s}$ > 400 °C erreicht, welche gegen Ende des Schnitts auf bis zu $\vartheta_{\gamma,s}$ = 500 °C ansteigen. An der einlaufenden Flanke liegen die Schneidkantentemperaturen in einem vergleichsweise niedrigeren Bereich zwischen 200 ≤ $\vartheta_{\gamma,s}$ ≤ 400 °C. Am Werkzeugkopf werden bei der Zerspanung großer

Spanungsdicken maximale Spanflächentemperaturen bis zu $\vartheta_{\gamma,max}$ = 700 °C erzielt. Die Temperaturen auf der einlaufenden Flanke unterscheiden sich nur geringfügig von der Schneidkantentemperatur. Dies ist insbesondere dadurch zu erklären, dass aufgrund von niedrigen Spanungsdicken die maximalen Temperaturen bereits nah an der Schneidkante auftreten, wie auch bei Betrachtung der Kontaktlänge l_f zu erkennen ist. Auf der einlaufenden Flanke werden Kontaktlängen zwischen $0 \leq l_f \leq 0{,}08$ mm erzielt, während am Kopf höhere Kontaktlängen bis zu l_f = 0,24 mm vorliegen.

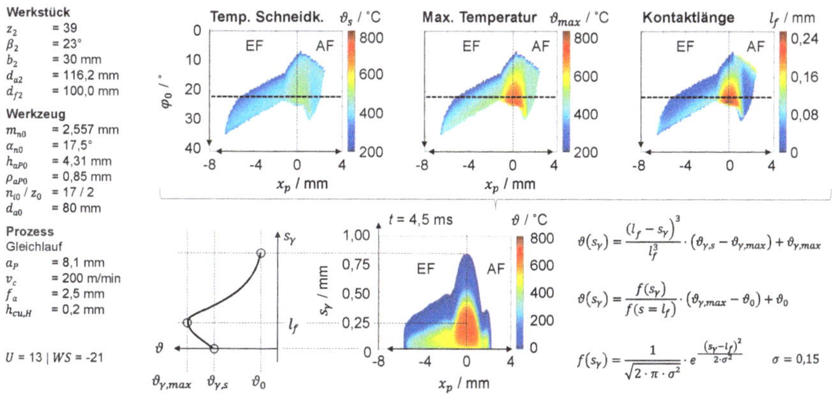

Bild 7-4: Berechnung der Temperaturkenngrößen in einer Wälzstellung und der Temperaturverteilung auf der Spanfläche für einen Zeitpunkt t

Calculation of temperature characteristics in a generating position and temperature distribution on the rake face for a point in time t

Aus den Temperaturkenngrößen kann der Temperaturverlauf über der Spanfläche lokal an jedem Punkt der Schneidkante gemäß Kapitel 6.2.5 approximiert werden. Aus den einzelnen, zweidimensionalen Verläufen wird anschließend das resultierende Temperaturprofil der Spanfläche für jeden Werkzeug-Drehwinkel φ_0 bzw. jeden Zeitpunkt t berechnet und über dem abgewickelten Werkzeugprofil x_P und der Strecke s_γ dargestellt werden. In Bild 7-4 unten ist eine beispielhafte Temperaturverteilung auf der Spanfläche über dem abgewickelten Werkzeugprofil zum Zeitpunkt t = 4,5 ms gegeben.

7.3 Berechnung der Temperaturverteilung auf der Spanfläche

Calculation of temperature distribution on the rake face

Für eine bessere Interpretation der thermischen Werkzeugbelastung und spätere Validierung der Berechnung wird die Temperaturverteilung im Folgenden auf das Werkzeugprofil transformiert. Hierzu wird ein Gitter über dem Werkzeugprofil erzeugt, indem horizontale und vertikale Gitterlinien durch die Punkte des Werkzeugprofils gelegt werden, vgl. **Bild 7-5**. Die Gitterauflösung hängt folglich direkt von der Werkzeugauflösung ab. Alle Gitterpunkte, welche innerhalb der Werkzeugkontur liegen, werden mit der initialen Temperatur ϑ_0 belegt. Knotenpunkten außerhalb der Werkzeugkontur wird kein Wert zugewiesen. Analog zur Vorgehensweise zur Berechnung der Temperaturverteilung über dem abgewickelten Profil erfolgt zunächst die Berechnung des zweidimensionalen Temperaturverlaufs ϑ_γ über der Strecke s_γ für jeden Profilpunkt i_{Profil}. Die Strecke s_γ ist in diesem Fall normal zur Kontur des Werkzeugprofils im Punkt i_{Profil}. Die Temperaturwerte werden an den Schnittpunkten von s_γ mit den Gitterlinien berechnet. Die berechneten Werte werden anschließend auf die benachbarten Gitterknoten verschoben, wobei vereinfachend angenommen wird, dass sich der Temperaturwert nicht ändert. Liegt an dem Gitterknoten bereits ein Temperaturwert vor, wird der größere der beiden Werte verwendet.

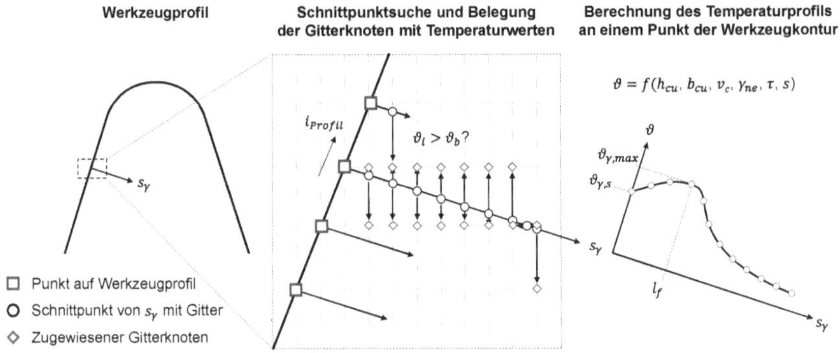

Bild 7-5: Transformation der Temperaturverteilung auf die Spanfläche
Transformation of temperature distribution on rake face

Eine so berechnete Temperaturverteilung auf der Spanfläche ist für eine repräsentative Wälzstellung WS = -21 für Umlauf U = 13 in **Bild 7-6** dargestellt. Die Temperatur der Spanfläche wird in sechs verschiedenen Zeitschritten analysiert. Bei t_1 = 1,6 ms ist der zur auslaufenden Flanke geneigte Teil des Werkzeugkopfes in Kontakt mit dem Werkstück. Die Temperatur im belasteten Bereich der Spanfläche beträgt zu diesem Zeitpunkt etwa $\vartheta_\gamma(t_1) \approx$ 400 °C. Bei t_2 = 2,7 ms sind ein größerer Bereich der auslaufenden Flanke sowie der gesamte Werkzeugkopf am Zerspanungsprozess beteiligt. Bei t_3 = 3,6 ms sind erste Anzeichen einer erhöhten Temperatur in Distanz zur Schneidkante zu erkennen. Nach t_4 = 4,5 ms wird die maximale Spanungsdicke erreicht, so dass sich in diesem Bereich Temperaturen bis zu $\vartheta_\gamma(t_4)$ = 700 °C einstellen. Die maximale Temperatur von $\vartheta_{\gamma,max}$ = 710 °C wird in einem Abstand von ca. l_f = 0,23 mm von der Schneidkante erzielt. Dass an dieser Stelle die höchste Temperatur auftritt, ist zum einen auf die hohen Spanungsdicken zurückzuführen, die mit diesem Schneidenelement bearbeitet werden. Andererseits führt die lange Kontaktzeit des Elements mit dem Werkstück zusätzlich zu einer höheren Temperatur. Nach t_5 = 4,9 ms sind nur noch die auslaufende Flanke des Werkzeugkopfes und ein Teil der einlaufenden Flanke im Eingriff. Da Abkühleffekte in der Berechnung nicht berücksichtigt werden, fällt die Temperatur am Werkzeugkopf direkt wieder auf den initialen Temperaturwert ϑ_0 ab. Aufgrund der kurzen Eingriffszeit und der im Vergleich zum

Zahnkopf geringen Spanungsdicken treten an der einlaufenden Flanke geringere Temperaturen bis zu ca. ϑ_γ = 500 °C auf.

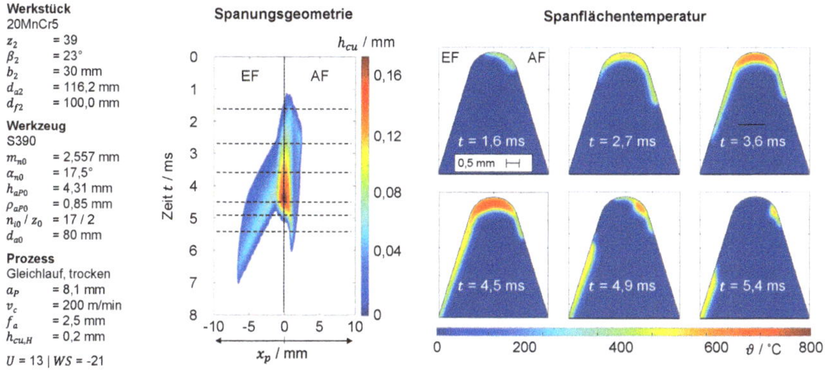

Bild 7-6: Temperaturverteilung auf der Spanfläche für unterschiedliche Zeitpunkte t

Temperature distribution on the rake face for different points in time t

Aus den Darstellungen ist ersichtlich, dass das Modell in der Lage ist, das Temperaturprofil auf der Spanfläche mit räumlicher und zeitlicher Auflösung zu berechnen. Da die thermische Belastung den Werkzeugverschleiß stark beeinflusst, ist die Kenntnis des Temperaturprofils für die Vorhersage des Werkzeugverschleißes und die Prozessoptimierung äußerst nützlich. Das entwickelte Modell benötigt im Vergleich zu einer FE-Simulation deutlich kürzere Berechnungszeiten (Minuten statt Tage) und kann daher zur effizienten Berechnung des Temperaturprofils für alle Wälzstellungen im Wälzfräsprozess eingesetzt werden. Da das Modell im Gegensatz zur FEM die Spanbildung nicht simuliert, sind allerdings Abweichungen zwischen dem modellierten Temperaturprofil und dem mittels FEM simulierten Profil zu erwarten. Im nachfolgenden Kapitel wird das Mehrskalenmodell einerseits anhand von Kraftmessungen im Schlagzahnversuch validiert und andererseits mithilfe von 3D-FE-Simulationen der Spanflächentemperatur verifiziert.

7.4 Validierung der Kraftberechnung mittels Schlagzahnversuch

Validation of force calculation in fly-cutting trials

Der erste Teil der Modellvalidierung erfolgte anhand von Drehmomentmessungen im Schlagzahnversuch. Für den Abgleich wurden die in Kapitel 5.2.2 durchgeführten Versuche zur Validierung des Werkstoffmodells herangezogen. Variiert wurde die Schnittgeschwindigkeit v_c und der Vorschub f_a. Zusätzlich wurde ein Stichversuch im Gegenlauf durchgeführt. In **Bild 7-7** ist das mittels Mehrskalenmodell berechnete Drehmoment dem im Schlagzahnversuch gemessenen Drehmoment für ausgewählte Versuchspunkte gegenübergestellt. Alle weiteren Vergleiche können Anhang IV.7 entnommen werden. Das gemessene Drehmoment ist hierbei der Mittelwert der maximalen Drehmomente aller zerspanten Lücken einer jeweiligen Wälzstellung. Die zugehörige Standardabweichung sowie der gleitendende Mittelwert des Drehmomentverlaufs über den Wälzstellungen sind ergänzend dargestellt.

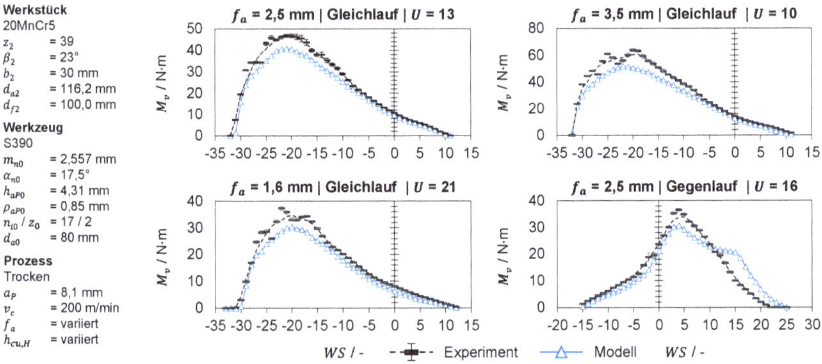

Bild 7-7: Gegenüberstellung berechneter und gemessener Drehmomente

Comparison of calculated and measured torque

Der modellierte Drehmomentverlauf bildet den experimentell ermittelten Verlauf qualitativ gut ab. Eine Ausnahme bildet der modellierte Drehmomentverlauf im Gegenlauf, der im Bereich der positiven Wälzstellungen vom experimentellen Verlauf abweicht. Die Diskrepanz lässt sich an dieser Stelle auf den mittels Durchdringungsrechnung berechneten Verlauf der Spanungskenngrößen zurückführen, welcher die Basis für die weiteren Modellberechnungen bildet. Gegenüber der Messung werden, mit Ausnahme des Versuchs im Gegenlauf, je nach Wälzstellung zwischen 10 - 20 % geringere Drehmomente mit dem Modell berechnet. Eine mögliche Ursache für diese Abweichung stellt einerseits der in Kapitel 5.2.2 diskutierte Einfluss der größeren Spandicke im Experiment dar. Dies könnte darauf hindeuten, dass größere Spanungsquerschnitte im Experiment zerspant werden, als in der Durchdringungsrechnung berechnet werden. Anderseits können Effekte wie Reibung, Verschleiß und Dynamik im Experiment zu abweichenden Spanbildungsmechanismen während des Schnittes führen, welche in abweichenden Kräften und Drehmomenten resultieren.

7.5 Verifizierung der Temperaturberechnung mittels 3D-FEM

Verification of temperature calculation by means of 3D-FEM

Nach der Validierung des Mehrskalenmodells anhand des Drehmomentverlaufes erfolgt in diesem Abschnitt die Verifizierung des prognostizierten Temperaturprofils auf der Spanfläche. Eine Messung der Temperaturverteilung auf der Spanfläche ist beim Wälzfräsen nicht möglich, da einerseits das Werkzeug kontinuierlich rotiert und andererseits die Spanfläche frontal durch den Span und seitlich durch die Flanken des Werkstücks verdeckt ist. Aus diesem Grund wird das anhand des Mehrskalenmodells approximierte Temperaturprofil dem mittels FEM simulierten Temperaturprofil gegenübergestellt. Der Vergleich wird als zulässig angesehen, da das FE-Modell in vorangegangenen Versuchen anhand der Spanform und des Drehmomentverlaufes validiert wurde (vgl. Kapitel 5.2 und Anhang IV.3). Die modellierten und berechneten Temperaturprofile sind für unterschiedliche Zeitpunkte in **Bild 7-8** dargestellt. Der Vergleich erfolgte für eine repräsentative Wälzstellung WS = -21 in Umlauf U = 13 bei einer Schnittgeschwindigkeit von v_c = 200 m/min und einem Vorschub von f_a = 2,5 mm im Gleichlauf.

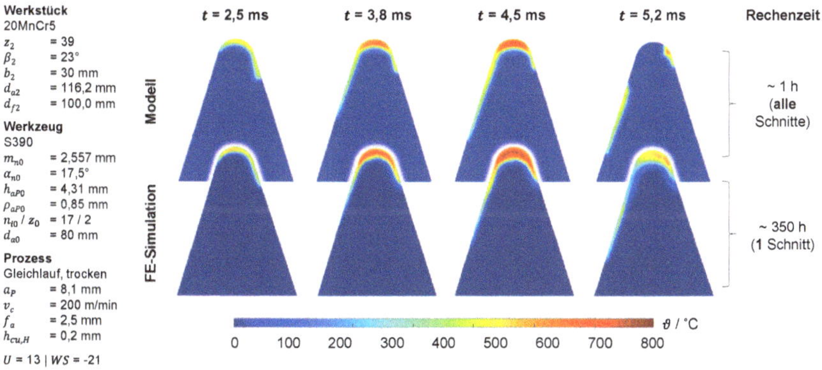

Bild 7-8: Gegenüberstellung modellierter und simulierter Temperaturverteilungen
Comparison of modeled and simulated temperature distributions

Aus der Gegenüberstellung der Temperaturprofile ist ersichtlich, dass Modell und FE-Simulation in der Beschreibung der Temperaturverteilung auf der Spanfläche gut übereinstimmen. Insbesondere zu Beginn des Schnitts sind die belasteten Bereiche nahezu identisch. Zum Zeitpunkt t = 4,5 ms ist zu beobachten, dass die Fläche des belasteten Bereichs am Zahnkopf in der FE-Simulation im Vergleich zum Modell zunimmt. Dies kann darauf zurückgeführt werden, dass in der FE-Simulation zusätzlich die Spanbildung und -verformung simuliert wird. Bei größeren Zerspanvolumina und Mehrflankenspänen ist der Spanfluss in der Werkstücklücke eingeschränkt, sodass sich das Spanvolumen vor der Schneidkante aufbaut und staut. Hierdurch wird der Span zusätzlich an die Spanfläche gedrückt, sodass größere Kontaktflächen zwischen Span und Spanfläche hervorgerufen werden, wodurch folglich die Fläche des belasteten Bereiches zunimmt. Im Mehrskalenmodell wird die thermische Belastung ausschließlich auf Basis theoretischer Annahmen und von Modellen bestimmt. Zusätzliche Effekte, welche beispielsweise durch eine Mehrflankenspanbildung hervorgerufen werden, werden nicht berücksichtigt. Im Hinblick auf den Temperaturbetrag wird jedoch eine gute Übereinstimmung zwischen Modell und FE-Simulation erzielt. In beiden Fällen werden maximale Temperaturen von ca. $\vartheta_{\gamma,max}$ = 700 °C prognostiziert.

Die größten Abweichungen zwischen Modell und Simulation sind gegen Ende des Schnittes bei t = 5,2 ms zu erkennen. Hier wird ein deutlich größerer belasteter Bereich in der FE-Simulation ermittelt als mithilfe des Modells berechnet. Als Ursache kann die Vernachlässigung des Abkühlvorgangs im Modell angesehen werden. Das Modell berechnet ausschließlich Temperaturen in Bereichen, an denen zum aktuellen Zeitpunkt eine Spanbildung stattfindet. In der FEM nimmt die Temperatur kontinuierlich mit der Zeit ab sobald kein Kontakt mehr vorliegt. Zur Bewertung der thermischen Belastung kann der Einfluss der Abkühlung jedoch als vernachlässigbar angesehen werden. Ein deutlicher Unterschied ist bei der benötigten Rechenzeit zu erkennen. Während die FE-Simulation ca. 350 h zur Berechnung eines einzelnen Schneideneingriffs benötigte, konnten mit dem Mehrskalenmodell die Temperaturprofile alle Eingriffe (hier etwa 780 Schnitte) in ca. einer Stunde simuliert werden. Die 3D-FE-Simulation wurde mit 8 Kernen auf einer Workstation mit einem Intel Xeon CPU E5-2698 v4 Prozessor mit 2.20GHz und 36,0 GB RAM durchgeführt. Für die Berechnungen mittels Mehrskalenmodell wurde ein Arbeitsrechner mit Intel Core i7-6700 CPU mit 3.40GHz und 32,0 GB RAM verwendet.

Für einen weiteren Abgleich zwischen Modell und FE-Simulation ist der Verlauf der maximalen Temperatur auf der Spanfläche $\vartheta_{\gamma,max}$ über der Eingriffszeit τ für verschiedene Wälzstellungen WS in **Bild 7-9** dargestellt. Im vorliegenden Fall kann eine sehr gute qualitative und quantitative Übereinstimmung zwischen Modell und Simulation festgestellt werden. Im Falle der FE-Simulation können vereinzelte Ausreißer im Temperaturverlauf festgestellt werden, welche auf die numerische Berechnung in der FEM zurückzuführen ist. Weitere Beispiele können Anhang IV.8 entnommen werden.

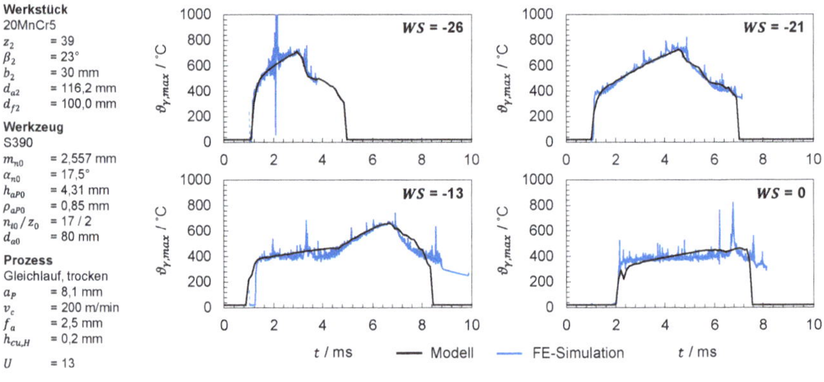

Bild 7-9: Gegenüberstellung modellierter und simulierter Temperaturverläufe
Comparison of modeled and simulated temperature profiles

Zusammenfassend kann festgehalten werden, dass trotz der vereinfachenden Annahmen eine gute Übereinstimmung zwischen den simulierten und modellierten Temperaturverläufen erzielt wird. Das Modell ist naturgemäß nur für den konfigurierten Parameterbereich gültig, wobei das Modell auch bei höheren Schnittgeschwindigkeiten eine gute Übereinstimmung mit der FE-Simulation erkennen lässt (vgl. Anhang Bild IV-30). Da die Temperaturberechnung mittels Mehrskalenmodell eine gute

Übereinstimmung mit der simulierten Temperatur aufweist, kann das Modell in dieser Hinsicht als verifiziert angesehen werden. Zur Berücksichtigung des gesamten thermomechanischen Belastungskollektivs werden im nachfolgenden Abschnitt Kennwerte und Berechnungsmethoden zur Bewertung der Werkzeugbelastung und Interpretation bzw. Prognose des Werkzeugverschleißes abgeleitet.

7.6 Ableitung von charakteristischen Belastungskenngrößen

Derivation of load characteristics

Auf Basis der mit dem Mehrskalenmodell berechenbaren Größen soll im Nachfolgenden die orts- und zeitabhängige thermomechanische Belastung zu aussagekräftigen, eindimensionalen Kennwerten zusammengefasst werden. Auf diese Weise soll die prozessspezifische Belastung des Werkzeuges charakterisiert werden.

7.6.1 Belastungskenngrößen und Häufigkeitsverteilungen

Load characteristics and frequency distributions

Zunächst werden aus dem Temperaturverlauf an einem Punkt während eines Schnittes charakteristische Kenngrößen K abgeleitet. Mögliche Größen sind die maximale und mittlere Temperatur sowie die Fläche unter der Temperaturkurve, vgl. **Bild 7-10**.

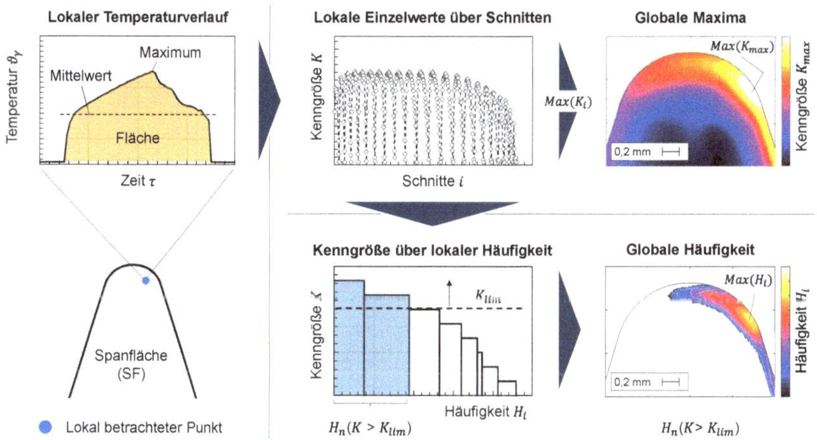

Bild 7-10: Kenngrößen zur Charakterisierung der thermomechanischen Belastung
Characteristics for characterizing thermomechanical load

Die maximale Temperatur $\vartheta_{\gamma,max}$ erlaubt eine Beurteilung der maximalen thermischen Spanflächenbelastung. Nachteilig ist, dass der eigentliche Temperaturverlauf (insbesondere die Kontaktlänge) nicht erfasst wird. Zur Bewertung der durchschnittlich wirkenden thermischen Belastung kann die über der Kontaktzeit τ gemittelte Temperatur $\vartheta_{\gamma,m}$ für jedes Spanflächenelement berechnet werden. Eine alternative Kenngröße zur

Berücksichtigung des Temperaturverlaufes stellt die Fläche unter der Kurve dar, welche mittels Integration der Temperatur ϑ_γ über der Kontaktzeit τ zu einem Temperatur-Zeit-Integral $\Theta_{\gamma,\tau}$ gebildet werden kann, vgl. **Gl. 7-1**. Im Gegensatz zu den vorangegangenen Betrachtungen wird die Temperatur für diesen Kennwert in Kelvin ausgedrückt, um nach der Integration eine SI konforme Maßeinheit zu erhalten. Alternativ kann die Integration auch über der Kontaktstrecke l (Temperatur-Weg-Integral $\Theta_{\gamma,l}$) erfolgen.

$$\Theta_{\gamma,\tau} = \int \left(\{\vartheta_\gamma(\tau)\}_{^\circ C} + 273{,}15 \right) \cdot d\tau \qquad \textbf{Gl. 7-1}$$

Nachdem der Temperaturverlauf eines Spanflächenelementes während eines Schnittes in einen der zuvor diskutierten eindimensionalen Kennwerte überführt wurde, können anschließend Kennwerte zur Bewertung des gesamten Prozesses bestimmt werden. Hierzu kann wieder der maximale bzw. mittlere Wert eines jeweiligen Kennwertes K für den gesamten Prozess bestimmt werden. Dieses Vorgehen erlaubt eine Bewertung der maximalen bzw. mittleren Belastung des Werkzeuges über dem gesamten Prozess. Aus dem resultierenden Konturdiagramm können dann einerseits der Ort und andererseits der Betrag des Belastungskennwertes abgeleitet werden.

Zur Berücksichtigung der Häufigkeit, mit der beispielsweise eine gewisse Temperatur an einem Punkt auftritt, können die einzelnen Beträge einer betrachteten Kenngröße K zusätzlich in einem Lastkollektiv zusammengeführt werden. Zur Bildung des Kollektivs werden zunächst die einzelnen Beträge für jeden Punkt der Spanfläche in Wertebereiche bzw. Klassen sortiert. Die Klassen wurden in dieser Arbeit basierend auf dem maximalen und minimalen Wert einer Kenngröße mit der Funktion *histcounts* in MATLAB R2018b automatisch definiert. Die Klassen werden anschließend über der Häufigkeit H_i, mit der die jeweilige Klasse auftritt, fortlaufend aufgetragen. Das Kollektiv ist hierbei so angeordnet, dass die höchste Klasse an erster und die niedrigste Klasse an letzter Stelle steht. Das so erzeugte Lastkollektiv kann beispielsweise zur Bewertung des am höchsten belasteten Punktes auf der Spanfläche verwendet werden, da es sowohl Informationen über die Höhe der Belastung (z.B. maximale Temperatur) als auch die Häufigkeit der Belastung enthält.

Soll nicht ein einzelner Punkt, sondern die komplette Spanfläche bewertet werden, muss zunächst die darzustellende Klasse bzw. ein Grenzwert K_{lim} festgelegt werden. Im Konturdiagramm wird anschließend die Häufigkeit der Werte, welche die Bedingung $K > K_{lim}$ erfüllen, angezeigt. Aus dem Konturdiagramm in Bild 7-10 ist ersichtlich, dass der betrachtete Wertebereich am häufigsten an der auslaufenden Flanke im Übergang zum Zahnkopf auftritt. Sollen andere Wertebereiche analysiert werden, muss dies in der Berechnung definiert werden.

7.6.2 Verschleißkenngrößen

Tool wear characteristics

Neben den zuvor genannten Kenngrößen bietet sich weiterhin die Berechnung der Verschleißrate dW/dt an. In der Zerspanung ist das Verschleißratenmodell nach USUI eines der am weitesten verbreiteten Modelle, vgl. **Gl. 7-2** [USUI84]. Neben dem Temperaturverlauf ϑ_γ benötigt das Modell die Relativgeschwindigkeit v_{rel} zwischen Span und Spanfläche sowie die lokal und zeitlich veränderliche Normalspannung σ_n. Die Koeffizienten c_1 und c_2 sind empirische Konstanten. Durch Integration über der Zeit τ ergibt sich das auf ein Flächenelement bezogene Verschleißvolumen W''.

$$\frac{dW''}{d\tau} = c_1 \cdot \sigma_n(\tau) \cdot v_{rel}(\tau) \cdot e^{-\left(\frac{c_2}{\vartheta_\gamma(\tau)}\right)} \qquad \text{Gl. 7-2}$$

Für Freiflächenverschleiß entwickelten TAKEYAMA und MURATA ein Modell basierend auf der Annahme, dass primär Abrasionsverschleiß und ein thermisch induzierter „physikochemischer" Verschleiß relevant sind. In dem Modell werden die Verschleißraten des jeweiligen Mechanismus durch Addition verknüpft, vgl. **Gl. 7-3**. Der abrasive Verschleiß wird in Abhängigkeit von der Schnittgeschwindigkeit v_c und der physikochemische Verschleiß durch Diffusionsvorgänge beschrieben. Darin sind Q die Aktivierungsenergie und R die universelle Gaskonstante [TAKE63].

$$\frac{dW''}{d\tau} = \frac{dW''}{d\tau}_{abr} + \frac{dW''}{d\tau}_{phys} = c_1 \cdot v_c(\tau) + c_2 \cdot e^{-\left(\frac{Q}{R \cdot \vartheta(\tau)}\right)} \qquad \text{Gl. 7-3}$$

BINDER wählte eine ähnliche Vorgehensweise und entwickelte ein Verschleißmodell, welches zwei voneinander unabhängige Terme zur Beschreibung der Verschleißmechanismen Abrasion und Adhäsion additiv zu einer resultierenden Verschleißrate verknüpft, vgl. **Gl. 7-4** [BIND17]. Beide Terme hängen von der Relativgeschwindigkeit v_{rel} sowie der lokalen Schneidstoffentfestigung $H(\vartheta)$ ab. Im adhäsiven Teil wird zusätzlich die maximal zulässige Schubspannung τ_{max} berücksichtigt. Die Schneidstoffentfestigung $H(\vartheta)$ wird einerseits durch thermische Entfestigung und andererseits durch Entfestigung infolge von Diffusionsvorgängen nach **Gl. 7-5** beschrieben. Im Entfestigungsterm sind H_0 die Schneidstoffhärte bei Raumtemperatur, ϑ die momentane Temperatur, ϑ_R die Referenztemperatur, ϑ_S die Schmelztemperatur, m der thermische Entfestigungskoeffizient, Q die Aktivierungsenergie und R die ideale Gaskonstante.

$$\frac{dW''}{dt} = \frac{dW''}{d\tau}_{abr} + \frac{dW''}{d\tau}_{adh} = c_1 \cdot v_{rel} \cdot \frac{1}{H(\vartheta)^{c2}} + c_3 \cdot v_{rel} \cdot \tau_{max} \cdot \frac{1}{H(\vartheta)} \qquad \text{Gl. 7-4}$$

$$H(\vartheta) = H_0 \cdot \left(1 - \left(\frac{\vartheta - \vartheta_R}{\vartheta_S - \vartheta_R}\right)^m\right) \cdot \left(1 - c_4 \cdot e^{-\frac{Q}{R \cdot \vartheta}}\right) \qquad \text{Gl. 7-5}$$

Die Verschleißrate auf der Spanfläche kann mithilfe der genannten Modelle orts- und zeitaufgelöst bestimmt und anschließend für jeden Schnitt über der Zeit τ integriert werden. Durch die Integration ergibt sich für jeden Schnitt und jeden Punkt der Spanfläche ein bezogenes Verschleißvolumen W''_γ. Die Einzelwerte können einerseits wie für die zuvor genannten Kennwerte als globale Maxima oder in Form einer Häufigkeitsverteilung dargestellt werden. Anderseits besteht die Möglichkeit die Einzelwerte über alle Schnitte zu addieren und zu einem kumulierten Verschleißbetrag $W''_{\gamma,\Sigma}$ zusammenzuführen, vgl. **Bild 7-11**.

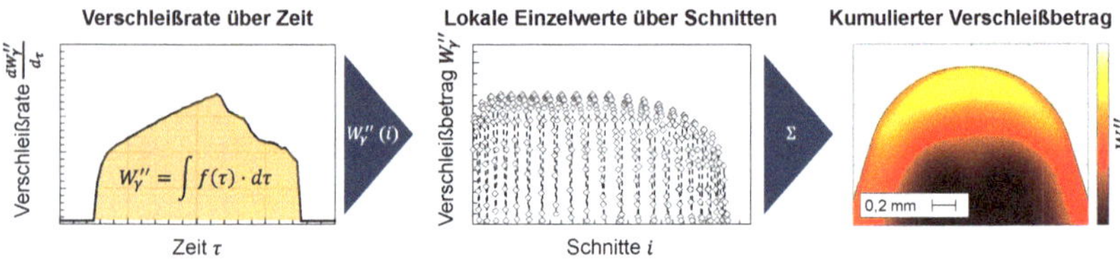

Bild 7-11: Vorgehensweise zur Herleitung des bezogenen kumulierten Verschleißvolumens
Procedure for deriving the specific cumulative wear volume

Für alle nachfolgenden Betrachtungen wird das Modell nach BINDER verwendet. Hierzu werden zunächst die von BINDER ermittelten Koeffizienten nach **Tabelle 7-1** für die Schneidstoff- / Werkstoffkombination Hartmetall / C45 hinterlegt [BIND17 S.115]. Zur Beschreibung der Entfestigung wurden die Referenzhärte mit H_0 = 1550 HV, die Referenztemperatur mit ϑ_R = 20 °C, die Schmelztemperatur mit ϑ_S = 1500 °C, die Aktivierungsenergie mit $Q = 4 \times 10^4$ J·mol^{-1} und die universelle Gaskonstante mit R = 8,314 J·K^{-1}·mol^{-1} festgelegt. Die maximale Schubspannung wurde an die in Kapitel 6.2.1 ermittelte Schubspannung in der Scherzone als konstanter Wert mit τ_{max} = 500 MPa angelehnt. Da der Wert für c_3 gegen Null tendiert, ist der Anteil des adhäsiven Terms am Gesamtverschleiß wesentlich kleiner als der Anteil des abrasiven Teils. Folglich ist die exakte Bestimmung der Schubspannung an dieser Stelle nicht erforderlich. Die Temperatur ϑ wird mittels des entwickelten Mehrskalenmodells orts- und zeitaufgelöst bestimmt. Als Relativgeschwindigkeit v_{rel} wird hier die lokale und zeitabhängige Spangeschwindigkeit v_{ch} zu Grunde gelegt, welche unter anderem auch zur Berechnung der Temperatur ϑ im Mehrskalenmodell verwendet wird. Die Berechnung des bezogenen Verschleißvolumens dient hier vorwiegend zur qualitativen Bewertung der Werkzeugbelastung und vorerst nicht zur Prognose des Verschleißbetrags und -fortschritts.

Tabelle 7-1: **Koeffizienten für das Verschleißratenmodell nach BINDER**
Coefficients for BINDER's wear rate model

c_1 / -	c_2 / -	c_3 / MPa^{-1}	c_4 / -	m / -	H_0 / -	Q / J·mol^{-1}	R / J·K^{-1}·mol^{-1}	ϑ_R / °C	ϑ_S / °C
20	3	$5{,}2 \times 10^{-8}$	26,9	2	1550	4×10^4	8,314	20	1500

7.7 Zusammenfassung

Summary

In diesem Kapitel wurden die im Orthogonalschnitt parametrierten Modellgleichungen auf den Wälzfräsprozess skaliert. Hierzu wurden zunächst die lokal und zeitlich aufgelösten Spanungs- und Prozesskenngrößen sowie die Wirk-Winkel mittels der ebenenbasierten Durchdringungsrechnung in SPARTAPRO bestimmt. Diese dienen als Eingangsgrößen zur Berechnung der lokalen Kraftkomponenten sowie der Temperaturkenngrößen (Schneidkantentemperatur $\vartheta_{\gamma,s}$, maximale Spanflächentemperatur $\vartheta_{\gamma,max}$ und Kontaktlänge l_f). Durch Integration der lokalen Kraftbeträge über dem Werkzeugprofil für jeden Zeitpunkt t wurde der zeitliche Kraftverlauf während eines Schnittes abgeleitet. Aus den Temperaturkenngrößen wurde im Anschluss mittels Interpolationsfunktion die Temperaturverteilung auf der Spanfläche für das abgewickelte Werkzeugprofil bestimmt. Zur besseren Interpretation der lokalen Spanflächenbelastung wurde das Temperaturprofil zuletzt mittels numerischer Berechnungsmethodik auf die Spanfläche transformiert.

Die Validierung des Mehrskalenmodells erfolgte einerseits anhand von Drehmomentmessungen im Schlagzahnversuch und andererseits durch einen Abgleich der Spanflächentemperatur mit 3D-FE-Simulationen. Der Vergleich zwischen gemessenem und berechnetem Drehmoment ließ eine gute Übereinstimmung zwischen Experiment und Modell erkennen. Die berechneten Werte waren gegenüber den gemessenen Werten um ca. 10 - 20 % geringer. Als mögliche Ursache wurde eine höhere Spandicke im Experiment aufgeführt, welche einerseits aus einem abweichenden Spanungsquerschnitt im Versuch gegenüber der Durchdringungsrechnung resultieren kann. Andererseits können weitere Effekte durch Reibung, Dynamik und Verschleiß die Spanbildung und folglich die resultierenden Kräfte und Drehmomente beeinflussen. Im Hinblick auf die Temperaturverteilung wurde ebenfalls eine gute qualitative und quantitative Übereinstimmung zwischen FE-Simulation und Modell festgestellt. Abweichungen wurden lediglich in einer größeren Kontaktfläche in der Simulation nach längeren Eingriffszeiten festgestellt. Dieses Phänomen wurde auf die Spanbildung und Abkühlvorgänge zurückgeführt, welche in der FE-Simulation im Gegensatz zum Modell mitberücksichtigt werden. Insbesondere bei größerem Spanungsvolumen ist der Spanfluss in der Werkstücklücke eingeschränkt, sodass sich der Span vor der Schneidkante aufbaut und größere Kontaktlängen hervorgerufen werden.

Am Ende des Kapitels steht somit ein validiertes Modell zur Berechnung der orts- und zeitabhängigen thermomechanischen Werkzeugbelastung beim Wälzfräsen bereit, wodurch die zweite Forschungsfrage „*Wie kann die thermomechanische Belastung von der Mikroskala auf die Makroskala skaliert werden?*“ beantwortet wurde. Mithilfe des Modells kann die Schnittkraft sowie die Temperaturverteilung auf der Spanfläche für alle Schnitte des gesamten Prozesses in deutlich geringerer Zeit (ca. 1 bis 2 h für alle Schnitte) als mittels 3D-FE-Simulation (ca. 1 bis 2 Wochen für einen Schnitt) berechnet werden. Auf Basis der Temperaturverläufe wurden Kenngrößen und Methoden zur Bewertung der kollektiven thermomechanischen Werkzeugbelastung und Interpretation von Werkzeugverschleiß vorgestellt. Die Aussagefähigkeit dieser Kennwerte soll im nachfolgenden Kapitel überprüft werden.

8 Werkzeugverschleißverhalten beim Wälzfräsen

Tool wear behavior in gear hobbing

Im folgenden Kapitel werden Untersuchungen zur Analyse des beim Wälzfräsen auftretenden Verschleißverhaltens durchgeführt. Da Grundlagen- und Verschleißuntersuchungen am Vollwerkzeug aufgrund der hohen Werkzeugkosten und der hohen Standlänge eines Wälzfräsers nur bedingt geeignet sind, wurde der Schlagzahnversuch zur kosten- und zeiteffizienten Untersuchung des Verschleißverhaltens verwendet. Ziel der Analyse ist die Überprüfung der Tauglichkeit der im vorangegangenen Kapitel abgeleiteten Kenngrößen zur Prognose und Interpretation des Werkzeugverschleißverhaltens. Hierzu wird eine Variation der Schnittgeschwindigkeit v_c durchgeführt, da insbesondere der Einfluss dieses Parameters in etablierten Auslegungsmethoden wie der Durchdringungsrechnung aktuell nicht berücksichtigt werden kann.

8.1 Versuchsaufbau

Experimental setup

Die Versuche wurden auf einer LIEBHERR LC180 Wälzfräsmaschine im Schlagzahnversuch durchgeführt, vgl. **Bild 8-1**. Nach jedem vollständig profilierten Bauteil wurde der Schlagzahn aus der Maschine entnommen und der Verschleiß analysiert.

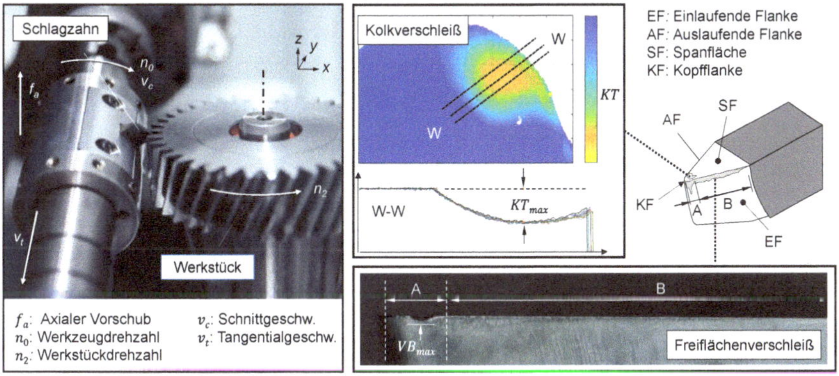

Bild 8-1: Versuchsaufbau und Vorgehen bei der Verschleißmessung
Experimental setup and wear measurement procedure

Die maximale Verschleißmarkenbreite VB_{max} wurde an der Kopfflanke (KF) sowie der auslaufenden (AF) und der einlaufenden Flanke (EF) in den Bereichen A und B mithilfe eines KEYENCE VHX-5000 Digitalmikroskops gemessen. Der Bereich A kennzeichnet den Bereich, der aufgrund des Kopfrundungsradius gekrümmt ist. Durch die Krümmung wird der Spanablauf behindert, wodurch in diesem Bereich andere Verschleißerscheinungen auftreten als im ungekrümmten Bereich B. Neben dem Freiflächenverschleiß wurde der Kolkverschleiß in Form der maximalen Kolktiefe KT_{max} auf der Spanfläche mittels eines Streifenlichtmikroskops der Firma MIKROCAD optisch ermittelt. Als

Verschleißkriterien wurden eine maximal zulässige Verschleißmarkenbreite $VB_{max,zul}$ = 250 µm und eine maximal zulässige Kolktiefe $KT_{max,zul}$ = 150 µm definiert.

8.2 Werkzeugcharakterisierung

Tool characterization

Die in den Verschleißuntersuchungen eingesetzten Schlagzähne wurden aus einem Vollwälzfräser mittels Drahterosion herausgetrennt. Der Wälzfräser wurde nach industriellem Standard aus PM-HSS S390 gefertigt und mit einer AlCrN-Beschichtung versehen. Die Schichtdicke wurde einerseits im Gefügeschliff am Werkzeugkopf und anderseits im Kalottenschliff an unterschiedlichen Positionen auf der Spanfläche gemessen, vgl. **Bild 8-2**. Am Kopf betrug die Schichtdicke im Mittel s = 4,0 µm. Aufgrund der Sichtliniencharakteristik im PVD-Beschichtungsprozess nimmt die Schichtdicke in Richtung Zahnfuß kontinuierlich ab. Infolgedessen ist in einem Abstand vom Zahnkopf bei x = 3,2 mm lediglich eine Schichtdicke von s = 1,8 µm auf der Spanfläche vorhanden.

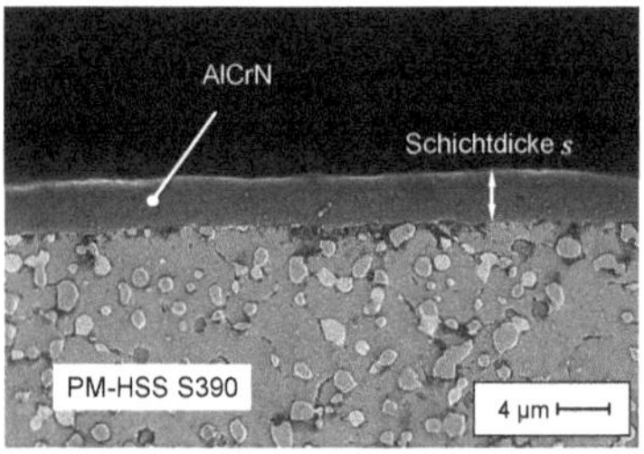

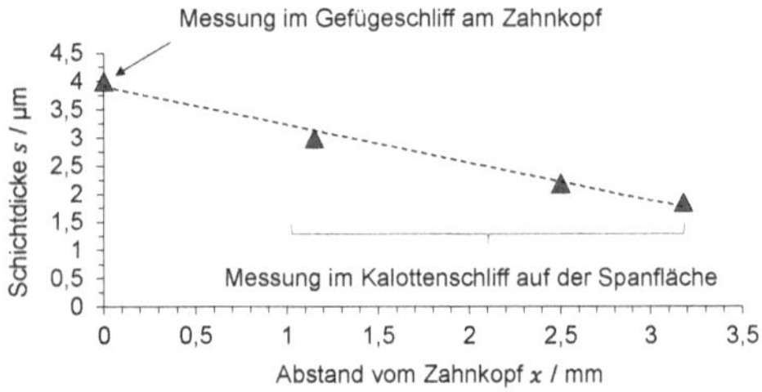

Bild 8-2: Charakterisierung von Schneidstoff, Schicht und Schichtdicke
Characterization of cutting material, coating and coating thickness

Mittels energiedispersiver Röntgenmikroskopie (EDX) wurde eine chemische Analyse des Werkzeugsubstrats durchgeführt. Die Messergebnisse wurden mit Herstellerangaben verglichen. Die chemische Zusammensetzung des verwendeten Schneidstoffs entspricht in etwa den technischen Lieferbedingungen eines BÖHLER S390 bzw. eines ERASTEEL ASP2052 Schnellarbeitsstahls, vgl. **Tabelle 8-1**.

Tabelle 8-1: Chemische Zusammensetzung des Schneidstoffs
Chemical composition of cutting material

m%	Fe	W	Co	V	Cr	Mo	C
Messung	66,2	10,0	8,0	5,4	5,2	1,9	1,4
BÖHLER S390	k.A.	10,4	8,0	4,8	4,8	2,0	1,64
ERASTEEL ASP2052	k.A.	10,5	8,0	4,9	4,8	2,0	1,67

Die Mikrogeometrie der Schlagzähne wurde im beschichteten Zustand vor der Versuchsdurchführung dokumentiert. Erfasst wurden die Rautiefe der Schneidkante

(Schartigkeit) Rz_β, die Rautiefe der Span- und Freifläche Rz_γ bzw. Rz_α, der Schneidkantenradius r_β und der Formfaktor K. Die Kennwerte wurden an der linken (LF) und rechten Flanke (RF) in den Bereichen A und B sowie an der Kopfflanke (KF) ermittelt. Der Bereich A beschreibt den Teil der Werkzeugflanke, der aufgrund des Kopfrundungsradius ρ_{aP0} gekrümmt ist, während die Schneide im Bereich B geradflankig ist. Aufgrund des Herstellungsprozesses der Wälzfräser sind in den jeweiligen Bereichen unterschiedliche Werte für Schneidkantenradius, Formfaktor und Rauheiten zu erwarten. Die Messergebnisse sind in **Bild 8-3** in Form von Box-Plot Diagrammen dargestellt. Der Median der Schartigkeit wurde für die einlaufende und die auslaufende Flanke mit $Rz_\beta \approx 3{,}3$ µm ermittelt. Die Rautiefe der Span- bzw. der Freifläche lag auf der linken Flanke mit $Rz \approx 1{,}5$ µm in einem vergleichbaren Bereich. An der rechten Flanke wurde hingegen eine geringfügig höhere Rautiefe mit $Rz \approx 2{,}1$ µm gemessen. Fertigungsbedingt lag im Bereich des Kopfrundungsradius (Bereich A) mit $r_\beta \approx 16$ µm eine im Mittel höhere Schneidkantenverrundung als im Flankenbereich (Bereich B) mit $r_\beta \approx 10$ µm vor. Der Formfaktor unterschied sich in den Bereichen A und B nicht signifikant und lag bei $K \approx 1{,}1$, was auf eine symmetrische Schneidkante hindeutet.

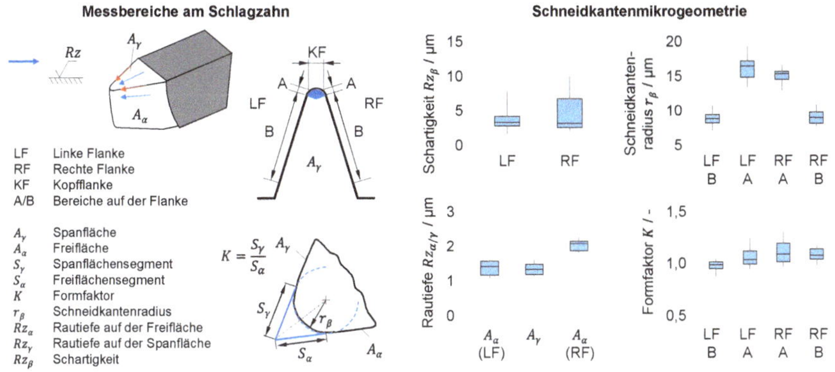

Bild 8-3: Charakterisierung der Schneidkantenmikrogeometrie
Characterization of the cutting edge microgeometry

8.3 Untersuchung des Werkzeugverschleißes

Investigation of tool wear

Im Folgenden wird der beim Wälzfräsen auftretende Werkzeugverschleiß mithilfe des Schlagzahnversuchs analysiert. Hierbei stand der Einfluss der Schnittgeschwindigkeit v_c auf das Verschleißverhalten im Vordergrund, da diese insbesondere den thermisch bedingten Verschleiß beeinflusst und in etablierten Auslegungsmethoden wie der Durchdringungsrechnung aktuell nicht berücksichtigt werden kann. Die Versuchsergebnisse sind in Form von Verschleißkurven in **Bild 8-4** dargestellt. Untersucht wurden Schnittgeschwindigkeiten in einem Bereich von $v_c = 150$ m/min bis $v_c = 400$ m/min mit einer Schrittweite von $\Delta v_c = 50$ m/min. Die Bearbeitung wurde im Gleichlauf bei einem

Vorschub von f_a = 2,5 mm durchgeführt, was einer HOFFMEISTER Spanungsdicke von $h_{cu,H}$ = 0,2 mm entspricht.

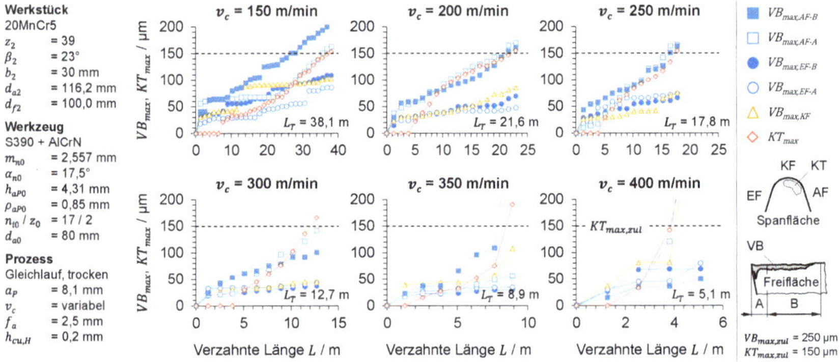

Bild 8-4: Einfluss der Schnittgeschwindigkeit auf den Werkzeugverschleiß
Influence of cutting speed on tool wear

Die Entwicklung der maximalen Verschleißmarkenbreite VB_{max} und der maximalen Kolktiefe KT_{max} ist für die betrachteten Bereiche über der verzahnten Länge L aufgetragen. Die zerspante Länge ist das Produkt aus der Werkstückzähnezahl z_2, der Zahnradbreite b_2 und der Anzahl der bearbeiteten Werkstücke N geteilt durch den Kosinus des Schrägungswinkels β_2, vgl. **Gl. 8-1**. Für die hier untersuchte Zahnradgeometrie beträgt die verzahnte Länge L = 1,27 m nach einem bearbeiteten Werkstück (N = 1). Ein Versuch ist beendet, wenn mindestens ein Verschleißkriterium erreicht ist. Die Standlänge L_T des Werkzeuges ist dann definiert als die zerspante Länge L, bei der das Verschleißkriterium erreicht wurde.

$$L = \frac{z_2 \cdot b_2}{cos(\beta_2)} \cdot N \qquad \textbf{Gl. 8-1}$$

Bei einer Schnittgeschwindigkeit von v_c = 150 m/min wurde die maximal zulässige Kolktiefe $KT_{max,zul}$ = 150 µm nach einer zerspanten Länge von L = 34,3 m erreicht. Der Kolk- und der Freiflächenverschleiß stiegen nach der Verschleißinitiierung linear an, bis das Verschleißkriterium durch den Kolkverschleiß erreicht wurde. Bezogen auf die Flanken wurde der höchste Verschleiß an der auslaufenden Flanke AF festgestellt, der am Ende des Versuchs bei $VB_{max,AF\text{-}A}$ = 160 µm und $VB_{max,AF\text{-}B}$ = 200 µm lag. Nach L = 20,3 m verliefen $VB_{max,AF\text{-}A}$ und KT_{max} quasi identisch, da der Kolkverschleiß als Kolklippe in die Schneidkante überging. In diesem Bereich werden für den hier betrachteten Fall die höchsten Spanungslängen zerspant (vgl. Bild 4-2), was den lokal erhöhten Verschleiß an dieser Stelle erklären könnte. Die hohen Verschleißbeträge im Bereich AF-B können hingegen auf eine geringere Schichtdicke im Bereich des Zahnfußes zurückgeführt werden, was charakteristisch für PVD-beschichte Wälzfräswerkzeuge ist und in der Schichtdickenmessung in Bild 8-2 nachgewiesen wurde. Die lokal niedrigen Wirk-Freiwinkel in diesem Bereich begünstigen zusätzlich die Verschleißentwicklung (vgl. Bild 4-4). An der einlaufenden Flanke und an der Kopfflanke betrug die maximale Verschleißmarkenbreite VB_{max} < 80 µm. Folglich waren diese Bereiche vergleichsweise unkritisch im Hinblick auf das Auftreten von Verschleiß. Der Verschleiß am Zahnkopf verlief zunächst linear und verdoppelte sich nach L = 12,7 m von $VB_{max,KF}$ = 45 µm auf $VB_{max,KF}$ = 90 µm aufgrund eines stochastischen Ausbruchs. Anschließend fand kein nennenswerter Verschleißfortschritt in diesem Bereich statt.

Eine Erhöhung der Schnittgeschwindigkeit resultierte in einer kontinuierlichen Abnahme der Standlänge bis zu L_T = 5,1 m bei v_c = 400 m/min. Der Kolkverschleiß führte auch in diesen Fällen zum Versuchsende. Insbesondere bei höheren Schnittgeschwindigkeiten von v_c = 350 m/min und v_c = 400 m/min wurde statt eines linearen Anstiegs ein exponentieller Verschleißverlauf der maximalen Kolktiefe dokumentiert. Zudem war für Schnittgeschwindigkeiten ab v_c = 300 m/min eine deutliche Vergrößerung des Kolkkraters auf der Spanfläche zu erkennen, vgl. **Bild 8-5**. Die Verschleißverläufe an den Werkzeugflanken wiesen in Abhängigkeit von der Schnittgeschwindigkeit keine signifikanten Unterschiede auf. Die einzige Ausnahme betrifft die Verschleißentwicklung im Bereich AF-B, die bei einer Schnittgeschwindigkeit von v_c = 150 m/min im Vergleich zu den anderen Versuchspunkten schwächer ausgeprägt ist.

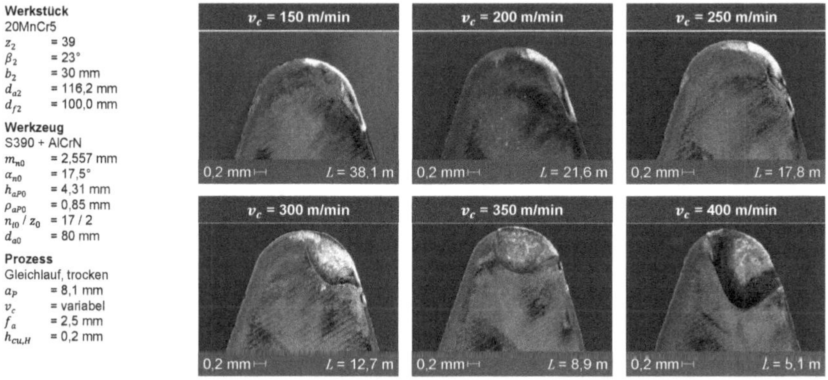

Bild 8-5: Spanflächenverschleiß in Abhängigkeit von der Schnittgeschwindigkeit
Rake face wear as a function of cutting speed

Da Kolkverschleiß in allen Fällen zum Versuchsende führte, sind die Verläufe der maximalen Kolktiefe aller Varianten für einen direkten Vergleich in einem Diagramm zusammengefasst, vgl. **Bild 8-6**. Aus dem Diagramm geht hervor, dass die Initiierung des Kolkverschleißes bei einer Schnittgeschwindigkeit von v_c = 150 m/min nach L = 7,6 m beginnt und anschließend quasi linear bis zum Erreichen des Verschleißkriteriums verläuft. Für v_c = 200 m/min, v_c = 250 m/min und v_c = 300 m/min beginnt der Kolkverschleiß nach L = 5,1 m. Alle drei Kurven verlaufen zunächst gleichermaßen linear bis zu L = 8,9 m. Während für v_c = 300 m/min der Kolkverschleiß ab diesem Punkt mit erhöhter Steigung bis zum Standlängenende zunimmt, verlaufen die Kurven für

v_c = 200 m/min und v_c = 250 m/min weiterhin deckungsgleich und nehmen degressiv zu. Ab L = 15,3 m steigt der Kolkverschleiß für v_c = 250 m/min linear an und erreicht das Verschleißkriterium nach L = 15,4 m. Für v_c = 200 m/min wird hingegen eine Standlänge von L_T = 21,6 m erzielt. Bei einer Schnittgeschwindigkeit von v_c = 350 m/min setzt die Verschleißinitiierung nach L = 2,5 m und für v_c = 400 m/min bereits nach dem ersten zerspanten Werkstück nach L = 1,3 m ein. Beide Kurven verlaufen anschließend exponentiell bis zum Erreichen des Verschleißkriteriums bei L = 8,9 m (v_c = 350 m/min) bzw. L = 5,1 m (v_c = 400 m/min).

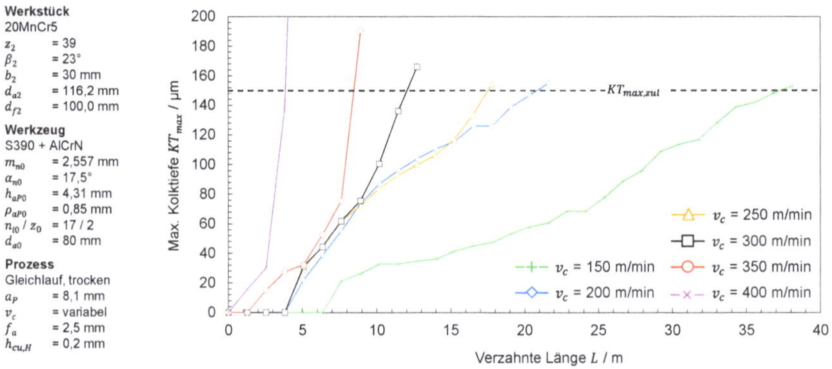

Bild 8-6: Entwicklung des Kolkverschleißes in Abhängigkeit von der Schnittgeschwindigkeit
Development of crater wear as a function of cutting speed

Zum besseren Verständnis der spanflächenseitig wirkenden Belastung wird mithilfe von Streifenlichtmikroskopaufnahmen in **Bild 8-7** der Ort der Verschleißinitiierung und in **Bild 8-8** die Spanfläche nach Versuchsende analysiert. Dargestellt sind Falschfarbenbilder der Spanfläche aller Varianten zum Zeitpunkt des erstmaligen Auftretens von spanflächenseitigem Verschleiß bzw. zum Zeitpunkt nach Erreichen des Verschleißkriteriums.

Für eine Schnittgeschwindigkeit von v_c = 150 m/min trat der Verschleiß nach L = 7,6 m am Kopfrundungsradius der auslaufenden Flanke direkt an der Schneidkante auf, vgl. Bild 8-7. Für v_c = 200 m/min, v_c = 250 m/min und v_c = 300 m/min fand die Verschleißinitiierung ebenfalls an der auslaufenden Flanke direkt an der Schneidkante statt. Der Verschleiß setzte jedoch bereits nach L = 5,1 m und am Übergang der geradlinigen Flanke zum Kopfrundungsradius ein. Während die Verschleißfläche für v_c = 250 m/min länglich entlang der Schneidkante ausgeprägt war, waren die betroffenen Stellen für v_c = 250 m/min und v_c = 300 m/min lokal konzentriert. Für die beiden letzteren Varianten war zudem eine Belastung am Zahnkopf zu erkennen. Bei weiterer Erhöhung der Schnittgeschwindigkeit auf v_c = 350 m/min und v_c = 400 m/min fand die Verschleißinitiierung nach L = 2,5 m bzw. L = 1,3 m beinahe ausschließlich am Zahnkopf statt.

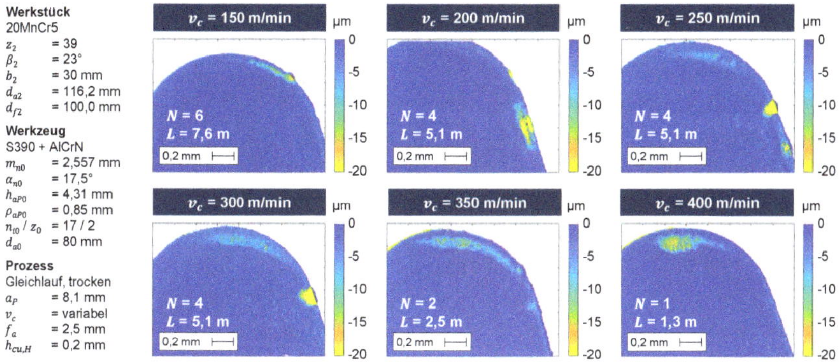

Bild 8-7: Verschleißerscheinung auf der Spanfläche nach Kolkinitiierung
Wear on rake face after crater initiation

Die Verschleißausprägung nach Erreichen des Verschleißkriteriums äußerte sich für die Variante mit v_c = 150 m/min in Form einer länglichen, entlang der Schneidkante verlaufenden Verschleißfläche, vgl. Bild 8-8. Die maximale Kolktiefe wurde hierbei direkt an der Schneidkante am Beginn des Kopfrundungsradius an der auslaufenden Flanke erzielt. Bei einer Schnittgeschwindigkeit von v_c = 200 m/min ergab sich ein ähnliches Verschleißbild mit einer etwas breiteren verschlissenen Fläche. Bei v_c = 250 m/min trat die maximale Kolktiefe weiterhin direkt an der Schneidkante auf, jedoch war eine Vergrößerung der verschlissenen Fläche im Vergleich zu den niedrigeren Schnittgeschwindigkeiten zu erkennen. Ab einer Schnittgeschwindigkeit von v_c = 300 m/min lag die maximale Kolktiefe im Abstand zu Schneidkante vor und die Kolkfläche wurde sichtbar größer.

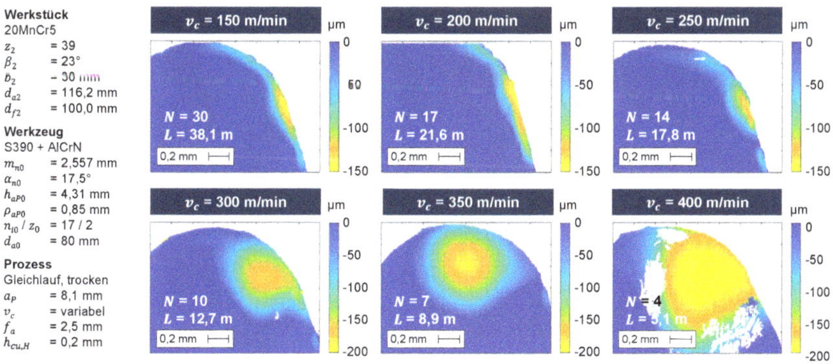

Bild 8-8: Verschleißerscheinung auf der Spanfläche nach Versuchsende
Wear on rake face at end of tool life

Aus den Diagrammen kann abgeleitet werden, dass eine Erhöhung der Schnittgeschwindigkeit einerseits den Betrag und andererseits die Lage des Kolkverschleißes beeinflusst. Dies kann auf unterschiedliche Verschleißmechanismen zurückgeführt werden, die in Abhängigkeit von der verwendeten Schnittgeschwindigkeit und der daraus resultierenden Relativgeschwindigkeit und Temperatur in der Kontaktzone wirken. In diesem Fall kann davon ausgegangen werden, dass bis zu v_c = 300 m/min vorwiegend adhäsiver und abrasiver Verschleiß die dominierenden Mechanismen sind, da hier der Verschleiß vorwiegend an der Schneidkante auftritt und quasi linear verläuft. Ab v_c = 300 m/min wirken thermisch bedingte Diffusionsmechanismen verschleißfördernd, was an dem exponentiellen Verschleißwachstum erkennbar ist. (vgl. auch Bild 2-5).

8.4 Verschleißanalyse mithilfe des Mehrskalenmodells

Tool wear analysis by means of the multiscale model

Zur Interpretation des Verschleißverhaltens werden nachfolgend die in Kapitel 7.6 mithilfe des Mehrskalenmodells berechneten thermomechanischen Prozesskenngrößen analysiert. Die Betrachtungen erfolgen jeweils für die Schnittgeschwindigkeiten v_c = 200 m/min, v_c = 300 m/min und v_c = 400 m/min. Zunächst wird der Einfluss der Schnittgeschwindigkeit v_c auf die maximale Spanflächentemperatur $\vartheta_{\gamma,max}$ diskutiert, vgl. **Bild 8-9**. Die obere Reihe gibt die maximale Temperatur eines Punktes für den gesamten Prozess und die untere Reihe die Häufigkeitsverteilung für Temperaturen $\vartheta_{\gamma,max}$ > 600 °C an. Der Wertebereich wurde basierend auf einer angenommenen Grenztemperatur definiert, ab der bei Schnellarbeitsstahl eine strukturelle Veränderung auftritt [GRZE17 S.38]. Weitere Verteilungen für andere Temperaturbereiche können Anhang IV.9 entnommen werden.

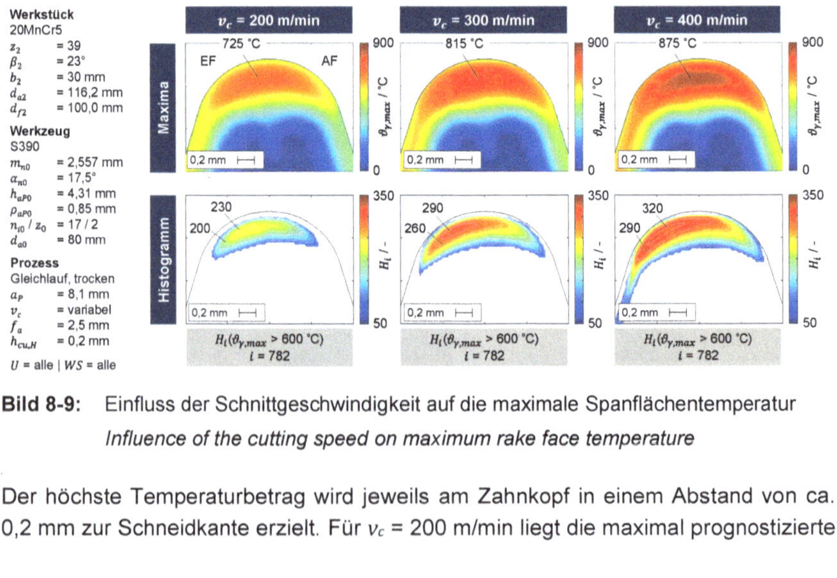

Bild 8-9: Einfluss der Schnittgeschwindigkeit auf die maximale Spanflächentemperatur
Influence of the cutting speed on maximum rake face temperature

Der höchste Temperaturbetrag wird jeweils am Zahnkopf in einem Abstand von ca. 0,2 mm zur Schneidkante erzielt. Für v_c = 200 m/min liegt die maximal prognostizierte

Temperatur bei $\vartheta_{\gamma,max}$ = 725 °C und für v_c = 400 m/min bei $\vartheta_{\gamma,max}$ = 875 °C. Die maximal belastete Fläche ist hierbei leicht zur einlaufenden Flanke geneigt. Da sich die geometrischen Durchdringungsverhältnisse bei reiner Variation der Schnittgeschwindigkeit nicht verändern und höhere Schnittgeschwindigkeiten keinen signifikanten Einfluss auf die Kontaktlänge haben, werden hier lediglich unterschiedliche hohe Beträge erzielt.

Für v_c = 200 m/min werden maximale Temperaturen von $\vartheta_{\gamma,max}$ > 600 °C mit einer Häufigkeit von H_i = 230 am Zahnkopf mit Tendenz zur einlaufenden Flanke erzielt. Dies entspricht ca. 30 % aller i = 782 Eingriffe. Eine Erhöhung der Schnittgeschwindigkeit auf v_c = 400 m/min führt zu einer Steigerung der Häufigkeit auf bis zu H_i = 320 und einer weiteren Verschiebung in Richtung der einlaufenden Flanke. Die Verlagerung zur einlaufenden Flanke kann dadurch erklärt werden, dass an dieser Stelle die größte Anzahl an Schnitten durchgeführt wird (vgl. Bild 4-2). Mit zunehmender Schnittgeschwindigkeit nehmen die Temperaturwerte in diesem Bereich zu, sodass bei einer vermehrten Anzahl an Schnitten maximale Temperaturen von $\vartheta_{\gamma,max}$ > 600 °C erzielt werden.

Eine Gegenüberstellung der Konturdiagramme mit den Verschleißbildern (Bild 8-7 und Bild 8-8) lässt keine direkte Korrelation der qualitativen Verteilung der maximalen Spanflächentemperatur mit dem Auftreten des beobachteten Verschleißes erkennen. Wie in Kapitel 7.6.1 diskutiert liegt der Nachteil des Kennwertes in der Außerachtlassung des eigentlichen Temperaturverlaufes eines Schnittes.

Zur Charakterisierung des Temperaturverlaufes kann beispielsweise die Kenngröße der mittleren Temperatur herangezogen werden, da hier die Temperatur über der Eingriffsdauer gemittelt ist. Die entsprechenden Konturdiagramme sind in **Bild 8-10** dargestellt. In der oberen Reihe sind die maximalen Beträge der mittleren Temperatur des gesamten Prozesses und in der unteren Reihe die Häufigkeit für mittlere Temperaturen über 350 °C dargestellt. Ähnlich wie bei der maximalen Temperatur werden die höchsten Werte auch am Zahnkopf mit Abstand zur Schneidkante erzielt. Für v_c = 200 m/min liegt die mittlere Temperatur bei $\vartheta_{\gamma,m}$ = 560 °C und für v_c = 400 m/min bei $\vartheta_{\gamma,max}$ = 615 °C. Für v_c = 200 m/min ist der höchste Wertebereich weiterhin zur einlaufenden Flanke geneigt. Für die höheren Schnittgeschwindigkeiten liegt der Bereich jedoch mittig am Zahnkopf vor. Im Hinblick auf die Häufigkeitsverteilung werden Unterschiede zur Kenngröße der maximalen Temperatur deutlich. Im Gegensatz zur maximalen Temperatur werden mittlere Temperaturen $\vartheta_{\gamma,m}$ > 350 °C am häufigsten an der einlaufenden Flanke zu Beginn des Kopfrundungsradius erzielt. Am Zahnkopf werden ebenfalls lokal erhöhte Häufigkeiten erzielt. In beiden Bereichen nimmt die Häufigkeit degressiv mit der Schnittgeschwindigkeit zu. Die Bereiche, in denen die höchsten Häufigkeiten auftreten, stimmen größtenteils mit den in den Verschleißuntersuchungen beobachteten Stellen der Kolkinitiierung überein. Dies ist insbesondere für Schnittgeschwindigkeiten von $v_c \geq$ 250 m/min der Fall. Die Analyse der mittleren Temperaturverteilung zur Abschätzung der maximal belasteten Stelle erscheint daher als angemessen.

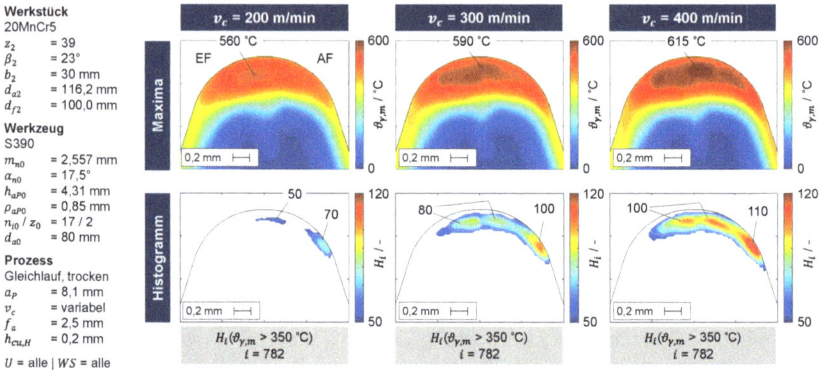

Bild 8-10: Einfluss der Schnittgeschwindigkeit auf die mittlere Spanflächentemperatur
Influence of the cutting speed on mean rake face temperature

Neben den Temperaturkenngrößen wurde die Tauglichkeit des Temperatur-Zeit-Integrals $\Theta_{\gamma,\tau}$ für die Bewertung der Spanflächenbelastung überprüft. Hierbei wurde jedoch festgestellt, dass der Betrag des Temperatur-Zeit-Integrals mit zunehmender Schnittgeschwindigkeit v_c abnimmt, was auf die kürzeren Eingriffszeiten aufgrund von höheren Geschwindigkeiten zurückzuführen ist. Aus diesem Grund wird das Temperatur-Zeit-Integral $\Theta_{\gamma,\tau}$ nicht weiter betrachtet und stattdessen das Temperatur-Weg-Integral $\Theta_{\gamma,l}$ analysiert, da dieses unabhängig von der Eingriffszeit τ ist.

In **Bild 8-11** sind einerseits die maximalen Werte für $\Theta_{\gamma,l}$ und andererseits die Häufigkeiten für $\Theta_{\gamma,l} > 10$ K·m dargestellt. Mit dem Temperatur-Weg-Integral werden die höchsten Werte auf der auslaufenden Flanke am Kopfrundungsradius berechnet. Quantitativ nimmt der maximale Wert an dieser Stelle von $\Theta_{\gamma,l} = 14{,}6$ K·m bei $v_c = 200$ m/min auf $\Theta_{\gamma,l} = 16{,}4$ K·m bei $v_c = 400$ m/min zu. Im Hinblick auf die belastete Fläche ist eine deutliche Vergrößerung zwischen $v_c = 200$ m/min und $v_c = 400$ m/min zu erkennen, welche sich auch in Richtung des Zahnkopfes erstreckt. Aus den Histogrammen ist ersichtlich, dass im Bereich der maximalen Belastung Werte von $\Theta_{\gamma,l} > 10$ K·m mit einer Häufigkeit von $H_i = 60$ für eine Schnittgeschwindigkeit von $v_c = 200$ m/min auftreten. Mit zunehmender Schnittgeschwindigkeit v_c nimmt die Häufigkeit H_i auf bis zu $H_i = 80$ zu. Der Ort der maximalen Belastung sowie der größten Belastungshäufigkeit deckt sich in den betrachteten Fällen mit dem in den Verschleißuntersuchungen beobachteten Bereich, in welchem insbesondere adhäsive und abrasive Verschleißmechanismen bei niedrigeren Schnittgeschwindigkeiten vermutet werden.

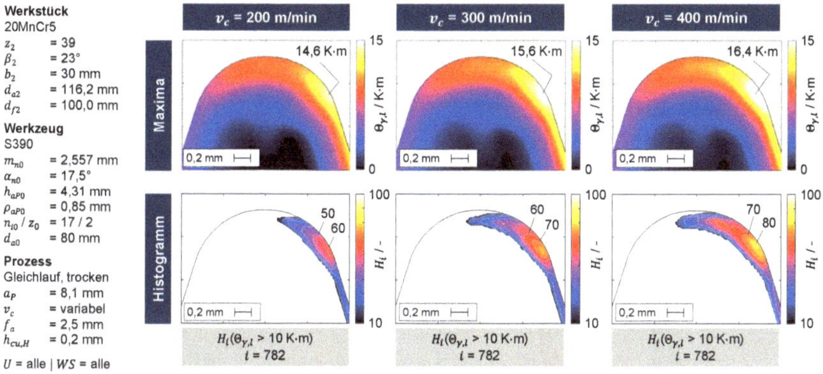

Bild 8-11: Einfluss der Schnittgeschwindigkeit auf das Temperatur-Weg-Integral
Influence of the cutting speed on temperature-distance-integral

Als letzte Kenngröße wird das bezogene Verschleißvolumen W_γ'' nach dem Verschleißratenmodell nach BINDER (vgl. Gl. 7-4) analysiert. In **Bild 8-12** sind zunächst die maximalen Werte für W_γ'' und die Häufigkeiten für $W_\gamma'' > 1{,}8\times10^{-7}$ mm dargestellt. Für eine Schnittgeschwindigkeit von v_c = 200 m/min liegt der Ort der höchsten Belastung an der auslaufenden Flanke am Übergang zum Zahnkopf vor. Mit zunehmender Schnittgeschwindigkeit v_c nehmen die maximalen Beträge progressiv zu. Gleichzeitig verschiebt sich der maximal belastete Bereich von der auslaufenden Flanke zum Zahnkopf bei gleichzeitiger Vergrößerung der hoch belasteten Fläche. Dieses Verhalten ist auch in den Häufigkeitsverteilungen zu beobachteten. Da in den Experimenten mit zunehmender Schnittgeschwindigkeit ebenfalls eine Verschiebung des Ortes der Kolkinitiierung von der auslaufenden Flanke zum Zahnkopf beobachtet wurde, kann hier auf eine gute Korrelation des Kennwertes mit dem Werkzeugverschleiß geschlossen werden.

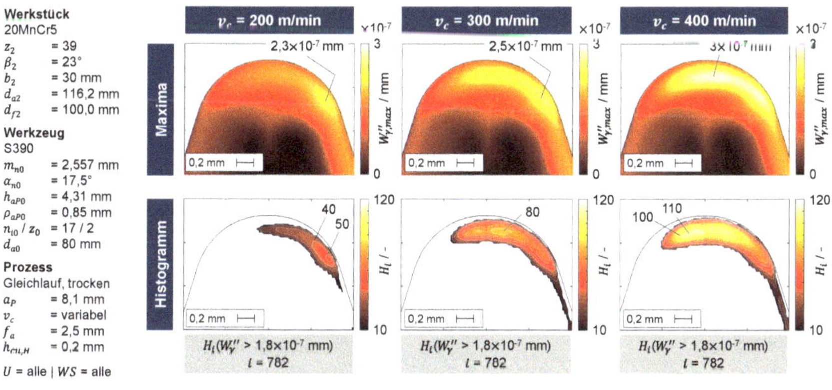

Bild 8-12: Einfluss der Schnittgeschwindigkeit auf das bezogene Verschleißvolumen
Influence of the cutting speed on specific wear volume

Neben der Analyse des maximalen Betrages bietet sich bei der Berechnung des bezogenen Verschleißvolumens auch die Betrachtung des über alle Schnitte kumulierten Wertes an. In der oberen Reihe in **Bild 8-13** sind die Konturdiagramme für das kumulierte bezogene Verschleißvolumen $W''_{\gamma,\Sigma}$ dargestellt. Im Gegensatz zum maximalen Kennwert werden die höchsten Beträge des kumulierten Kennwertes ausschließlich am Zahnkopf erzielt. Diese nehmen linear mit der Schnittgeschwindigkeit zu. Dieses Verhalten deckt sich nicht mit dem in den Experimenten beobachteten Verschleißverhalten.

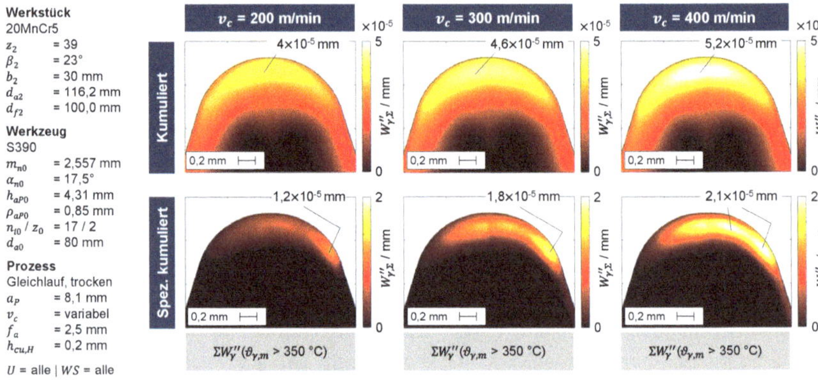

Bild 8-13: Einfluss der Schnittgeschwindigkeit auf das kum. bezogene Verschleißvolumen
Influence of the cutting speed on cumulated specific wear volume

Die Modellvorstellung geht davon aus, dass alle Schnitte einen Einfluss auf das Verschleißverhalten des Werkzeuges haben. Kleine, aber häufig vorkommende Beträge können theoretisch zu höheren kumulierten Beträgen führen als hohe Beträge mit geringer Häufigkeit. Aus der Betrachtung der mittleren Temperatur (vgl. Bild 8-10) geht hervor, dass sich für mittlere Temperaturen von $\vartheta_{\gamma,m}$ > 350 °C die Häufigkeitsverteilung mit den in den Experimenten beobachteten Stellen der Verschleißinitiierung deckt. Daher wurden in einem zweiten Ansatz nur Schnitte mit mittleren Temperaturen von $\vartheta_{\gamma,m}$ > 350 °C bei der Addition der einzelnen Verschleißbeträge berücksichtigt. Das Ergebnis dieses spezifisch kumulierten bezogenen Verschleißvolumens ist in der unteren Reihe von Bild 8-13 dargestellt. Werden bei der Addition ausschließlich Schnitte mit mittleren Temperaturen von $\vartheta_{\gamma,m}$ > 350 °C berücksichtigt, nähert sich die Verteilung der Verschleißkenngröße dem beobachteten Verschleißverhalten in Abhängigkeit von der Schnittgeschwindigkeit an.

Zur Erprobung des Verschleißmodells nach BINDER im Hinblick auf die Verschleiß- und Standlängenprognose wurde ein Abgleich zwischen den experimentell erfassten Verschleißkurven und den rechnerischen Verschleißbeträgen durchgeführt, vgl. **Bild 8-14**. Da das Verschleißmodell den Zeitpunkt der Verschleißinitiierung aktuell nicht vorhersagen kann, wurden die Verschleißkurven so ausgerichtet, dass die Kolkinitiierung in allen Fällen bei einer korrigierten verzahnten Länge von L^* = 1,27 m bzw.

nach N^* = 1 zerspanten Werkstücken beginnt. Zur Beschreibung des maximalen Kolkverschleißes wurde der maximale Betrag des über alle Schnitte mit mittleren Temperaturen von $\vartheta_{\gamma,m}$ > 350 °C spezifisch kumulierten Verschleißvolumens verwendet. Der berechnete Wert wurde anschließend mit der Anzahl bearbeiteter Werkstücke N^* multipliziert, wodurch eine lineare Verschleißentwicklung prognostiziert wird. Der Modellkoeffizient c_1 wurde zusätzlich um den Faktor 10 zu c_1 = 200 skaliert, um eine vergleichbare Größenordnung zwischen gemessenem und berechnetem Wert zu erzielen.

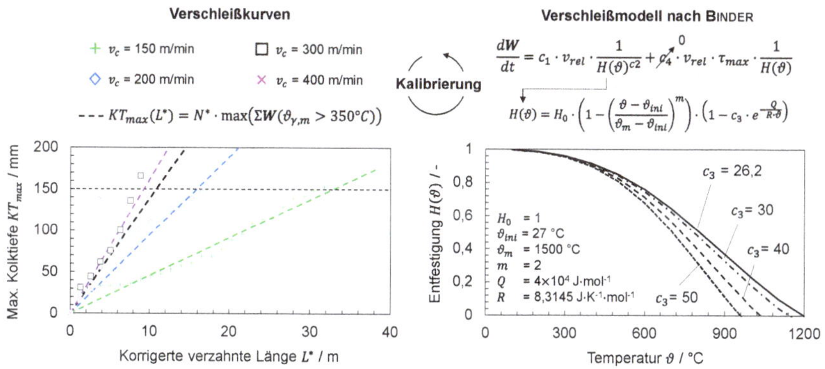

Bild 8-14: Kalibrierung des Verschleißmodells
Calibration of wear model

Bereits ohne weitere Parametrierung war eine gute Übereinstimmung zwischen Modell und Experiment für v_c = 150 m/min und v_c = 200 m/min zu erkennen. Für die höheren Schnittgeschwindigkeiten ($v_c \geq$ 300 m/min) wurde ein flacherer Verschleißanstieg berechnet als im Versuch gemessen wurde. Dies kann insbesondere darauf zurückgeführt werden, dass an dieser Stelle noch Koeffizienten für ein Hartmetallsubstrat im Entfestigungsterm hinterlegt sind. Aufgrund der geringeren Warmfestigkeit von Schnellarbeitsstahl wurde daher eine Anpassung des Entfestigungsterms anhand des Koeffizienten c_3 durchgeführt, welcher den Diffusionsanteil beeinflusst. Im rechten Diagramm in Bild 8-14 sind beispielhafte Entfestigungsverläufe für unterschiedliche Werte für c_3 dargestellt, wobei c_3 = 26,2 der ursprünglich verwendete Wert ist.

Neben der Anpassung des Koeffizienten c_3 im Entfestigungsterm, wurde die Referenzhärte zu H_0 = 1 festgelegt, sodass eine Entfestigung unabhängig von der Schneidstoffhärte beschrieben wird. Da der Adhäsionsterm aufgrund des niedrigen Wertes für c_4 (c_4 = 5,2×10^{-8} MPa^{-1}) in wesentlich geringeren Verschleißanteilen als der Abrasionsterm resultiert, wurde der Koeffizient für alle weiteren Berechnungen auf c_4 = 0 MPa^{-1} reduziert, sodass der zweite Term aus dem Modell entfällt. Der Koeffizient c_1 stellt einen linearen Skalierungsfaktor dar, welcher abschließend parametriert wurde. Alle weiteren Koeffizienten wurden nicht weiter verändert, sodass sich die in **Tabelle 8-2** dargestellten finalen Werte für das Verschleißmodell nach BINDER ergeben.

Tabelle 8-2: Angepasste Koeffizienten für das Verschleißmodell nach BINDER (Gl. 7-4)

Modified coefficients for the BINDER's wear rate model

c_1 / -	c_2 / -	c_3 / MPa^{-1}	c_4 / -	m / -	H_0 / -	Q / $J \cdot mol^{-1}$	R / $J \cdot K^{-1} \cdot mol^{-1}$	ϑ_R / °C	ϑ_S / °C
0,0167	3	0	40	2	1	4×10^4	8,314	20	1500

Die prognostizierten Verschleißverläufe auf Basis des neu parametrierten Verschleißmodells sind in **Bild 8-15** dargestellt. Nach Anpassung der Koeffizienten, insbesondere des Entfestigungsterms, werden die Verschleißverläufe bei hohen Schnittgeschwindigkeiten deutlich besser abgebildet. Folglich wird auch bei der Abbildung der korrigierten Standlänge L_T^* eine gute Übereinstimmung zwischen Experiment und Modell erzielt. Die größte Abweichung wurde bei einer Schnittgeschwindigkeit von v_c = 250 m/min beobachtet. Hier wurden ein flacherer Verlauf der Verschleißkurve und folglich eine höhere Standlänge im Experiment gegenüber dem Modell ermittelt.

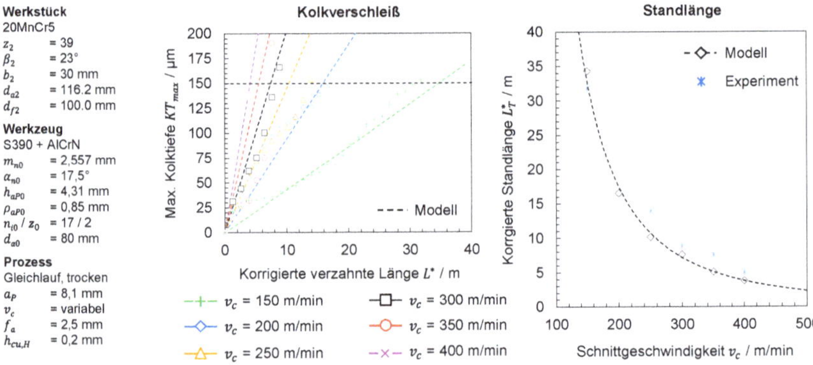

Bild 8-15: Gegenüberstellung der modellierten und gemessenen Verschleißverläufe und den daraus abgeleiteten Standlängen

Comparison of the modeled and measured wear progressions and the resulting tool lives

Das Modell geht stets von einem geometrisch idealen sowie unbeschädigten Werkzeug aus. Formänderungen am Werkzeug durch Verschleiß, eine daraus resultierende Veränderung der Belastung im Hinblick auf Belastungsort und -betrag und folglich eine Änderung des Verschleißverhaltens werden aktuell nicht berücksichtigt. Hierzu könnte in zukünftigen Arbeiten die Durchdringungsrechnung so angepasst werden, dass das Werkzeugprofil nach jedem schädigungsrelevanten Schnitt geometrisch um den lokal berechneten Verschleißbetrag korrigiert wird. Dadurch verändern sich die geometrischen Spanungskenngrößen, auf deren Basis das Modell die Belastung und anschließend den Verschleißbetrag berechnet. Somit könnte der Verschleißfortschritt sukzessiv unter Berücksichtigung der Werkzeugformänderung berechnet werden.

Zur Ermittlung der schädigungsrelevanten Schnitte kann die Belastung in Bezug zur Belastbarkeit gesetzt werden. Diese Vorgehensweise ist beispielsweise in der Berechnung der Betriebsfestigkeit von Bauteilen etabliert. Hierzu wird die Belastung in einzelne Rechteckkollektive mit konstanter Amplitude S_a und einer Teilschwingspielzahl n_i unterteilt, vgl. **Bild 8-16**. Nach der Methode der linearen Schadensakkumulation wird für jedes Einzelkollektiv ein Schädigungsäquivalent berechnet, indem die Teilschwingspielzahl n_i durch die maximal ertragbare Schwingspielzahl N_i geteilt wird [HAIB06]. Die Teilschädigungen aller Einzelkollektive werden aufsummiert und ergeben die Gesamtschädigung des Bauteils. Kollektive unterhalb der Dauerfestigkeit können hierbei unterschiedlich bewertet werden. Beispielsweise berücksichtigt die MINER-Original Regel keine Teilkollektive, deren Lastamplituden unterhalb der Dauerfestigkeitsgrenze liegen [MINE45]. Ob diese Methode auch zur Berechnung von Werkzeugverschleiß anwendbar ist, muss künftig noch geprüft werden. Hierzu muss zunächst die Belastbarkeit des Werkzeugs in Form einer Wöhler-Kurve in Experimenten abgeleitet werden. Weiterhin muss die Anwendbarkeit der Methode der linearen Schadensakkumulation verifiziert werden.

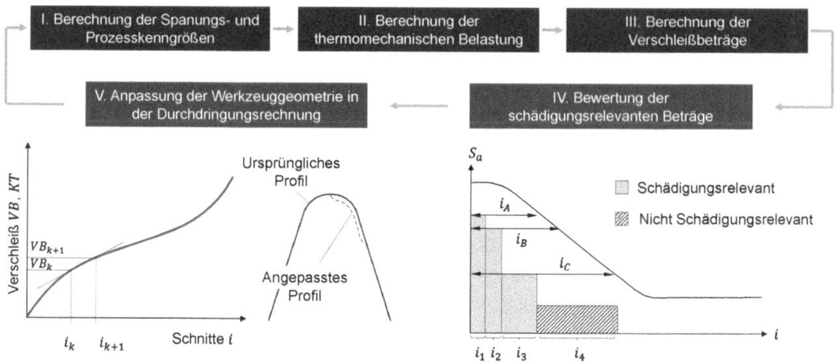

Bild 8-16: Vorgehensweise zur adaptiven Verschleißprognose
Procedure for adaptive wear prediction

8.5 Zusammenfassung

Summary

In diesem Kapitel wurde die Eignung der entwickelten Belastungskenngrößen und Methoden zur Interpretation und Prognose des Werkzeugverschleißverhaltens überprüft. Hierzu wurden Verschleißuntersuchungen mit PM-HSS S390 Werkzeugen im Schlagzahnversuch durchgeführt. Analysiert wurde insbesondere der Einfluss der Schnittgeschwindigkeit auf den Werkzeugverschleiß, da die Belastung durch die Schnittgeschwindigkeit in etablierten Methoden, wie beispielsweise der Durchdingungsrechnung, aktuell nicht quantifizierbar ist. In allen durchgeführten Versuchen wurde das zulässige Verschleißkriterium durch Kolkverschleiß erreicht. Zudem konnte beobachtet werden, dass mit zunehmender Schnittgeschwindigkeit der Ort der erstmaligen

Kolkinitiierung von der auslaufenden Flanke zum Werkzeugkopf wechselte. Dieses Phänomen wurde auf eine Begünstigung des Verschleißverhaltens durch Diffusionsmechanismen bei hohen Temperaturen zurückgeführt. Für niedrige Schnittgeschwindigkeiten wirken vorrangig die Mechanismen Abrasion und Adhäsion, während bei höheren Schnittgeschwindigkeiten thermisch bedingte Diffusionsmechanismen vorliegen, die zu einem exponentiellen Verschleißwachstum führen. Dieser Wechsel führt ebenfalls zu unterschiedlichen Ausprägungen der Verschleißerscheinung auf der Spanfläche. Für niedrigere Schnittgeschwindigkeiten trat der größte Kolkverschleiß unmittelbar an der Schneidkante auf. Erst ab Schnittgeschwindigkeiten von $v_c \geq 300$ m/min wurde eine signifikante Vergrößerung des Kolkkraters und Distanzierung des Kolkmaximums von der Schneidkante festgestellt.

Anschließend wurden die in Kapitel 7.6 entwickelten Kennwerte im Hinblick auf eine Bewertung des Verschleißes analysiert. Zwischen der maximalen Spanflächentemperatur und dem beobachteten Werkzeugverschleiß konnte in diesem Fall keine Korrelation festgestellt werden. Eine bessere Übereinstimmung wurde bei der mittleren Temperatur beobachtet. Insbesondere die Häufigkeitsverteilung für Temperaturen über $\vartheta_{\gamma,m} \geq 350$ °C wies eine gute Übereinstimmung mit den Orten des Verschleißauftritts auf. Die maximalen Beträge des Temperatur-Weg-Integrals lagen an der auslaufenden Flanke am Beginn des Kopfrundungsradius vor. Hier wurde insbesondere bei niedrigeren Schnittgeschwindigkeiten erhöhter Verschleiß detektiert. Als letzte Kenngröße wurde das bezogene Verschleißvolumen nach dem Verschleißratenmodell nach BINDER analysiert. Für das maximale bezogene Verschleißvolumen wurde mit zunehmender Schnittgeschwindigkeit eine Verschiebung der maximalen Belastung von der auslaufenden Flanke zum Kopf beobachtet. Das gleiche Verhalten wurde auch in den Experimenten dokumentiert. Das kumulierte bezogene Verschleißvolumen ließ hingegen keine Übereinstimmung mit dem Verschleißbild der Werkzeuge erkennen. Unter der Annahme, dass Schnitte mit niedrigen mittleren Temperaturen nicht schädigungsrelevant sind, wurde daraufhin das kumulierte Verschleißvolumen unter Berücksichtigung aller Schnitte mit mittleren Temperaturen von $\vartheta_{\gamma,m} \geq 350$ °C gebildet. In diesem Fall nähert sich die Verteilung der Verschleißkenngröße dem beobachteten Verschleißverhalten in Abhängigkeit von der Schnittgeschwindigkeit an.

Abschließend wurde das Modell für die Verschleiß- und Standlängenprognose erprobt, indem ein Abgleich zwischen den experimentell erfassten Verschleißkurven und den rechnerischen Verschleißbeträgen durchgeführt wurde. Bereits ohne nennenswerte Parametrierung wurde eine gute Übereinstimmung zwischen Modell und Experiment beobachtet. Da größere Abweichungen bei höheren Schnittgeschwindigkeiten festgestellt wurden, wurde der Entfestigungsterm nachparametriert, was eine deutliche Verbesserung hinsichtlich der Abbildungsgüte des Modells zur Folge hatte. Das Modell bildet die Entwicklung des maximalen Kolkverschleißes linear ab und ist bei korrekter Parametrierung in der Lage, den Zeitpunkt des Erreichens des Verschleißkriteriums zu prognostizieren. Die in diesem Kapitel generierten Erkenntnisse tragen zur Beantwortung der dritten Forschungsfrage *„Wie kann das thermomechanische Belastungskollektiv beim Trockenwälzfräsen ermittelt und zur Prozessanalyse verwendet werden?“* bei.

Künftig müssen die schädigungsrelevanten Verschleißbeträge bzw. Belastungen detaillierter untersucht werden. Hier könnte beispielsweise die Theorie der linearen Schadensakkumulation und die Bewertung der Schädigung nach MINER herangezogen werden. Weiterhin berücksichtigt das Modell aktuell keine verschleißbedingte Formänderung des Werkzeugprofils bzw. der Spanflächentopographie. Diese stellen eine wesentliche Eingangsgröße zur Berechnung der Spanungsgeometrien dar, welche die auftretenden Belastungen qualitativ und quantitativ beeinflussen. Hier wäre eine adaptive Anpassung der Werkzeuggeometrie auf Basis der berechneten Verschleißbeträge in der Durchdringungsrechnung denkbar.

9 Industrielle Anwendbarkeit des Modells

Industrial application of the model

In diesem abschließenden Kapitel soll aufgezeigt werden, wie die Methode im industriellen Umfeld zur systematischen Prozess- und Werkzeugauslegung angewendet werden kann. Hierzu wurde ein alternativer Verzahnungsfall ausgewählt, um zusätzlich die geometrische Unabhängigkeit der Methode zu verifizieren. In **Bild 9-1** sind die Verzahnungsdaten sowie die Daten des Bezugsprofils einer Ritzelwelle angegeben. Der Modul war m_n = 1,7 mm bei einem Eingriffswinkel von α_n = 18°. Das Werkzeugprofil war zusätzlich mit einer Protuberanz für die Vorbearbeitung versehen. Der Protuberanzbetrag war pr_{P0} = 0,1 mm und der Protuberanzprofilwinkel α_{prP0} = 15°. Das Werkstück hatte z_2 = 24 Zähne und einen Schrägungswinkel von β_2 = 21,2°.

Werkstück
z_2 = 24
β_2 = 21,2°
b_2 = 22,4 mm
d_{a2} = 49,0 mm
d_{f2} = 38,8 mm

Bezugsprofil
m_{n0} = 1,7 mm
α_{n0} = 18°
h_{aP0} = 2,975 mm
ρ_{aP0} = 0,425 mm
α_{prP0} = 15°
pr_{P0} = 0,1 mm

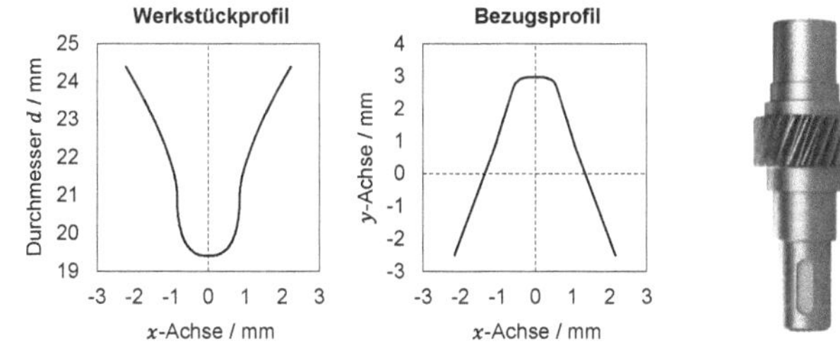

Bild 9-1: Verzahnungsdaten und Bezugsprofil
Gear data and basic rack profile

Die theoretische Betrachtung umfasst einerseits eine Anpassung der Werkzeugmakrogeometrie im Hinblick auf die Steigungsrichtung des Werkzeugs, den Außendurchmesser d_{a0} und die Gangzahl z_0. Andererseits wird der Einfluss der Prozessparameter auf die theoretische Standlänge untersucht. Hierzu werden die Bearbeitungsrichtung und der Vorschub f_a verändert. In **Tabelle 9-1** sind die verwendeten Werkzeug und Prozessparameter hinterlegt. Variante V1 bildet die Referenzauslegung mit einem rechtssteigenden Werkzeug, einem Außendurchmesser von d_{a0} = 60 mm und einer Gangzahl z_0 = 3. Die Bearbeitungsrichtung war Gleichlauf bei einer Schnittgeschwindigkeit von v_c = 200 m/min und einem Vorschub von f_a = 1,0 mm, was einer HOFFMEISTER Spanungsdicke von $h_{cu,H}$ = 0,18 mm entspricht. Die resultierende Bearbeitungszeit beträgt für diesen Fall t_H = 19,2 s ohne Berücksichtigung von Nebenzeiten. Alle weiteren Varianten stellen Variationen von V1 dar. Für Variante V2 wurde ein linkssteigendes Werkzeug definiert, während für V3 der Außendurchmesser auf d_{a0} = 80 mm erhöht wurde. Bei sonst gleichen Parametern führt die Verwendung eines linkssteigenden Werkzeuges zu einer leichten Erhöhung der Prozesszeit auf 21,5 s aufgrund eines in diesem Fall erhöhten Ein- und Auslaufweges. Eine Vergrößerung des Außendurchmessers hat einerseits eine Verringerung der Spanungsdicke und andererseits eine Erhöhung der Bearbeitungszeit zur Folge. Die Gangzahl von

Variante V4 wurde auf z_0 = 2 reduziert. Um vergleichbare Spanungsdicken zu erhalten, wurde der Vorschub zusätzlich auf f_a = 2,0 mm erhöht. Mit Variante V5 wurde die Bearbeitung im Gegenlauf erprobt und mit Variante V6 ein höherer Vorschub von f_a = 2,0 mm getestet. Variante V6 hatte aufgrund des höheren Vorschubs die kürzeste Bearbeitungszeit von t_H = 9,8 s.

Tabelle 9-1: Werkzeug- und Prozessvarianten
Tool and process variants

	V1	V2	V3	V4	V5	V6
Werkzeug						
Steigung	rechts	**links**	rechts	rechts	rechts	rechts
d_{a0} / mm	60	60	**80**	60	60	60
n_{i0} / -	17	173	17	17	17	17
z_0 / -	3	3	3	**2**	3	3
Prozess						
Richtung	GL	GL	GL	GL	**GGL**	GL
v_c / m/min	200	200	200	200	200	200
f_a / mm	1,0	1,0	1,0	**2,0**	1	**2**
$h_{cu,H}$ / mm	0,18	0,18	**0,17**	0,18	0,18	**0,26**
t_H / s	19,2	**21,5**	**27**	**14,6**	19,2	**9,8**

Die Berechnung des kumulierten bezogenen Verschleißvolumens $W''_{\gamma,\Sigma}$ für Schnitte mit mittleren Temperaturen von $\vartheta_{\gamma,m}$ > 350 °C ist für die betrachteten Varianten in **Bild 9-2** dargestellt. Für Variante V1 wird ein vergleichsweise kleiner maximaler Betrag von $W''_{\gamma,\Sigma,\max}$ = 7 µm an der auslaufenden Flanke prognostiziert. Ein Wechsel auf ein linkssteigendes Werkzeug (V2) führt zu einer Verdopplung des berechneten Wertes. Hierbei ist zu beachten, dass durch die Änderung der Steigungsrichtung die einlaufende und auslaufende Flanke wechseln, [PFAU76 S.205], sodass in diesem Fall der maximale Betrag an der einlaufenden Flanke vorliegt. Durch Verwendung eines größeren Außendurchmessers (V3) wird eine leichte Erhöhung des maximalen Verschleißvolumens gegenüber V1 erzielt, was durch höhere Spanungslängen aufgrund eines größeren Schnittbogens des Werkzeuges und folglich einer längeren Eingriffsdauer erklärt werden kann. Eine Bearbeitung mit einem zweigängigen Werkzeug (V4) bei vergleichbarer HOFFMEISTER Spanungsdicke wie für Variante V1 führt auch zu vergleichbaren Verschleißbeträgen und -ausprägungen auf der Spanfläche. Eine Bearbeitung im Gegenlauf (V5) hat ähnlich wie die Verwendung eines linkssteigenden Werkzeugs eine deutliche Vergrößerung des Verschleißbetrages zur Folge. Dieser tritt mit dem unter allen Varianten höchsten maximalen Wert von $W''_{\gamma,\Sigma,\max}$ = 18,7 µm an der einlaufenden Flanke auf. Durch Erhöhung des Vorschubs (V6) wird keine deutliche Veränderung in Lage und Betrag des maximalen Wertes im Vergleich zu V1 prognostiziert. In diesem Fall werden jedoch zudem erhöhte Belastungen am Werkzeugkopf und im Bereich des Kopfrundungsradius an der einlaufenden Flanke berechnet.

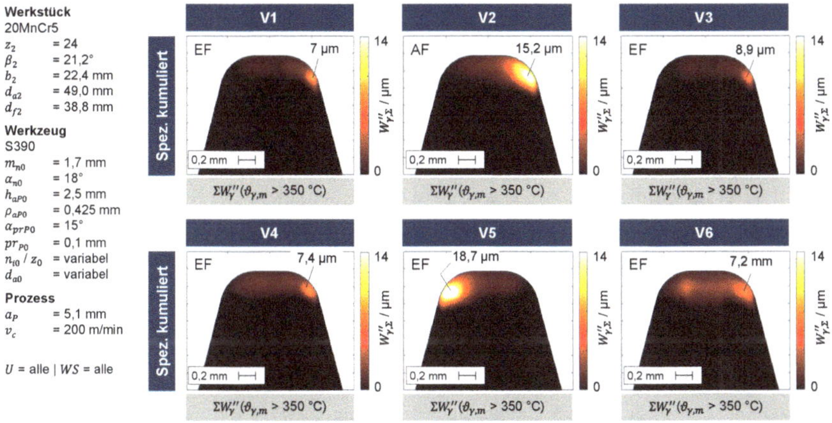

Bild 9-2: Gegenüberstellung des kumulierten bezogenen Verschleißvolumens
Comparison of cumulated specific wear volume

Die aus den prognostizierten maximalen Verschleißbeträgen abgeleitete Entwicklung des maximalen Kolkverschleißes ist in **Bild 9-3** dargestellt. Die Referenzvariante V1 erreicht die höchste theoretische Standlänge von L_T = 11,7 m, gefolgt von Variante V6 mit L_T = 11,5 m.

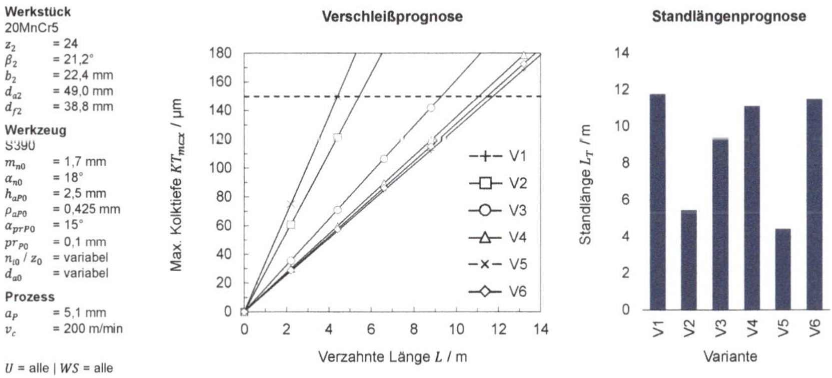

Bild 9-3: Verschleiß- und Standlängenprognose
Wear and tool life prognosis

Eine Verdopplung des Vorschubs hatte in diesem Fall folglich keinen signifikanten Einfluss auf die resultierende Standlänge. Ein höherer Vorschub führt einerseits zu einer

Erhöhung der Zerspantemperaturen aufgrund von größeren Spanungsdicken und andererseits zu einer Verringerung der benötigten Schnitte zur Bearbeitung des Bauteils. Beide Effekte werden im kumulierten Verschleißbetrag berücksichtigt, wodurch das gesamte Belastungskollektiv in einem Kennwert abgebildet wird. Da ein höherer Vorschub gleichzeitig eine Reduzierung der Bearbeitungszeit zur Folge hat, kann hier bei etwa gleicher Standlänge eine höhere Produktivität erreicht werden. Die geringsten Standlängen werden aufgrund der hohen berechneten Verschleißbeträge bei den Varianten V2 (linkssteigendes Werkzeug) und V5 (Bearbeitung im Gegenlauf) erwartet.

Abschließend können die berechneten Standlängen noch in eine theoretische Anzahl an Werkstücken umgerechnet werden, welche mit einem Vollwälzfräser pro Nachschliff gefertigt werden können. Die Anzahl an Werkstücken pro Nachschliff berechnet sich nach **Gl. 9-1** in Abhängigkeit von der zur Verfügung stehenden Shiftlänge L_{shift}, der Spannutenzahl n_{i0}, dem Modul m_n, der Standlänge pro Zahn L_T und der verzahnten Länge L.

$$N_{WF} = \frac{L_{shift} \cdot n_{i0}}{m_n \cdot \pi} \cdot \frac{L_T}{L} \cdot K_{SZ} \qquad \textbf{Gl. 9-1}$$

Die Shiftlänge hängt von der Länge des verwendeten Wälzfräsers ab. Die verzahnte Länge pro Werkstück (N = 1) ergibt sich nach Gl. 8-1. Die Standlänge L_T ist entweder bekannt oder wird in Zerspanversuchen, z. B. im Schlagzahnversuchen, ermittelt. Wird die Standlänge in Schlagzahnversuchen ermittelt, muss für eine Übertragung auf den Wälzfräsprozess der Wert zusätzlich mit einem Korrekturfaktor K_{SZ} multipliziert werden. Für Hartmetallwerkzeuge stellte WINKEL Faktoren von $0{,}3 \leq K_{SZ} \leq 0{,}4$ zwischen Analogieversuch und Realversuch fest [WINK05 S.128]. Für PM-HSS Werkzeuge werden in der Praxis üblicherweise Faktoren von ca. K_{SZ} = 0,5 angenommen. Um industriell relevante Standlängen für PM-HSS Werkzeuge zu erhalten, sollte im Analogieversuch die Zielstandlänge pro Zahn von $L_{T,ziel}$ = 10 - 12 m erreicht werden. Dieses Ziel wird in dem hier betrachteten Beispiel von den Varianten V1, V4 und V6 erreicht.

Die in diesem Kapitel durchgeführte Analysen verdeutlichen, wie das Mehrskalenmodell zur systematischen Werkzeug- und Prozessauslegung eingesetzt werden kann. Mithilfe des Modells kann die Lage der höchsten Belastung auf der Spanfläche sowie der Zeitpunkt des Erreichens des Verschleißkriteriums durch Kolkverschleiß abgeschätzt werden. Durch einen direkten Abgleich zwischen unterschiedlichen Werkzeugkonzepten und/oder Prozessparametern kann die Auslegung mit der geringsten Belastung und folglich der theoretisch höchsten Standlänge ausgewählt werden, was die vierte und letzte Forschungsfrage „*Wie kann das Mehrskalenmodell zur systematischen Werkzeug- und Prozessauslegung beim Trockenwälzfräsen genutzt werden?*“ beantwortet und die Forschungshypothese verifiziert.

10 Zusammenfassung und Ausblick

Zur systematischen Werkzeug- und Prozessauslegung werden beim Wälzfräsen häufig geometrische Prozesskennwerte herangezogen. Diese berücksichtigen allerdings weder die materialphysikalischen Einflüsse noch die beim Wälzfräsen über dem Prozess variierende Belastung. Insbesondere liegt ein Mangel an Modellen vor, die die thermische Belastung beim Wälzfräsen beschreiben. Diese ist jedoch eine wesentliche Einflussgröße im Hinblick auf die resultierende Verschleißausbildung. Zur anwendungsgerechten Modellierung des Wälzfräsprozesses ist ein effizienter, möglichst realitätsnaher sowie auf unterschiedliche Werkzeug-Werkstück-Kombinationen übertragbarer Ansatz erforderlich. Das Ziel dieser Arbeit war daher die Entwicklung eines Mehrskalenmodells, welche die geometrischen Durchdringungsgrößen mit den thermomechanischen Belastungs- und Zustandsgrößen auf Basis numerischer FE-Berechnungen verbindet.

Hierzu wurde in Kapitel 6 die thermomechanische Belastung auf der Mikroskala im Linear-Orthogonalschnitt mittels 2D-FE-Simulationen untersucht. Das für die FEM erforderliche Werkstoffmodell wurde zuvor in Kapitel 5 für den Versuchswerkstoff 20MnCr5 invers auf Basis von Linear-Orthogonalschnittversuchen parametriert. Die Modellkoeffizienten wurden iterativ angepasst, bis eine gute Übereinstimmung zwischen Simulation und Experiment im Hinblick auf die Zerspankraftkomponenten und die Spanform vorlag. Zur Validierung wurde ein 3D-FE-Modell eines Einzahneingriffs beim Wälzfräsen aufgebaut. Die Simulationsergebnisse wurden anschließend mit experimentellen Ergebnissen aus dem Schlagzahnversuch abgeglichen. Mithilfe des validierten Werkstoff- und FE-Modells wurde eine Variantenrechnung mittels 2D-FE-Simulation des Orthogonalschnitts durchgeführt und der Einfluss der Variationsparameter auf die thermomechanische Belastung analysiert. Variiert wurden die Schnittgeschwindigkeit v_c, die Spanungsdicke h_{cu}, der Wirk-Spanwinkel γ_{ne} sowie der Schneidkantenradius r_β. Darauf aufbauend wurden analytische Modelle zur Approximation der Zerspankraftkomponenten und Temperaturkenngrößen an den Simulationsergebnissen abgeleitet und parametriert.

Die so im Orthogonalschnitt parametrierten Modellgleichungen wurden in Kapitel 7 auf den Wälzfräsprozess skaliert. Hierzu wurden zunächst die lokal und zeitlich aufgelösten Spanungs- und Prozesskenngrößen mittels der ebenenbasierten Durchdringungsrechnung in SPARTAPRO bestimmt. Diese dienen als Eingangsgrößen zur Berechnung der Schnittkraft sowie der Temperaturverteilung auf der Spanfläche. Die Validierung des Mehrskalenmodells erfolgte einerseits anhand von Drehmomentmessungen im Schlagzahnversuch und andererseits durch einen Abgleich der Spanflächentemperatur mit 3D-FE-Simulationen. Mithilfe des Mehrskalenmodells kann die Temperaturverteilung auf der Spanfläche für alle Schnitte des gesamten Prozesses berechnet werden. Auf Basis der Temperaturverläufe wurden Kenngrößen und Methoden zur Bewertung der kollektiven thermomechanischen Werkzeugbelastung und Interpretation von Werkzeugverschleiß hergeleitet.

In Kapitel 8 wurden die entwickelten Kennwerte im Hinblick auf eine Bewertung des Werkzeugverschleißes von PM-HSS S390 Werkzeugen analysiert. Insbesondere für den Kennwert des maximalen bezogenen Verschleißvolumens wurde eine Korrelation mit dem in den Experimenten beobachteten Verschleißverhalten festgestellt. Zur Berechnung des kumulierten Verschleißvolumens wurde angenommen, dass nicht alle Lastwechsel schädigungsrelevant sind und Schnitte mit niedrigen mittleren Temperaturen einen vernachlässigbaren Einfluss auf das Verschleißverhalten haben. Im betrachteten Fall wurde ein kumuliertes Verschleißvolumen unter Berücksichtigung aller Schnitte mit mittleren Temperaturen von $\vartheta_{\gamma,m} \geq 350$ °C gebildet. Unter dieser Bedingung nähert sich die Verteilung der Verschleißkenngröße dem beobachteten Verschleißverhalten in Abhängigkeit von der Schnittgeschwindigkeit an. Abschließend wurde das Modell für die Verschleiß- und Standlängenprognose erprobt, indem ein Abgleich zwischen den experimentell erfassten Verschleißkurven und den rechnerischen Verschleißbeträgen durchgeführt wurde. Da größere Abweichungen bei höheren Schnittgeschwindigkeiten festgestellt wurden, wurde der Entfestigungsterm nachparametriert, was eine deutliche Verbesserung hinsichtlich der Abbildungsgüte des Modells zur Folge hatte. Das Modell bildet die Entwicklung des maximalen Kolkverschleißes linear ab und ist bei korrekter Parametrierung in der Lage, den Zeitpunkt des Erreichens des Verschleißkriteriums zu prognostizieren.

In Kapitel 9 wurde die geometrische Unabhängigkeit sowie die theoretische Anwendung der entwickelten Methode zur Prozess- und Werkzeugauslegung aufgezeigt. Das Modell erlaubt eine anwendungsgerechte sowie rechen- und zeiteffiziente Ermittlung des werkzeugseitigen, thermomechanischen Belastungskollektivs beim Wälzfräsen für unterschiedliche Prozessauslegungen. Die Kenntnis über das vorherrschende Belastungskollektiv unterstützt bei der Interpretation und Beschreibung den daraus resultierenden Verschleißmechanismen und -formen. Durch ein besseres Verständnis über die Werkzeugbelastung und den sich ergebenden Werkzeugverschleiß wird die wissensbasierte Auslegung von Werkzeug und Prozess unterstützt und folglich eine Prozessoptimierung ermöglicht.

Künftig müssen die schädigungsrelevanten Belastungen sowie die Werkzeugbeanspruchbarkeit detaillierter untersucht werden. Hier könnten beispielsweise die Theorie der linearen Schadensakkumulation und die Bewertung der Schädigung nach MINER herangezogen werden. Weiterhin berücksichtigt das Verschleißmodell aktuell keine verschleißbedingte Formänderung des Werkzeugprofils bzw. der Spanflächentopographie. Diese stellen eine wesentliche Eingangsgröße zur Berechnung der Spanungsgeometrien dar, welche die auftretenden Belastungen qualitativ und quantitativ beeinflussen. Hier wäre eine adaptive Anpassung der Werkzeuggeometrie auf Basis der berechneten Verschleißbeträge in der Durchdringungsrechnung denkbar. Die Möglichkeit zur Prognose des Freiflächenverschleißes ist ebenfalls künftig zu prüfen. Daneben ist eine Übertragbarkeit der Methode auf weitere Verzahnprozesse, wie beispielsweise das Wälzschälen, zu prüfen und zu validieren.

Summary and Outlook

Geometric process characteristics are often used for systematic tool and process design in gear hobbing. However, neither the physical influences of the material nor the time and spatial variation of the tool load are considered by geometric characteristics. In particular, there is a lack of models that describe the thermal load during hobbing, which is a significant influencing variable with regard to the resulting tool wear. For the application-oriented modeling of the hobbing process, an efficient approach that is as close to reality as possible and can be transferred to different tool-workpiece combinations is required. The objective of this work was therefore the development of a multiscale model, which combines the geometric penetration variables with the thermomechanical load and state variables based on numerical FE-calculations.

For this purpose, the thermomechanical tool load was investigated on the microscale by means of 2D-FE-simulations of the linear orthogonal cut in chapter 6. The material model required for the FEM was calibrated inversely in chapter 5 for the test material 20MnCr5 based on linear orthogonal cutting tests. The model coefficients were iteratively adjusted until there was good agreement between simulation and experiment with respect to the cutting force components and chip shape. For validation, a 3D-FE-model of a single tooth engagement in hobbing was created. The simulation results were then compared with experimental results from the fly-cutting trial. With the help of the validated material and FE-model, a variant calculation was carried out using 2D-FE-simulations of the orthogonal cut and the influence of the variation parameters on the thermomechanical load was analyzed. The cutting speed v_c, the uncut chip thickness h_{cu}, the working rake angle γ_{ne} and the cutting edge radius r_β were varied. Based on the simulation results, analytical models for the approximation of the cutting force components and temperature characteristics were derived and calibrated.

The model equations were then scaled from the orthogonal cut to the gear hobbing process in Chapter 7. For this purpose, the spatially and temporally resolved chip and process characteristics were first determined by means of a plane-based penetration calculation in SPARTAPRO. These characteristics serve as input variables for the calculation of the cutting force and the temperature distribution on the rake face. The multiscale model was validated on the one hand by means of torque measurements in fly-cutting trials and on the other hand by comparing the rake face temperature with 3D-FE-simulations. With the aid of the model, the temperature distribution on the rake face can be calculated for all cuts of the entire process. Based on the temperature curves, characteristic values and methods for evaluating the collective thermomechanical tool load and interpreting tool wear were derived.

In chapter 8, the developed characteristic values and methods were analyzed with regard to an evaluation of the tool wear of PM-HSS S390 tools. Especially for the characteristic value of the maximum related wear volume, a correlation with the wear behavior observed in the experiments was found. For the calculation of the cumulative wear volume, it was assumed that not all cuts are relevant for damage and that cuts with low average temperatures have a negligible influence on the wear behavior. In the case under consideration, a cumulative wear volume was formed taking into account all cuts with mean temperatures of $\vartheta_{\gamma,m} \geq 350$ °C. Under this condition, the distribution of the wear parameter approximated the observed wear behavior as a function of cutting speed. Finally, the model was tested for wear and tool life prediction by comparing the measured and the calculated wear. Since larger deviations were found at higher cutting speeds, the softening term in the wear model was parameterized, which resulted in a significant improvement regarding the model's predictive quality. The model reproduces the development of maximum crater wear linearly and, if the parameters are set correctly, is able to predict when the wear criterion will be reached.

In chapter 9, the geometric independence and the theoretical application of the developed method for process and tool design were demonstrated. The model allows an application-oriented as well as computationally and time-efficient determination of the thermomechanical load collective of the tool during gear hobbing for different process designs with geometric independence. Knowledge of the prevailing load assists in the interpretation and description of the resulting wear mechanisms and appearances. A better understanding of the tool load and the resulting tool wear supports the systematic tool and process design and consequently enables process optimization.

In the future, the damage-relevant loads as well as the tool load capacity must be investigated in more detail. For example, the theory of linear damage accumulation and the evaluation of damage according to MINER could be used. Furthermore, the model currently does not consider wear-related changes in the shape of the tool profile or the rake face topography. These represent an essential input variable for the calculation of the chip geometries, which influence the occurring loads qualitatively and quantitatively. For this purpose, an adaptive adjustment of the tool geometry based on the calculated wear amounts in the penetration calculation would be conceivable. The possibility of predicting the flank wear should also be examined in the future. In addition, the transferability of the method to other gear cutting processes, such as gear skiving, should be examined and validated.

III Literaturverzeichnis

References

[ABLE03] Abler, J.; Felten, K.; Kobialka, C.; Lierse, T.; Mundt, A.; Pomp, J.; Sulzer, G.: Verzahntechnik. Informationen für die Praxis. 1. Aufl. Kempten: Liebherr Verzahntechnik GmbH, 2003

[ABOU15] Abouridouane, M.; Klocke, F.; Lung, D.; Veselovac, D.: The Mechanics of Cutting: In-situ Measurement and Modelling. In: Procedia CIRP, 31. Jg., 2015, S. 246–251

[ABOU16] Abouridouane, M.; Klocke, F.; Döbbeler, B.: Analytical temperature prediction for cutting steel. In: CIRP Annals - Manufac. Tech., 65. Jg., 2016, Nr. 1, S. 77–80

[ABOU17] Abouridouane, M.; Laschet, G.; Kripak, V.; Texeira, A.; Dierdorf, J.; Prahl, U.; Klocke, F.: Cutting simulations of two gear steels with microstructure dependent material laws. In: Procedia CIRP, 58. Jg., 2017, S. 549–554

[ABOU21] Abouridouane, M.; Bergs, T.; Schraknepper, Daniel; Wirtz, G.: Friction behavior in metal cutting: Modeling and simulation. In: Procedia CIRP, 102. Jg., 2021, S. 405–410

[ARRA08] Arrazola, P.; Ugarte, D.; Domínguez, X.: A new approach for the friction identification during machining through the use of finite element modeling. In: Int. J. Mach. Tools Manuf., 48. Jg., 2008, Nr. 2, S. 173–183

[ARRA13] Arrazola, P.; Özel, T.; Umbrello, D.; Davies, M.; Jawahir, I.: Recent advances in modeling of metal machining processes. In: CIRP Annals - Manufac. Tech., 2013, Nr. 62, S. 695–718

[ASTA06] Astakhov, V.: Tribology of Metal Cutting. Generalized Model of Chip Formation. In: Tribol. Interface Eng. Ser., 2006, Nr. 52, S. 1–68

[AUGS19] Augspurger, T.: Thermal Analysis of the Milling Process. Diss. RWTH Aachen University, 2019

[BAEH16] Baehr, H.; Kabelac, S.: Thermodynamik. Grundlagen und technische Anwendungen. 16. Aufl. Berlin: Springer, 2016

[BAHI11] Bahi, S.; Nouari, M.; Moufki, A.; El Mansori, M.; Molinari, A.: A new friction law for sticking and sliding contacts in machining. In: Tribol. International, 44. Jg., 2011, S. 764–771

[BAUS06] Bausch, T.: Innovative Zahnradfertigung. Verfahren, Maschinen und Werkzeuge zur kostengünstigen Herstellung von Stirnrädern mit hoher Qualität; mit 72 Tabellen. Bd. Nr. 175, 3. Aufl. Renningen: Expert, 2006

[BENS04] Benson, D.; Okazawa, S.: Contact in a multi-material Eulerian finite element formulation. In: Comp. Methods Appl. Mech. Eng., 193. Jg., 2004, Nr. 39-41, S. 4277–4298

[BENS92] Benson, D.: Computational methods in Lagrangian and Eulerian hydrocodes. In: Comp. Methods Appl. Mech. Eng., 99. Jg., 1992, S. 235–394

[BEUT19] Beutner, M.: Ein Beitrag zum Temperaturverhalten und zur thermischen Belastung beim trockenen Wälzfräsen. Diss. Otto-von-Guericke-Universität Magdeburg, 2019

[BIND17] Binder, M.: Mechanismenbasierte Verschleißsimulation zur integrierten Werkzeug- und Prozessauslegung. Diss. RWTH Aachen University, 2017

[BOBZ17] Bobzin, K.: High-performance coatings for cutting tools. In: CIRP Journal of Manufacturing Science and Technology, 18. Jg., 2017, S. 1–9

[BONN08] Bonnet, C.; Valiorgue, F.; Rech, J.; Bergheau, J.; Gilles, P.; Claudin, C.: Development of a friction modelling method in dry cutting of AISI 316L austenitic stainless steels. In: Int. J. Mater. Form., 1. Jg., 2008, Nr. 1, S. 1211–1214

[BOOT06] Boothroyd, G.; Knight, W.: Fundamentals of machining and machine tools. Bd. Nr. 69, 3. Aufl. Boca Raton: CRC Taylor & Francis, 2006

[BOOT63] Boothroyd, G.: Temperatures in orthogonal metal cutting. In: Proc. Inst. Mech. Eng., 177. Jg., 1963, Nr. 29, S. 789–810

[BOUZ02] Bouzakis, K.-D.; Kombogiannis, S.; Antoniadis, A.; Vidakis, N.: Gear Hobbing Cutting Process Simulation and Tool Wear Prediction Models. In: J. Manuf. Sc. Eng., 124. Jg., 2002, Nr. 1, S. 42

[BOUZ05] Bouzakis, K.-D.; Friderikos, O.: Determination of chip geometry and cutting forces in gear hobbing by a FEM-based simulation of the cutting process. In: Proceedings of the 8th CIRP International Workshop on Modeling of Machining. Chemnitz, 10.-11. Mai 2005. Zwickau: Wissenschaftliche Scripten, 2005, S. 49–57

[BOUZ08a] Bouzakis, K.-D.; Lili, E.; Michailidis, N.; Friderikos, O.: Manufacturing of cylindrical gears by generating cutting processes: A critical synthesis of analysis methods. In: CIRP Annals - Manufac. Tech., 57. Jg., 2008, Nr. 2, S. 676–696

[BOUZ08b] Bouzakis, K.-D.; Friderikos, O.; Tsiafis, I.: FEM-Supported Simulation of the Chip Formation and Flow in Gear Hobbing of Spur and Helical Gears. In: Proceeding of the 3rd International Conference on Manufacturing Engineering. Chalkidiki, Griechenland, 1.-3. Oktober 2008. Thessaloniki: Eigenverlag, 2008, S. 3–20

[BOUZ12] Bouzakis, K.-D.; Michailidis, N.; Skordaris, G.; Bouzakis, E.; Biermann, D.; M'Saoubi, R.: Cutting with coated tools: Coating technologies, characterization methods and performance optimization. In: CIRP Annals - Manufac. Tech., 61. Jg., 2012, Nr. 2, S. 703–723

[BOUZ79a] Bouzakis, K.-D.: Ermittlung des zeitlichen Verkaufs der Zerspankraftkomponenten beim Wälzfräsen. Teil 2: Einflüsse technologischer Parameter, der Werkzeuggeometrie und der Werkradgeometrie. In: VDI-Z, 121. Jg., 1979, Nr. 20, S. 1016–1026

[BOUZ79b] Bouzakis, K.-D.: Ermittlung des zeitlichen Verkaufs der Zerspankraftkomponenten beim Wälzfräsen. Teil 1: Digitalrechnerprogram FRESDYN. In: VDI-Z, 121. Jg., 1979, Nr. 19, S. 943–950

[BOUZ80a] Bouzakis, K.-D.: Mathematische Beschreibung des Verlaufs des Werkzeugverschleißes beim Wälzfräsen. Teil 2: Berechnung der Verschleißentwicklung in den einzelnen Wälzstellungen und beim Shiften; Programmkette "Wälzfräserverschleiß". In: VDI-Z, 1980, Nr. 21, S. 951–965

[BOUZ80b] Bouzakis, K.-D.: Mathematische Beschreibung des Verlaufs des Werkzeugverschleißes beim Wälzfräsen. Teil 1: Untersuchungsmethoden und Kenngrößen zur Erfassung des Werkzeugverschleißes in den einzelnen Wälzstellungen. In: VDI-Z, 1980, Nr. 20, S. 857–868

[BOUZ81] Bouzakis, K.-D.: Konzept und technologische Grundlagen zur automatisierten Erstellung optimaler Bearbeitungsdaten beim Wälzfräsen. Habil.-Schr. RWTH Aachen University, 1981

[BOUZ88] Bouzakis, K.-D.; Antoniadis, A.: Optimal Selection of Machining Data in Gear Hobbing Regarding the Tool Mechanical Stresses Occuring During the Cutting Process. In: CIRP Annals - Manufac. Tech., 37. Jg., 1988, Nr. 1, S. 109–112

[BOUZ93] Bouzakis, K.-D.; Antoniadis, A.: Berechnung der mechanischen Werkzeugspannungen beim Hartmetall-Wälzfräsen. In: VDI-Z, 1993, Nr. 135, S. 83–88

[BOUZ97] Bouzakis, K.-D.; Vidakis, N.: Effect of the Mechanical Stresses Developed During Gear Hobbing on the Fatigue Failure of Tool Coatings. In: J. Manuf. Sc. Prod., 1. Jg., 1997, Nr. 1, S. 51–58

[BOUZ99] Bouzakis, K.-D.; Kombogiannis, S.: Modeling of Gear Hobbing. In: Proceedings of the ASME International Mechanical Engineering Congress. Nashville, 14-19.11.1999, 1999

[BREC15] Brecher, C.; Brumm, M.; Krömer, M.: Design of Gear Hobbing Processes Using Simulations and Empirical Data. In: Procedia CIRP, 33. Jg., 2015, S. 484–489

[BROC10] Brocail, J.; Watremez, M.; Dubar, L.: Identification of a friction model for modelling of orthogonal cutting. In: Int. J. Mach. Tools Manuf., 50. Jg., 2010, Nr. 9, S. 807–814

[CERE07] Ceretti, E.; Filice, L.; Umbrello, D.; Micari, F.: ALE Simulation of Orthogonal Cutting: a new approach to model heat transfer phenomena at the tool-chip interface. In: CIRP Annals - Manufac. Tech., 56. Jg., 2007, Nr. 1, S. 69–72

[CHAO55] Chao, B.; Trigger, K.: Temperature Distribution at the Tool-Chip Interface in Metal Cutting. In: Trans. ASME, 77. Jg., 1955, S. 1107–1121

[CHIL89] Childs, T.; Mahdi, M.I.; Barrow, G.: On the Stress Distribution Between the Chip and Tool During Metal Turning. In: CIRP Annals - Manufac. Tech., 38. Jg., 1989, Nr. 1, S. 55–58

[CLAU09] Claudin, C.; Rech, J.: Development of a new rapid characterization method of hob's wear resistance in gear manufacturing-Application to the evaluation of various cutting edge preparations in high speed dry gear hobbing. In: J. Mater. Proc. Tech., 209. Jg., 2009, Nr. 11, S. 5152–5160

[COUR14] Courbon, C.; Mabrouki, T.; Rech, J.; Mazuyer, D.; Paerrard, F.; D'eramo, E.: Further insight into the chip formation of ferritic-pearlitic steels. In: Int. J. Mach. Tools Manuf., 77. Jg., 2014, S. 34–46

[CZIC10] Czichos, H.; Habig, K.-H.: Tribologie-Handbuch. Tribometrie, Tribomaterialien, Tribotechnik. 3. Aufl. Wiesbaden: Vieweg + Teubner, 2010

[DENK14] Denkena, B.; Biermann, D.: Cutting edge geometries. In: CIRP Annals - Manufac. Tech., 63. Jg., 2014, Nr. 2, S. 631–653

[DIMI07] Dimitriou, V.; Vidakis, N.; Antoniadis, A.: Advanced Computer Aided Design Simulation of Gear Hobbing by Means of Three-Dimensional Kinematics Modeling. In: J. Manuf. Sc. Eng., 129. Jg., 2007, Nr. 5, S. 911–918

[DIMI09] Dimitriou, V.; Antoniadis, A.: CAD-based simulation of the hobbing process for the manufacturing of spur and helical gears. In: Int. J. Adv. Manuf. Tech., 41. Jg., 2009, Nr. 3-4, S. 347–357

[DIN03a] Norm DIN 8589-0 (September 2003) Fertigungsverfahren Spanen.

[DIN03b] Norm DIN 8580 (September 2003) Fertigungsverfahren. Begriffe, Einteilung.

[DIN04] Norm DIN EN 18265 (Februar 2004) Metallische Werkstoffe. Umwertung von Härtewerten.

[DIN08] Norm DIN EN 10084 (Juni 2008) Einsatzstähle. Technische Lieferbedingungen.

[DIN85] Norm DIN 6581 (Oktober 1985) Begriffe der Zerspantechnik.

[DONG16] Dong, X.; Liao, C.; Shin, Y.; Zhang, H.: Machinability improvement of gear hobbing via process simulation and tool wear predictions. In: Int. J. Adv. Manuf. Tech., 86. Jg., 2016, S. 2771–2779

[DRAP98] Draper, N.; Smith, H.: Applied Regression Analysis. 3. Aufl. New York: John Wiley & Sons, Inc., 1998

[FALK13] Falk, T.: Die Lücke geschlossen. In: masch. werkzeug, 2013, Nr. 7, S. 236–238

[GFT02] Gesellschaft für Tribologie (GfT) Arbeitsblatt 7 (August 2002) Verschleiß, Reibung - Definitionen, Begriffe, Prüfung.

[GRZE17] Grzesik, W.: Cutting Tool Materials. In: Advanced Machining Processes of Metallic Materials. Elsevier, 2017, S. 35–63

[GUTM88] Gutmann, P.: Zerspankraftberechnung beim Wälzfräsen. Diss. RWTH Aachen University, 1988

[HAGL08] Haglund, A.; Kishawy, H.; Rogers, R.: An exploration of friction models for the chip-tool interface using an Arbitrary Lagrangian-Eulerian finite element model. In: Wear, 265. Jg., 2008, Nr. 34, S. 452

[HAHN51] Hahn, R.: On the temperature developed at the shear plane in the metal cutting process. In: Proc. 1st U.S. Nat. Cong. Appl. Mech., 1951, S. 661–666

[HAIB06] Haibach, E.: Betriebsfestigkeit. 3. Aufl. Berlin: Springer-Verlag, 2006

[HARD22] Hardt, M.: Modeling the Material Behavior under Metal Cutting Conditions. Diss. RWTH Aachen University, 2022

[HELM19] Helmig, T.; Peng, B.; Ehrenpreis, C.; Augspurger, T.; Frekers, Y.; Kneer, R.; Bergs, T.: A Coupling Approach Combining Computational Fluid Dynamics and Finite Element Method to Predict Cutting Fluid Effects on the Tool Temperature in Cutting Processes. In: J. Manuf. Sc. Eng., 141. Jg., 2019, Nr. 10

[HERZ14] Herzhoff, S.: Werkzeugverschleiß bei mehrflankiger Spanbildung. Diss. RWTH Aachen University, 2014

[HIPK12] Hipke, M.: Wälzfräsen mit pulvermetallurgisch hergestelltem Schnellarbeitsstahl. Diss. Otto-von-Guericke-Universität Magdeburg, 2012

[HOFF70] Hoffmeister, B.: Über den Verschleiß am Wälzfräser. Diss. RWTH Aachen University, 1970

[HORS12] Horstemeyer, M.: Integrated Computational Materials Engineering (ICME) for Metals. Using Multiscale Modeling to Invigorate Engineering Design with Science. New Jersey: Wiley & Sons Ltd, 2012

[HUCK51] Hucks, H.: Plastizitätsmechanische Grundlagen und Kenngrößen der Zerspanung. Diss. RWTH Aachen University, 1951

[IMMI18] Immich, P.; Kretzschmann, U.; Falk, T.; Ibis, M.; Fischer, R.: Das Leben ist hart an der Schneidkante - maßgeschneiderte Lösungen für die Verzahnung. In: Tagungsband zu Aktuelle Entwicklungen beim Vorverzahnen. Aachen, 07.-08. November 2018. Aachen: Eigenverlag, 2018, S. 14

[ISO93] Norm ISO 3685 (November 1993) Tool-life testing with single-point turning tools.

[JASP99] Jaspers, S.: Metal Cutting Mechanics and Material Behaviour. Diss. TU Eindhoven, 1999

[JOHN83] Johnson, G.; Cook, W.: A constitutive model and data for metals subjected to large strains, high strain rates and high temperatures. In: Proceedings of the 7th international Symposium on ballistics, 1983, S. 541–547

[JOLI13a] Joliet, R.; Byfut, A.; Kersting, P.; Schröder, A.; Zabel, A.: Incremental Generation of Hierarchical Meshes for the thermodynamical simulation of NC-Milling processes. In: Procedia CIRP, 12. Jg., 2013, S. 25–30

[JOLI13b] Joliet, R.; Byfut, A.; Kersting, P.; Schröder, A.; Zabel, A.: Validation of a Heat Input Model for the Prediction of Thermomechanical Deformations during NC Milling. In: Procedia CIRP, 8. Jg., 2013, S. 403–408

[KADA15] Kadashevich, I.; Beutner, M.; Karpuschewski, B.; Halle, T.: A novel simulation approach to determine thermally induced geometric deviations in dry gear hobbing. In: Procedia CIRP, 31. Jg., 2015, S. 483–488

[KARP14] Karpuschewski, B.; Beutner, M.; Köchig, M.; Wengler, M.: Gear hobbing – Research activities and state of the art. In: Adv. Mater. Res., 1018. Jg., 2014, S. 3–12

[KARP17a] Karpuschewski, B.; Beutner, M.; Köchig, M.; Härtling, C.: Influence of the tool profile on the wear behaviour in gear hobbing. In: CIRP Journal of Manufacturing Science and Technology, 18. Jg., 2017, S. 128-134

[KARP17b] Karpuschewski, B.; Beutner, M.; Köchig, M.; Wengler, M.: Cemented carbide tools in high speed gear hobbing applications. In: CIRP Annals - Manufac. Tech., 66. Jg., 2017, Nr. 1, S. 117–120

[KARP18] Karpuschewski, B.; Brinksmeier, E.; Beutner, M.; Wagner, A.: Leistungspotentiale des Kühlschmierstoffeinsatzes beim Wälzfräsen. Abschlussbericht zum Forschungsvohaben FVA 744 I, Heft 1278, Forschungsvereinigung Antriebstechnik e.V., Frankfurt a. M., 2018

[KELL14] Kellezi, G.; Makovec, H.: Entwicklung eines neuartigen Schneidstoffs bei Böhler Edelstahl. In: Tagungsband zu den Tooling Days Kapfenberg. Kapfenberg, 26.-27. Juni 2014. Kapfenberg: Eigenverlag, 2014, S. 23–25

[KIEN52] Kienzle, O.: Die Bestimmung von Kräften und Leistungen an spanenden Werkzeugen und Werkzeugmaschinen. In: VDI-Z, 94. Jg., 1952, Nr. 11/12, S. 299–305

[KLEI03] Kleinjans, M.: Einfluss der Randzoneneigenschaften auf den Verschleiß von beschichteten Hartmetallwälzfräsern. Diss. RWTH Aachen University, 2003

[KLOC07] Klocke, F.; Schröder, T.; Schalaster, R.: Cutting Forces and Tool Wear in Dry High-Speed Hobbing of Different Workpiece Materials. In: Proceedings of the 2nd WZL Gear Conference in the USA. Saline, Michigan, 06. Juni 2007. Aachen: Eigenverlag, 2007

[KLOC08] Klocke, F.; König, W.: Fertigungsverfahren 1. Drehen, Fräsen, Bohren. 8. Aufl. Berlin: Springer, 2008

[KLOC09] Klocke, F.; Kauffmann, P.; Schalaster, R.; Stuckenberg, A.: Comparison of PM-HSS and Cemented Carbide Tools in High-Speed Gear Hobbing. In: Gear Technol., 26. Jg., 2009, Nr. 7, S. 57–59

[KLOC13] Klocke, F.; Lung, D.; Buchkremer, S.: Inverse Identification of the Constitutive Equation of Inconel 718 and AISI 1045 from FE Machining Simulations. In: Procedia CIRP, 8. Jg., 2013, S. 212–217

[KLOC16] Klocke, F.; Brecher, C.; Löpenhaus, C.; Krömer, M.: Calculating the Workpiece Quality Using a Hobbing Simulation. In: Procedia CIRP, 41. Jg., 2016, S. 687–691

[KLOC17] Klocke, F.; Brecher, C.: Zahnrad- und Getriebetechnik. Auslegung - Herstellung - Untersuchung - Simulation. München: Carl Hanser, 2017

[KNÖP96] Knöppel, D.: Trockenbearbeitung beim Hochgeschwindigkeitswälzfräsen mit beschichteten Hartmetall-Werkzeugen. Diss. RWTH Aachen University, 1996

[KOBI01] Kobialka, C.: Prozessanalyse für das Trockenwälzfräsen mit Hartmetallwerkzeugen. Diss. RWTH Aachen University, 2001

[KÖCH19] Köchig, M.: Analyse geometrischer Einflüsse auf die Werkzeugbelastung beim Wälzfräsen. Diss. Otto-von-Guericke-Universität Magdeburg, 2019

[KOHL10] Kohlscheen, J.; Knoche, H.; Hipke, M.; Lümkemann, A.: Coating Development for Gear Cutting Tools. In: Key Eng. Mater., 438. Jg., 2010, S. 35–40

[KOMA01] Komanduri, R.; Hou, Z.: Thermal modeling of the metal cutting process. Part II: temperature rise distribution due to frictional heat source at the tool-chip interface. In: Int. J. Mech. Sci., 43. Jg., 2001, Nr. 1, S. 57–88

[KRÖM15] Krömer, M.; Brecher, C.; Löpenhaus, C.; Weber, G.-T.: Validierung von spanenden Fertigungssimulationen am Beispiel Wälzfräsen. In: Tagungsband zum 5. Kongress zur Getriebeproduktion. Würzburg, 25.-26. März 2015. Frankfurt a. M.: Eigenverlag, 2015, S. 128–139

[KRÖM17] Krömer, M.; Sari, D.; Löpenhaus, C.; Brecher, C.: Surface Characteristics of Hobbed Gears. In: Gear Technol., 34. Jg., 2017, Nr. 5, S. 68–75

[KRÖM19] Krömer, M.: Entstehung von Spanaufschweißungen beim Trockenwälzfräsen. Diss. RWTH Aachen University, 2019

[KÜHN16] Kühn, F.; Löpenhaus, C.; Klocke, F.: Further Development of a Cutting Force Model for Gear Hobbing. In: Adv. Mater. Res., 1140. Jg., 2016, S. 165–172

[KÜHN18] Kühn, F.; Löpenhaus, C.; Klocke, F.: Analysis of the Influence of the Working Angles on the Tool Wear in Gear Hobbing. In: Gear Technol., 35. Jg., 2018, Nr. 1, S. 56–66

[KÜHN20a] Kühn, F.; Löpenhaus, C.; Brimmers, J.; Klocke, F.; Bergs, T.: Analysis of the influence of the effective angles on the tool wear in gear hobbing. In: Int. J. Adv. Manuf. Tech., 108. Jg., 2020, Nr. 7-8, S. 2621–2632

[KÜHN20b] Kühn, F.: Auslegung der Makro- und Mikrogeometrie von Wälzfräserschneiden. Diss. RWTH Aachen University, 2020

[LEE49] Lee, E.; Shaffer, B.: The theory of plasticity applied to a problem of machining. Providence, R.I.: Brown University. Division of Applied Mathematics, 1949

[LEON54] Leone, W.: Distribution of Shear-Zone Heat in Metal Cutting. In: Trans. ASME, 71. Jg., 1954, S. 121–125

[LIU13] Liu, W.; Ren, D.; Usui, S.; Wadell, J.; Marusich, T.: A Gear Cutting Predictive Model Using the Finite Element Method. In: Procedia CIRP, 8. Jg., 2013, S. 51–56

[LIU18] Liu, X.; Furrer, D.; Kosters, J.; Holmes, J.: Vision 2040: A Roadmap for Integrated, Multiscale Modeling and Simulation of Materials and Systems. https://ntrs.nasa.gov/ [Stand: 05.01.2020]

[LOEW54] Loewen, E.; Shaw, M.: On the Analysis of Cutting-Tool Temperatures. In: Trans. ASME, 71. Jg., 1954, Nr. 1, S. 217–231

[LUX98] Lux, S.: Einfluß von Oberflächenstrukturen auf den Verschleiß von Verzahnwerkzeugen aus Schnellarbeitsstahl. Diss. RWTH Aachen University, 1998

[MARU01] Marusich, T.: Effects of Friction and Cutting Speed on Cutting Force. In: Proceedings of ASME Congress 2001. New York, 11.-16. November 2001, 2001

[MARU95] Marusich, T.; Ortiz, M.: Modelling and simulation of high-speed machining. In: Int. J. Num. Meth. Eng., 38. Jg., 1995, S. 3675–3694

[MATH18] MathWorks: MATLAB R2018b Release Notes

[MERC45] Merchant, M.: Mechanics of the Metal Cutting Process. I. Orthogonal Cutting and a Type 2 Chip. In: J. Appl. Phys., 267. Jg., 1945, Nr. 16, S. 267–275

[MINE45] Miner, M.: Cumulative Damage in Fatigue. In: J. Appl. Mech., 12. Jg., 1945, Nr. 3, S. A159-A164

[MOLI12] Molinari, A.; Cheriguene, R.; Fagerström, M.: Contact Variables and thermal effects at the tool-chip interface in orthogonal cutting. In: Int. J. Solids Struct, 49. Jg., 2012, Nr. 26, S. 3774–3796

[MOUF04] Moufki, A.; Devillez, A.; Dudzinski, D.; Molinari, A.: Thermomechanical modelling of oblique cutting and experimental validation. In: Int. J. Mach. Tools Manuf., 44. Jg., 2004, Nr. 9, S. 971–989

[MOUF98] Moufki, A.; Molinari, A.; Dudzinski, D.: Modelling of orthogonal cutting with a temperature dependent friction law. In: J. Mech. Phys. Solids, 46. Jg., 1998, Nr. 10, S. 2103–2138

[MUND92] Mundt, A.: Modell zur rechnerischen Standzeitbestimmung beim Wälzfräsen. Diss. RWTH Aachen University, 1992

[NAKA56] Nakayama, K.: Temperature Rise of Workpiece During Metal Cutting. In: Bulletin of the Faculty of Engineering, Yokohama National Univ., 5. Jg., 1956, S. 1–10

[NIEM03] Niemann, G.; Winter, H.: Maschinenelemente. Band 2: Getriebe allgemein, Zahnradgetriebe - Grundlagen, Stirnradgetriebe. Bd. Nr. 2, 2. Aufl. Berlin: Springer, 2003

[ODEN13] Odendahl, S.; Kersting, P.: Higher Efficiency Modeling of Surface Location Errors by Using a Multi-scale Milling Simulation. In: Procedia CIRP, 9. Jg., 2013, S. 18–22

[ODEN14] Odendahl, S.; Joliet, R.; Kerting, P.; Biermann, D.; Zabel, A.: Simulation der NC-Fräsbearbeitung. Multiskaliger Ansatz für eine effiziente und flexible Simulation. In: Werkstatt Betr., 6. Jg., 2014, S. 78–81

[OLOV99] Olovsson, L.; Nilsson, L.; Simonsson, K.: An ALE formulation for the solution of two-dimensional metal cutting problems. In: Computers & Structures, 72. Jg., 1999, Nr. 4-5, S. 497–507

[OXLE89] Oxley, P.: The Mechanics of Machining. An Analytical Approach to Assessing Machinability. Diss. University of New South Wales, 1989

[ÖZEL04] Özel, T.; Zeren, E.: Determination of work material flow stress and friction for FEA of machining using orthogonal cutting tests. In: J. Mater. Proc. Tech., 153-154. Jg., 2004, S. 1019–1025

[ÖZEL06a] Özel, T.; Zeren, E.: A Methodology to Determine Work Material Flow Stress and Tool-Chip Interfacial Friction Properties by Using Analysis of Machining. In: J. Manuf. Sc. Eng., 128. Jg., 2006, Nr. 1, S. 119–129

[ÖZEL06b] Özel, T.: The influence of friction models on finite element simulations of machining. In: Int. J. Mach. Tools Manuf., 46. Jg., 2006, Nr. 5, S. 518–530

[PENG20] Peng, B.: Multiscale Modeling of Thermomechanical Loads in the Broaching of Direct Aged Inconel 718. Diss. RWTH Aachen University, 2020

[PFAU76] Pfauter, H.: Pfauter-Wälzfräsen. Berlin: Springer, 1976

[PULS15] Puls, H.: Mehrskalenmodellierung thermo-elastischer Werkstückdeformationen beim Trockendrehen. Diss. RWTH Aachen University, 2015

[PULS16] Puls, H.; Klocke, F.; Veselovac, D.: FEM-based prediction of heat partition in dry metal cutting of AISI 1045. In: Int. J. Adv. Manuf. Tech., 86. Jg., 2016, Nr. 1-4, S. 737–745

[RADZ12] Radzevich, S.; Dudley, D.: Dudley's handbook of practical gear design and manufacture. 2. Aufl. Boca Raton, FL: Taylor & Francis, 2012

[RAPI54] Rapier, A.: A theoretical investigation of the temperature distribution in the metal cutting process. In: Br. J. Appl. Phys., 5. Jg., 1954, Nr. 11, S. 400–405

[RECH06] Rech, J.: Influence of cutting edge preparation on the wear resistance in high speed dry gear hobbing. In: Wear, 261. Jg., 2006, S. 505–512

[SABK15] Sabkhi, N.; Pelaingre, C.; Barlier, C.; Moufki, A.; Nouari, M.: Characterization of the Cutting Forces Generated During the Gear Hobbing Process: Spur Gear. In: Procedia CIRP, 31. Jg., 2015, S. 411–416

[SABK16] Sabkhi, N.; Moufki, A.; Nouari, M.; Pelaingre, C.; Barlier, C.: Prediction of the hobbing cutting forces from a thermomechanical modeling of orthogonal cutting operation. In: J. Manuf. Proc., 23. Jg., 2016, S. 1–12

[SABK20] Sabkhi, N.; Moufki, A.; Nouari, M.; Ginting, A.: A Thermomechanical Modeling and Experimental Validation of the Gear Finish Hobbing Process. In: Int. J. Precis. Eng. Manuf., 21. Jg., 2020, Nr. 3, S. 347–362

[SARI16] Sari, D.: Leistungssteigerung des Fertigwälzfräsens unter Berücksichtigung der fertigungsbedingten Bauteileigenschaften. Diss. RWTH Aachen University, 2016

[SARI18] Sari, D.; Bohde, G.: Standzeiterhöhung durch optimierte Oberflächen. In: Tagungsband zu Aktuelle Entwicklungen beim Vorverzahnen. Aachen, 07.-08. November 2018. Aachen: Eigenverlag, 2018, S. 13

[SARI19] Sari, D.; Troß, N.; Löpenhaus, C.; Bergs, T.: Development of an application-oriented tool life equation for dry gear finish hobbing. In: Wear, 426-427. Jg., 2019, S. 1563–1572

[SCHA12] Schalaster, R.: Optimierung des Fertigwälzfräsens von Verzahnungen. Diss. RWTH Aachen University, 2012

[SCHL01] Schlarb, G.; Switzer, K.: Dry Hobbing Process Technology Road Map. In: Gear Technol., 18. Jg., 2001, Nr. 2, S. 14–21

[SEBE03] Seber, G. A. F. Wild, C. J.: Nonlinear Regression. Hoboken, New Jersey: John Wiley & Sons, Inc., 2003

[SHAT01a] Shatla, M.; Kerk, C.; Altan, T.: Process modeling in machining. Part I: determination of flow stress data. In: Int. J. Mach. Tools Manuf., 41. Jg., 2001, Nr. 10, S. 1511–1534

[SHAT01b] Shatla, M.; Kerk, C.; Altan, T.: Process modeling in machining. Part II: validation and applications of the determined flow stress data. In: Int. J. Mach. Tools Manuf., 41. Jg., 2001, Nr. 11, S. 1659–1680

[SHI10a] Shi, B.; Attia, H.; Tounsi, N.: Identification of Material Constitutive Laws for Machining. Part II: Generation of the Constitutive Data and Validation of the Constitutive Law. In: J. Manuf. Sc. Eng., 132. Jg., 2010, Nr. 5, S. 51009

[SHI10b] Shi, B.; Attia, H.; Tounsi, N.: Identification of Material Constitutive Laws for Machining. Part I: An Analytical Model Describing the Stress, Strain, Strain Rate, and Temperature Fields in the Primary Shear Zone in Orthogonal Metal Cutting. In: J. Manuf. Sc. Eng., 132. Jg., 2010, Nr. 5, S. 51008

[SOLI20] Soliman, H.; Shash, A.Y.; El Hossainy, T.M.; Abd-Rabou, M.: Investigation of process parameters in orthogonal cutting using finite element approaches. In: Heliyon, 6. Jg., 2020, Nr. 11, S. 1-10

[SPIT09a] Spittel, M.; Spittel, T.: Steel symbol/number: 20MnCr5/1.7147. In: Martienssen, W.; Warlimont, H. (Hrsg.): Metal Forming Data of Ferrous Alloys - deformation behaviour. Berlin: Springer, 2009, S. 1032–1037

[SPIT09b] Spittel, M.; Spittel, T.: Steel symbol/number: 16MnCr5/1.7131. In: Martienssen, W.; Warlimont, H. (Hrsg.): Metal Forming Data of Ferrous Alloys - deformation behaviour. Berlin: Springer, 2009, S. 1026–1031

[SRID20] Sridhar, P.; Rodríguez, P.; Payrebrune, K.: Discretization approaches to model orthogonal cutting with Lagrangian, Arbitrary Lagrangian Eulerian, Particle Finite Element method and Smooth Particle Hydrodynamics formulations. In: Procedia CIRP, 93. Jg., 2020, S. 1496–1501

[STAR12] Stark, S.; Beutner, M.; Lorenz, F.; Lampke, T.; Karpuschewski, B.; Halle, T.: Experimental and Numerical Determination of Cutting Forces and Temperatures in Gear Hobbing Operations. In: Key Eng. Mater., 504-506. Jg., 2012, S. 1275–1280

[STAR13] Stark, S.; Beutner, M.; Lorenz, F.; Uhlmann, S.; Karpuschewski, B.; Halle, T.: Heat flux and temperature distribution in gear hobbing operations. In: Procedia CIRP, 8. Jg., 2013, S. 456–461

[STEI17] Steinhauser, M.; Villaggio, P.: Computational multiscale modeling of fluids and solids. Theory and applications. 2. Aufl. Berlin: Springer, 2017

[STUC14] Stuckenberg, A.: Vermeidung von Oberflächendefekten beim Wälzfräsen. Diss. RWTH Aachen University, 2014

[SULZ73] Sulzer, G.: Leistungssteigerung bei der Zylinderradherstellung durch genaue Erfassung der Zerspankinematik. Diss. RWTH Aachen University, 1973

[SURM11] Surmann, T.; Ungemach, E.; Zabel, A.: Simulation of the Temperature Distribution in NC-Milled Workpieces. In: Adv. Mater. Res., 223. Jg., 2011, S. 222–230

[TAKE63] Takeyama, H.; Murata, T.: Basic investigations on tool wear. In: Trans. ASME, 85. Jg., 1963, S. 33–38

[TAPO11] Tapoglou, N.; Antoniadis, A.: Hob3D: A Novel Gear Hobbing Simulation Software. In: Proceedings of World Congress on Engineering. London, U.K., 6.-8. Juli, 2011, S. 1–4

[THIM19] Thimm, B.: Werkstoffmodellierung und Kennwertermittlung für die Simulation spanabhebender Fertigungsprozesse. Diss. Universität Siegen, 2019

[TÖNS04] Tönshoff, H.; Denkena, B.: Spanen. Grundlagen. 2. Aufl. Berlin: Springer, 2004

[TRIG51] Trigger, K.; Chao, B.: An Analytical Evaluation of Metal-Cutting Temperatures. In: Trans. ASME, 73. Jg., 1951, S. 57–58

[TROß19a] Troß, N.; Löpenhaus, C.; Bergs, T.: Characteristic Value-Based Process Design of Gear Hobbing Processes with Radial Infeed. In: Proceedings of the 8th WZL Gear Conference in the USA. Boulder, CO, 23.-24. Juli 2019. Aachen: Apprimus, 2019, S. 6

[TROß19b] Troß, N.; Löpenhaus, C.; Klocke, F.: Analysis of the cutting conditions for radial-axial infeed strategies in gear hobbing. In: Procedia CIRP, 79. Jg., 2019, S. 68–73

[TROß20] Troß, N.; Brimmers, J.; Bergs, T.: Influence of a Two-Cut-Strategy on Tool Wear in Gear Hobbing. In: Behrens, B.-A.; Brosius, A.; Hintze, W.; Ihlenfeldt, S.; Wulfsberg, J. Peter (Hrsg.): Production at the leading edge of technology. Berlin: Springer, 2020, S. 225–234

[TROß21a] Troß, N.; Brimmers, J.; Bergs, T.: Tool wear in dry gear hobbing of 20MnCr5 case-hardening steel, 42CrMo4 tempered steel and EN-GJS-700-2 cast iron. In: Wear, 2021, Nr. 476, S. 203737

[TROß21b] Troß, N.; Brimmers, J.; Bergs, T.: Approach for multiscale modeling the thermomechanical tool load in gear hobbing. In: Forsch Ingenieurwes, 86. Jg., 2021, S. 627–638

[USUI84] Usui, E.; Shirakashi, T.; Kitagawa, T.: Analytical prediction of cutting tool wear. In: Wear, 100. Jg., 1984, S. 129–151

[VDI77] VDI Richtlinie 3333 (September 1977) Wälzfräsen von Stirnrädern mit Evolventenprofil.

[VENO85] Venohr, G.: Beitrag zum Einsatz von Hartmetall - Werkzeugen beim Wälzfräsen. Diss. RWTH Aachen University, 1985

[VIER59] Vieregge, G.: Zerspanung der Eisenwerkstoffe. Düsseldorf: Stahleisen M.B.H., 1959

[WARN74] Warnecke, G.: Spanbildung bei metallischen Werkstoffen. Diss. TU Hannover, 1974

[WEBE16] Weber, G.-T.; Krömer, M.; Sari, D.; Löpenhaus, C.; Klocke, F.: Anschnittstrategien beim Wälzfräsen. Herausforderungen und Lösungen. In: Antriebstechnik, 55. Jg., 2016, Nr. 9, S. 86–89

[WEBE17] Weber, G.-T.: Auswahl und Auslegung von Fräsprozessen für Großverzahnungen. Diss. RWTH Aachen University, 2017

[WECK02] Weck, M.; Hurasky-Schönewerth, O.; Winter, W.: Manufacturing simulation for the analysis of the gear hobbing process. In: Proceedings of the International Conference on Gears. München, 13.-15. März 2002. Düsseldorf: VDI, 2002, S. 145–159

[WECK03] Weck, M.; Klocke, F.; Winkel, O.; Winter, W.: Analysis of Gear Hobbing Processes by Manufacturing Simulation. In: Annals of the German Academic Society for Production Engineering (WGP), 10. Jg., 2003, Nr. 1, S. 55–58

[WEIG71] Weigel, U.: Ursache und Vermeidung des typischen Flankenrichtungsfehlers beim Gleichlauf-Wälzfräsen. Diss. RWTH Aachen University, 1971

[WEIN55] Weiner, J.: Shear Plane Temperature Distribution in Orthogonal Cutting. In: Trans. ASME, 77. Jg., 1955, S. 1331–1341

[WENG17] Wengler, M.: Ermittlung der Belastbarkeitsgrenzen beschichteter Hartmetallwerkzeuge beim Wälzfräsen. Diss. Otto-von-Guericke-Universität Magdeburg, 2017

[WINK05] Winkel, O.: Steigerung der Leistungsfähigkeit von Hartmetallwälzfräsern durch eine optimierte Werkzeuggestaltung. Diss. RWTH Aachen University, 2005

[WINK10] Winkel, O.: New developments in gear hobbing. In: Gear Technol., 27. Jg., 2010, Nr. 2, S. 45–52

[WITT13] Wittel, H.; Muhs, D.; Jannasch, D.; Voßiek, J.: Roloff/Matek Maschinenelemente. Normung, Berechnung, Gestaltung. 21. Aufl. Wiesbaden: Springer, 2013

[YEN04] Yen, Y.-C.; Söhner, J.; Lilly, B.; Altan, T.: Estimation of tool wear in orthogonal cutting using the finite element analysis. In: J. Mater. Proc. Tech., 146. Jg., 2004, Nr. 1, S. 82–91

[ZERI87] Zerilli, F.; Armstrong, R.: Dislocation-mechanics-based constitutive relations for material dynamics calculations. In: J. Appl. Phys., 61. Jg., 1987, Nr. 5, S. 1816–1825

[ZHAN15] Zhang, Y.; Outeiro, J.C.; Mabrouki, Tarek: On the Selection of Johnson-cook Constitutive Model Parameters for Ti-6Al-4V Using Three Types of Numerical Models of Orthogonal Cutting. In: Procedia CIRP, 31. Jg., 2015, S. 112–117

[ZIEG67] Ziegler, K.: Untersuchungen der Hauptschnittkraft beim Wälzfräsen von Stirnrädern. Diss. RWTH Aachen University, 1967

[ZUM 85] zum Gahr, K.: Tribologie: Reibung - Verschleiß - Schmierung. In: Naturwissenschaften, 72. Jg., 1985, Nr. 5, S. 260–267

IV Anhang

Appendix

IV.1 Werkstoffdatenblatt

Workpiece material data sheet

Werkstoffbezeichnung	20MnCr5 (EN 10084) 1.7174 (Werkstoff-Nr.) AISI 5120
Lieferzustand	Warmgewalzter Rundstahl Durchmesser: 130 mm (± 2,0 mm) Länge: 5,8 m je Stange

Werkstoffgefüge

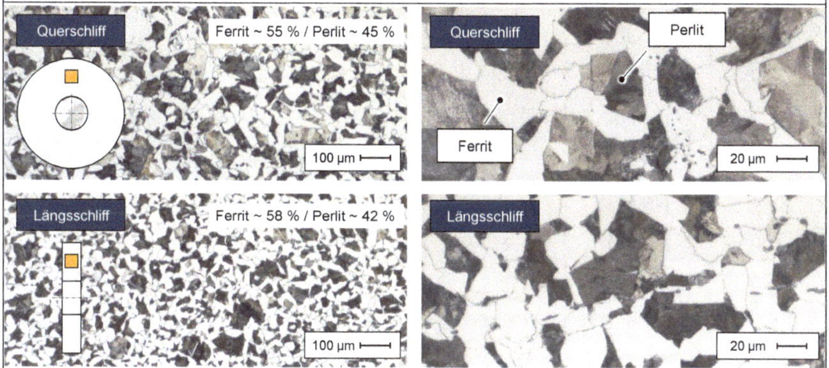

Chemische Zusammensetzung / m%

C:	0,2 (0,17-0,22)	Si:	0,24 (≤ 0,40)	Mn:	1,14 (1,10 – 1,40)
P:	0,016 (≤ 0,025)	S:	0,022 (≤ 0,035)	Cr:	1,06 (1,00 – 1,30)
Mo:	1,06	Ni:	0,028	Al:	0,024
Co:	0,010	Cu:	0,02	Nb:	< 0,004
Ti:	< 0,001	V:	0,0114	W:	< 0,007
Pb:	0,0029	Sn:	0,0026	Mg:	< 0,001
As:	0,0107	Zr:	< 0,0015	Bi:	< 0,002
Ca:	0,0005	Ce:	< 0,0015	Sb:	0,004
Se:	0,0029	Te:	0,0016	Ta:	< 0,02
B:	0,0023	Zn:	< 0,0005	La:	< 0,0005
N:	0,108	Fe:	97,04		

Physikalische Eigenschaften bei RT	
Oberflächenhärte	170 HWB2,5/62,5
Zugfestigkeit R_m	575 MPa (Umwertung nach ISO 18265 - B.2)
Dichte ρ	7818,6 kg/m³
E-Modul E	213900 MPa
Poisson Zahl ν	0,3

Thermophysikalische Eigenschaften (Quelle: [SPIT09a, SPIT09b])

ϑ / °C	E / MPa	ρ / kg·m^{-3}	α_m / 10^{-6} K^{-1}	k / W·m^{-1}·K^{-1}	c / J·kg^{-1}·K^{-1}
20	213000	7818,6	10,92	41,93	474,58
100	203600	7792,0	11,35	43,24	487,90
200	195600	7761,9	12,08	43,20	501,26
300	189100	7729,7	12,63	41,29	521,35
400	182000	7695,2	13,15	38,70	545,76
500	172500	7658,2	13,70	35,85	572,80
600	159700	7618,7	14,20	32,97	601,90
700	143200	7576,5	14,74	30,16	632,97
800	123500	7576,7	12,89	23,54	696,35
900	101500	7525,5	13,88	26,15	693,85
1000	78700	7472,1	14,77	27,80	691,36
1100	57400	7416,6	15,58	29,08	688,87
1200	46500	7359,1	16,33	30,41	686,40

IV.2 Messprotokolle

Quality sheets

Werkstück
20MnCr5
z_2 = 39
β_2 = 23°
b_2 = 30 mm
d_{a2} = 116,2 mm
d_{f2} = 100,0 mm

Werkzeug
K30 + AlCrN
m_{n0} = 2,557 mm
α_{n0} = 17,5°
h_{aP0} = 4,31 mm
ρ_{aP0} = 0,85 mm
n_{i0} / z_0 = 17 / 2
d_{a0} = 80 mm

Prozess
Gleichlauf, trocken
a_P = 8,1 mm
v_c = 200 m/min
f_a = 1,6 mm
$h_{cu,H}$ = 0,2 mm

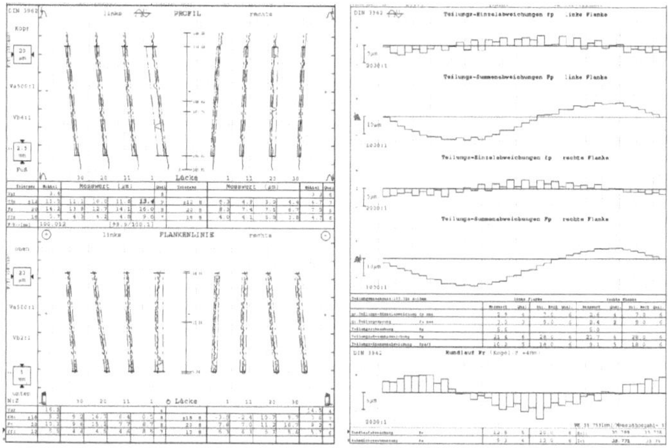

Bild IV-1: Messprotokoll: v_c = 200 m/min, f_a = 1,6 mm, Gleichlauf

Quality sheet: v_c *= 200 m/min,* f_a *= 1.6 mm, climb cut*

Werkstück
20MnCr5
z_2 = 39
β_2 = 23°
b_2 = 30 mm
d_{a2} = 116,2 mm
d_{f2} = 100,0 mm

Werkzeug
K30 + AlCrN
m_{n0} = 2,557 mm
α_{n0} - 17,5°
h_{aP0} = 4,31 mm
ρ_{aP0} = 0,85 mm
n_{i0} / z_0 = 17 / 2
d_{a0} = 80 mm

Prozess
Gleichlauf, trocken
a_P = 8,1 mm
v_c = 200 m/min
f_a = 2,5 mm
$h_{cu,H}$ = 0,2 mm

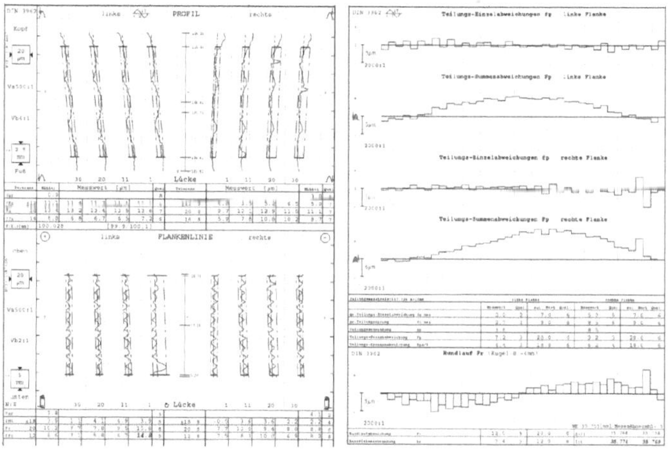

Bild IV-2: Messprotokoll: v_c = 200 m/min, f_a = 2,5 mm, Gleichlauf

Quality sheet: v_c *= 200 m/min,* f_a *= 2.5 mm, climb cut*

Werkstück
20MnCr5
z_2 = 39
β_2 = 23°
b_2 = 30 mm
d_{a2} = 116,2 mm
d_{f2} = 100,0 mm

Werkzeug
K30 + AlCrN
m_{n0} = 2,557 mm
α_{n0} = 17,5°
h_{aP0} = 4,31 mm
ρ_{aP0} = 0,85 mm
n_{i0} / z_0 = 17 / 2
d_{a0} = 80 mm

Prozess
Gleichlauf, trocken
a_p = 8,1 mm
v_c = 200 m/min
f_a = 3,5 mm
$h_{cu,H}$ = 0,2 mm

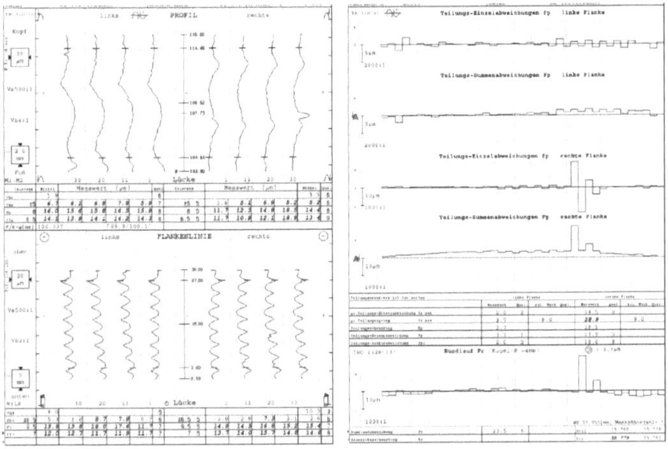

Bild IV-3: Messprotokoll: v_c = 200 m/min, f_a = 3,5 mm, Gleichlauf

Quality sheet: v_c *= 200 m/min,* f_a *= 3.5 mm, climb cut*

Werkstück
20MnCr5
z_2 = 39
β_2 = 23°
b_2 = 30 mm
d_{a2} = 116,2 mm
d_{f2} = 100,0 mm

Werkzeug
K30 + AlCrN
m_{n0} = 2,557 mm
α_{n0} = 17,5°
h_{aP0} = 4,31 mm
ρ_{aP0} = 0,85 mm
n_{i0} / z_0 = 17 / 2
d_{a0} = 80 mm

Prozess
Gleichlauf, trocken
a_p = 8,1 mm
v_c = 160 m/min
f_a = 2,5 mm
$h_{cu,H}$ = 0,2 mm

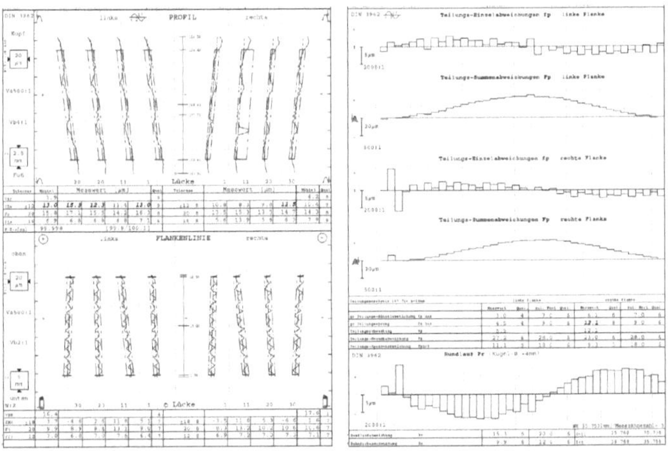

Bild IV-4: Messprotokoll: v_c = 160 m/min, f_a = 2,5 mm, Gleichlauf

Quality sheet: v_c *= 160 m/min,* f_a *= 2.5 mm, climb cut*

Werkstück
20MnCr5
z_2 = 39
β_2 = 23°
b_2 = 30 mm
d_{a2} = 116,2 mm
d_{f2} = 100,0 mm

Werkzeug
K30 + AlCrN
m_{n0} = 2,557 mm
α_{n0} = 17,5°
h_{aP0} = 4,31 mm
ρ_{aP0} = 0,85 mm
n_{i0} / z_0 = 17 / 2
d_{a0} = 80 mm

Prozess
Gleichlauf, trocken
a_P = 8,1 mm
v_c = 240 m/min
f_a = 2,5 mm
$h_{cu,H}$ = 0,2 mm

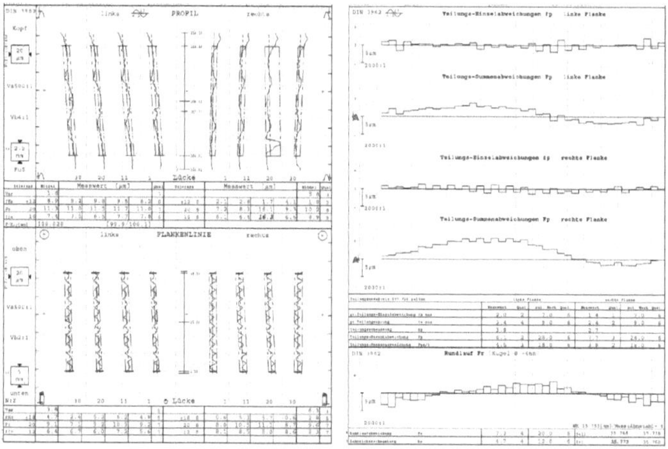

Bild IV-5: Messprotokoll: v_c = 240 m/min, f_a = 2,5 mm, Gleichlauf

Quality sheet: v_c *= 240 m/min,* f_a *= 2.5 mm, climb cut*

Werkstück
20MnCr5
z_2 = 39
β_2 = 23°
b_2 = 30 mm
d_{a2} = 116,2 mm
d_{f2} = 100,0 mm

Werkzeug
K30 + AlCrN
m_{n0} = 2,557 mm
α_{n0} = 17,5°
h_{aP0} = 4,31 mm
ρ_{aP0} = 0,85 mm
n_{i0} / z_0 = 17 / 2
d_{a0} = 80 mm

Prozess
Gegenlauf, trocken
a_P = 8,1 mm
v_c = 200 m/min
f_a = 2,5 mm
$h_{cu,H}$ = 0,2 mm

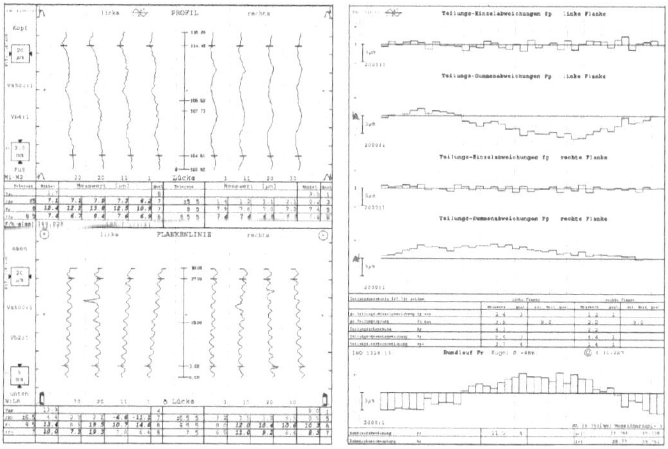

Bild IV-6: Messprotokoll: v_c = 200 m/min, f_a = 2,5 mm, Gegenlauf

Quality sheet: v_c *= 200 m/min,* f_a *= 2.5 mm, conventional cut*

IV.3 Drehmoment über Zeit

Torque over time

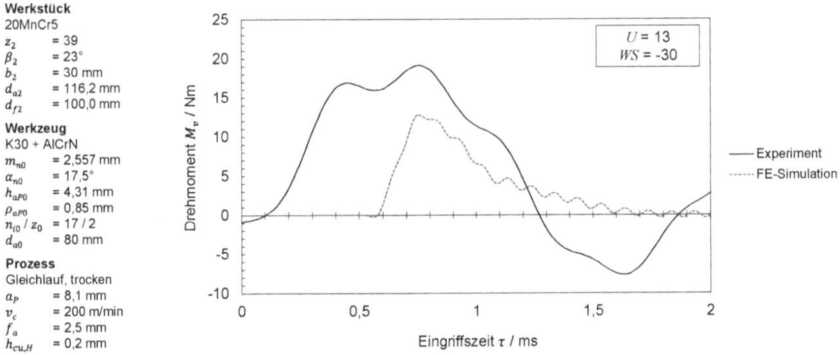

Bild IV-7: Drehmoment über Zeit: v_c = 200 m/min, f_a = 2,5 mm, Gleichlauf, U = 13, WS = -30

Torque over time: v_c *= 200 m/min,* f_a *= 2.5 mm, climb cut,* U *= 13,* WS *= -30*

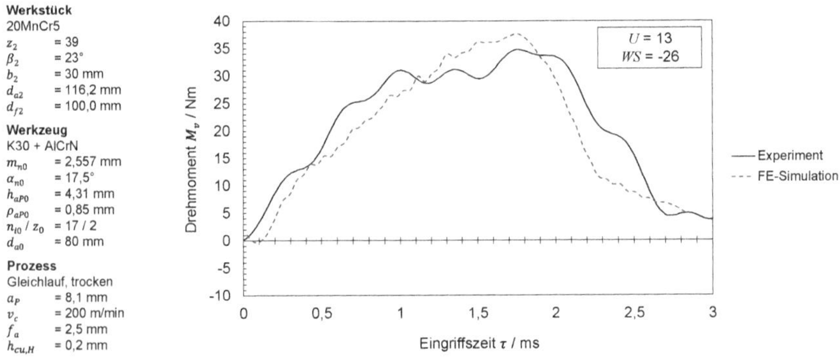

Bild IV-8: Drehmoment über Zeit: v_c = 200 m/min, f_a = 2,5 mm, Gleichlauf, U = 13, WS = -26

Torque over time: v_c *= 200 m/min,* f_a *= 2,5 mm, climb cut,* U *= 13,* WS *= -26*

Werkstück
20MnCr5
z_2 = 39
β_2 = 23°
b_2 = 30 mm
d_{a2} = 116,2 mm
d_{f2} = 100,0 mm
Werkzeug
K30 + AlCrN
m_{n0} = 2,557 mm
α_{n0} = 17,5°
h_{aP0} = 4,31 mm
ρ_{aP0} = 0,85 mm
n_{i0} / z_0 = 17 / 2
d_{a0} = 80 mm
Prozess
Gleichlauf, trocken
a_P = 8,1 mm
v_c = 200 m/min
f_a = 2,5 mm
$h_{cu,H}$ = 0,2 mm

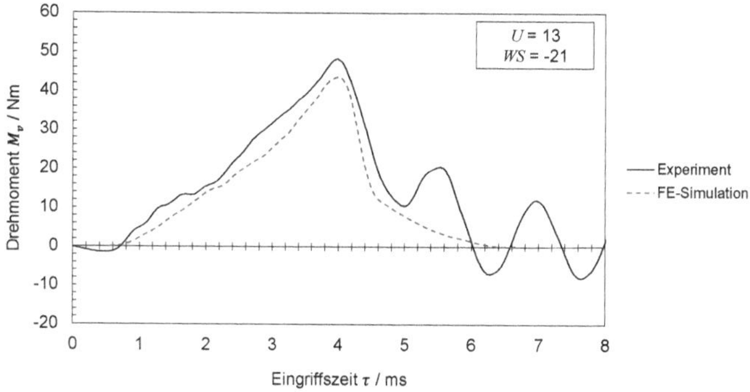

Bild IV-9: Drehmoment über Zeit: v_c = 200 m/min, f_a = 2,5 mm, Gleichlauf, U = 13, WS = -21

Torque over time: v_c *= 200 m/min,* f_a *= 2,5 mm, climb cut,* U *= 13,* WS *= -21*

Werkstück
20MnCr5
z_2 = 39
β_2 = 23°
b_2 = 30 mm
d_{a2} = 116,2 mm
d_{f2} = 100,0 mm
Werkzeug
K30 + AlCrN
m_{n0} = 2,557 mm
α_{n0} = 17,5°
h_{aP0} = 4,31 mm
ρ_{aP0} = 0,85 mm
n_{i0} / z_0 = 17 / 2
d_{a0} = 80 mm
Prozess
Gleichlauf, trocken
a_P = 8,1 mm
v_c = 200 m/min
f_a = 2,5 mm
$h_{cu,H}$ = 0,2 mm

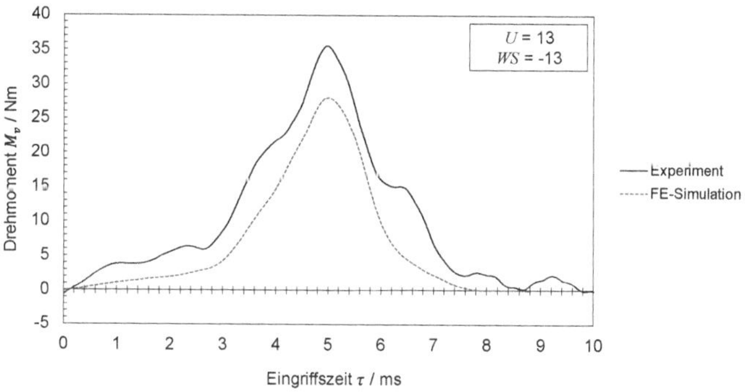

Bild IV-10: Drehmoment über Zeit: v_c = 200 m/min, f_a = 2,5 mm, Gleichlauf, U = 13, WS = -13

Torque over time: v_c *= 200 m/min,* f_a *= 2,5 mm, climb cut,* U *= 13,* WS *= -13*

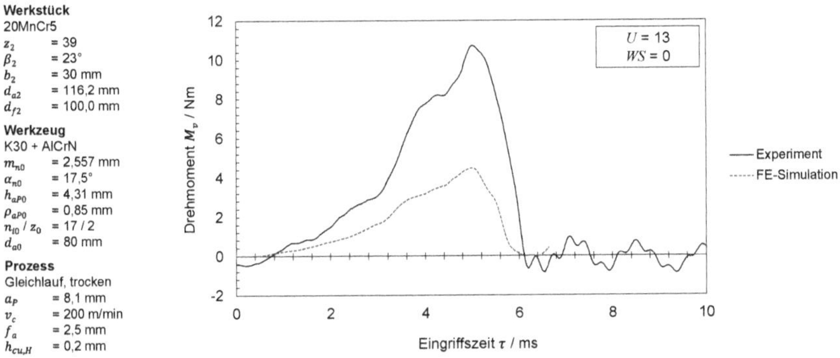

Bild IV-11: Drehmoment über Zeit: v_c = 200 m/min, f_a = 2,5 mm, Gleichlauf, U = 13, WS = 0

Torque over time: v_c *= 200 m/min,* f_a *= 2,5 mm, climb cut,* U *= 13,* WS *= 0*

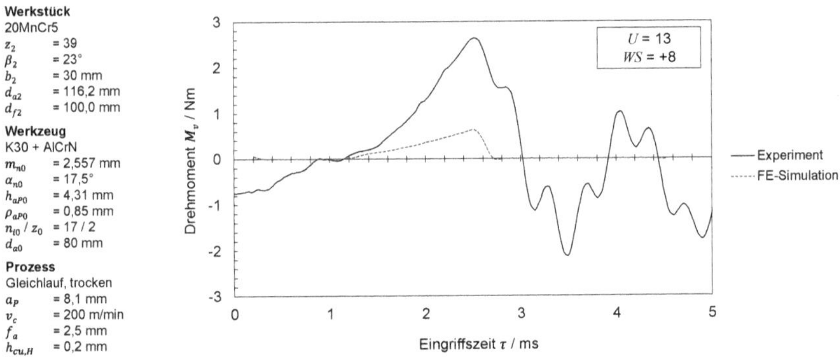

Bild IV-12: Drehmoment über Zeit: v_c = 200 m/min, f_a = 2,5 mm, Gleichlauf, U = 13, WS = 8

Torque over time: v_c *= 200 m/min,* f_a *= 2,5 mm, climb cut,* U *= 13,* WS *= 8*

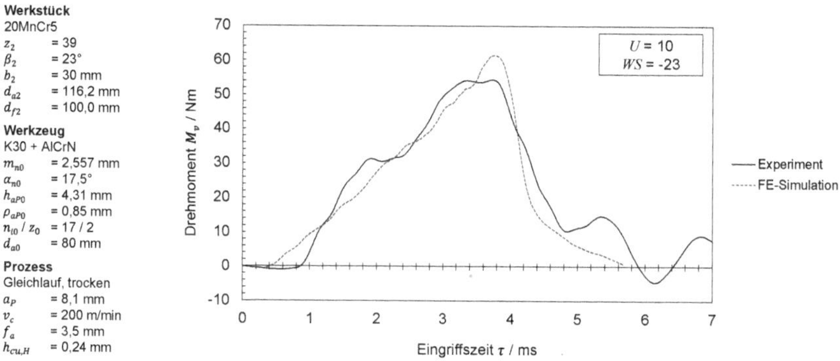

Bild IV-13: Drehmoment über Zeit: v_c = 200 m/min, f_a = 3,5 mm, Gleichlauf, U = 10, WS = -23

Torque over time: v_c = *200 m/min,* f_a = *3,5 mm, climb cut,* U = *10,* WS = *-23*

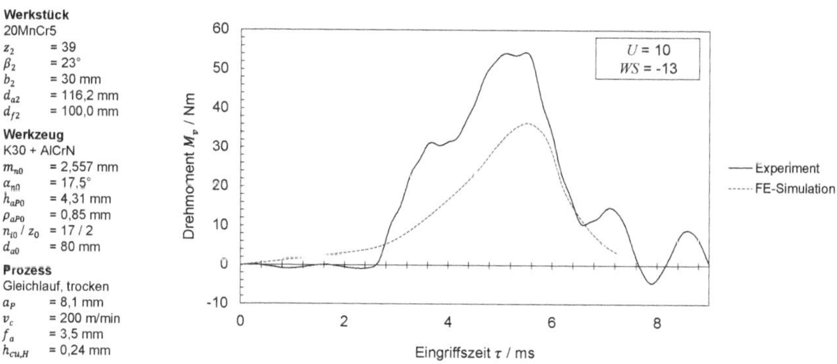

Bild IV-14: Drehmoment über Zeit: v_c = 200 m/min, f_a = 3,5 mm, Gleichlauf, U = 10, WS = -13

Torque over time: v_c = *200 m/min,* f_a = *3,5 mm, climb cut,* U = *10,* WS = *-13*

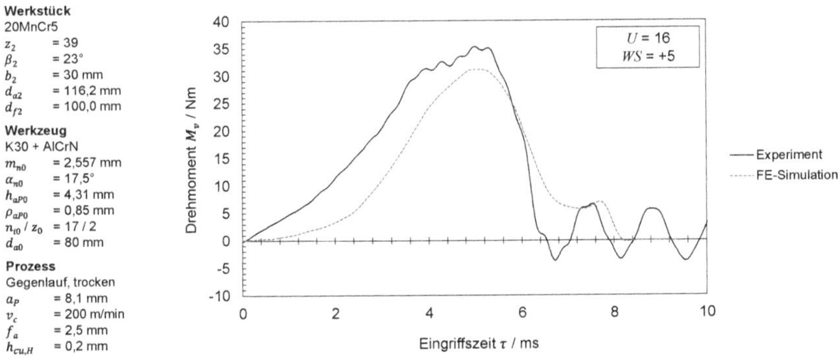

Bild IV-15: Drehmoment über Zeit: v_c = 200 m/min, f_a = 2,5 mm, Gegenlauf, U = 16, WS = 5

Torque over time: v_c = *200 m/min,* f_a = *2,5 mm, conventional cut,* U = *16,* WS = *5*

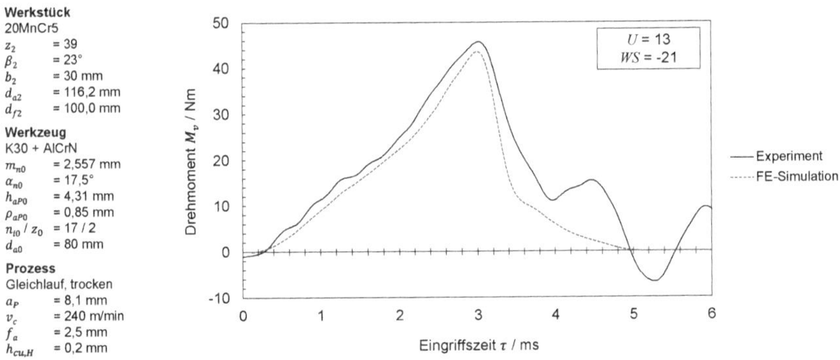

Bild IV-16: Drehmoment über Zeit: v_c = 240 m/min, f_a = 2,5 mm, Gleichlauf, U = 13, WS = -21

Torque over time: v_c = *240 m/min,* f_a = *2,5 mm, climb cut,* U = *13,* WS = *-21*

IV.4 Simulierte vs. reale Späne

Simulated vs. real chips

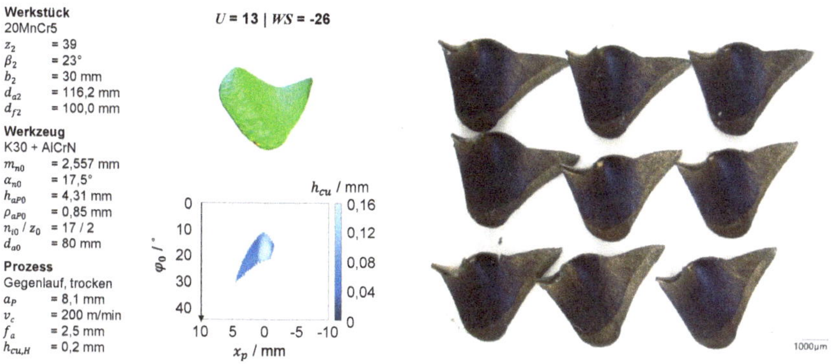

Bild IV-17: Spanvergleich: v_c = 200 m/min, f_a = 2,5 mm, Gleichlauf, U = 13, WS = -26

Chip comparison: v_c = *200 m/min,* f_a = *2,5 mm, climb cut,* U = *13,* WS = *-26*

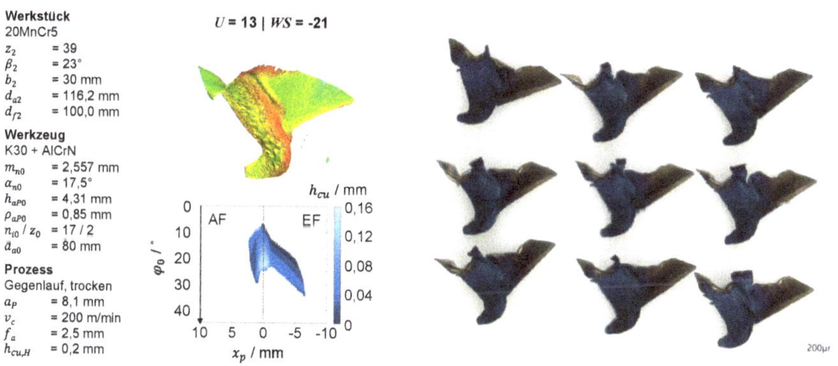

Bild IV-18: Spanvergleich: v_c = 200 m/min, f_a = 2,5 mm, Gleichlauf, U = 13, WS = -21

Chip comparison: v_c = *200 m/min,* f_a = *2,5 mm, climb cut,* U = *13,* WS = *-21*

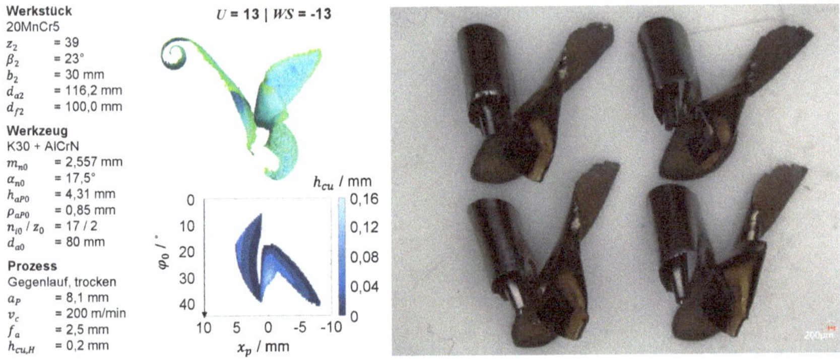

Bild IV-19: Spanvergleich: v_c = 200 m/min, f_a = 2,5 mm, Gleichlauf, U = 13, WS = -13

Chip comparison: v_c = *200 m/min,* f_a = *2,5 mm, climb cut,* U = *13,* WS = *-13*

IV.5 Statistische Analyse der Modellgleichungen

Statistical analysis of model equations

Methode der kleinsten Fehlerquadrate

Die Methode der kleinsten Fehlerquadrate ist eine mathematische Optimierungsmethode. Aus einer Menge an Datenpunkten wird eine Modellfunktion bestimmt, die Beobachtungen möglichst genau beschreibt. Die Modellparameter werden numerisch bestimmt, indem die Summe der Quadrate der vertikalen Abweichungen (Residuum e) der Kurve von den Beobachtungen y minimiert wird.

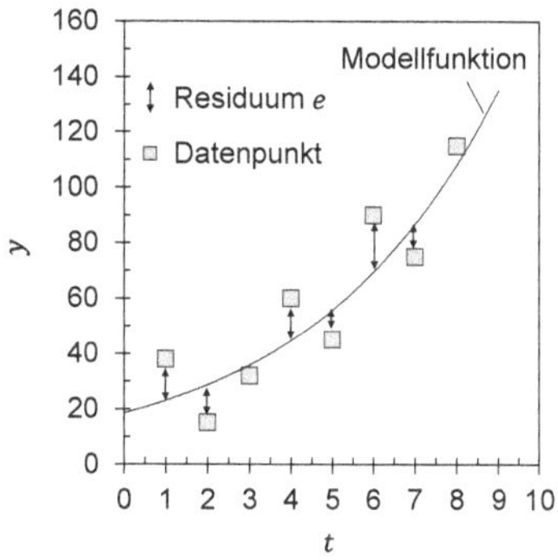

Nonlinear regression model	
Number of observations	Anzahl der Beobachtungen
Error degrees of freedom	Anzahl der Beobachtungen minus der Anzahl der Koeffizienten im Modell.
Root mean squared error	Quadratwurzel der mittleren quadratischen Abweichung. Gibt an, wie gut Modell an vorliegende Daten angepasst ist. Ein Wert von Null würde eine perfekte Abbildung der Daten bedeuten.
R-squared	Bestimmtheitsmaß. Anteil der Varianz der abhängigen Variable, der durch die unabhängige(n) Variable(n) erklärt wird.
Adjusted R-squared	Korrigiertes Bestimmtheitsmaß. „Bestraft" das Bestimmtheitsmaß in Abhängigkeit von der Anzahl der erklärenden Variablen
F-statistic vs. zero model	Teststatistik für den F-Test des Regressionsmodells, mit dem geprüft wird, ob das Modell signifikant besser passt als ein Modell, das nur aus einem konstanten Term besteht.
p-value	p-Wert für den F-Test des Modells

Estimated coefficients	
Estimate	Schätzung der Koeffizienten für jeden entsprechenden Term im Modell
SE	Standardfehler der Koeffizienten
tStat	t-Statistik für jeden Koeffizienten zum Testen der Nullhypothese, dass der entsprechende Koeffizient Null ist, gegen die Alternative, dass er sich von Null unterscheidet, wenn die anderen Prädiktoren im Modell gegeben sind. *tStat = Estimate/SE*
pValue	p-Wert für die t-Statistik des Hypothesentests, dass der entsprechende Koeffizient gleich Null ist oder nicht.

Residual plots	
Histogram of residuals	Überprüfung der Annahme, dass die Residuen normalverteilt sind.
Plot of residuals vs. fitted values	Überprüfung der Annahme, dass die Residuen zufällig verteilt sind und eine konstante Varianz aufweisen. Im Idealfall sollten die Punkte zufällig ohne erkennbare Muster auf beide Seiten von Null fallen.
Plot of residuals vs. lagged residuals	Überprüfung der Annahme, dass die Fehler unabhängig sind oder nicht. Der Wert des Residuums wird gegen den Wert des darauffolgenden Residuums in chronologischer Reihenfolge der Beobachtung aufgetragen. Wenn die Fehler unabhängig sind, sollte das Diagramm kein Muster oder eine Struktur aufweisen. In diesem Fall scheinen die Punkte zufällig über das Diagramm verstreut zu sein.
Symmetry plot of residuals around their median	Überprüfung der Annahme, dass die Residuen normalverteilt sind. Die Residuen werden geordnet und gegen die entsprechenden Prozentpunkte der standardisierten Normalverteilung aufgetragen. Wenn die Residuen entlang einer Geraden liegen, ist die Normalitätsannahme erfüllt.

Quellen: [DRAP98, SEBE03, MATH18]

Nonlinear Regression Model

$$\mu_e \sim v_c^{c_1} \cdot \exp(c_2 \cdot \gamma_{ne} - c_3 \cdot h_{cu})$$

Number of observations: 101, Error degrees of freedom: 98
Root Mean Squared Error: 0.0149
R-Squared: 0.98, Adjusted R-Squared 0.98
F-statistic vs. zero model: 5.82e+04, p-value = 4.08e-159

Estimated Coefficients

	Estimate	SE	tStat	pValue
c_1	-0.050277	0.00075077	-66.967	1.2169e-83
c_2	0.013802	0.0004826	28.6	2.3327e-49
c_3	1.9361	0.031881	60.728	1.414e-79

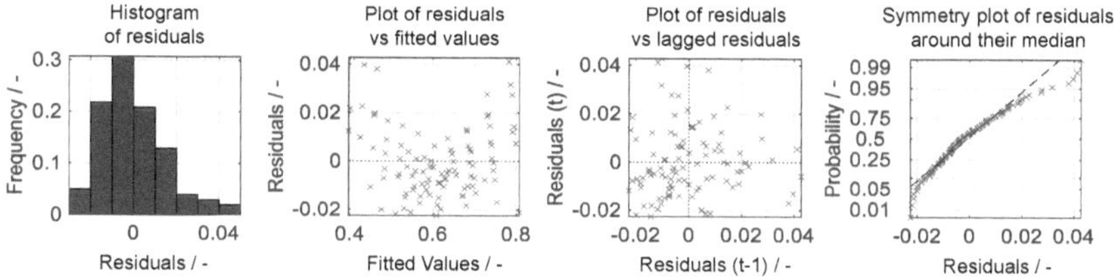

Bild IV-20: Reibmodell - Gl. 6-1

Friction model

Nonlinear Regression Model

$$\phi \sim c_1 + c_2 \cdot (\lambda - \gamma_{ne})$$

Number of observations: 101, Error degrees of freedom: 99
Root Mean Squared Error: 1.08
R-Squared: 0.912, Adjusted R-Squared 0.911
F-statistic vs. zero model: 1.02e+03, p-value = 5.14e-54

Estimated Coefficients

	Estimate	SE	tStat	pValue
c_1	46.243	0.661	69.959	4.1799e-86
c_2	0.66833	0.020884	32.002	5.1391e-54

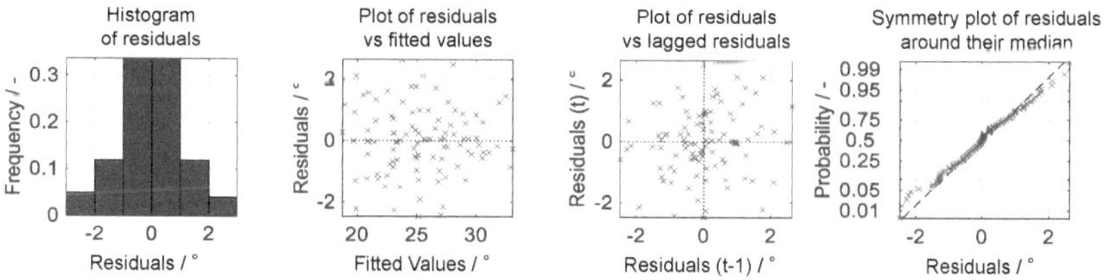

Bild IV-21: Scherwinkelmodell - Gl. 6-3

Shear angle model

Nonlinear Regression Model

$$F_c \sim \frac{cos(\lambda - \gamma_{ne})}{sin(\phi) \cdot cos(\phi + \lambda - \gamma_{ne})} \cdot c_1 \cdot h_{cu} \cdot b_{cu}$$

Number of observations: 101, Error degrees of freedom: 100
Root Mean Squared Error: 5.34
R-Squared: 0.998, Adjusted R-Squared 0.998
F-statistic vs. zero model: 2.27e+05, p-value = 1.14e-169

Estimated Coefficients

	Estimate	SE	tStat	pValue
c_1	505.58	1.0604	476.8	1.1428e-169

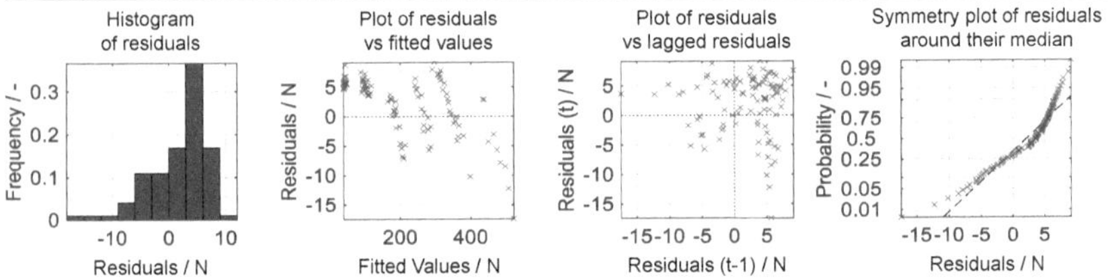

Bild IV-22: Schnittkraftmodell - Gl. 6-4

Cutting force model

Nonlinear Regression Model

$$F_c \sim c_1 \cdot v_c^{c_2} \cdot h_{cu}^{c_3} \cdot e^{c_4 \cdot \gamma} \cdot b_{cu}$$

Number of observations: 101, Error degrees of freedom: 97
Root Mean Squared Error: 2.27
R-Squared: 1, Adjusted R-Squared 1
F-statistic vs. zero model: 3.16e+05, p-value = 1.34e-198

Estimated Coefficients

	Estimate	SE	tStat	pValue
c_1	1752.6	45.808	38.26	2.5248e-60
c_2	-0.058867	0.0049093	-11.991	7.3497e-21
c_3	0.83201	0.0019311	430.85	5.3117e-161
c_4	-0.01166	0.00018232	-63.956	4.0428e-81

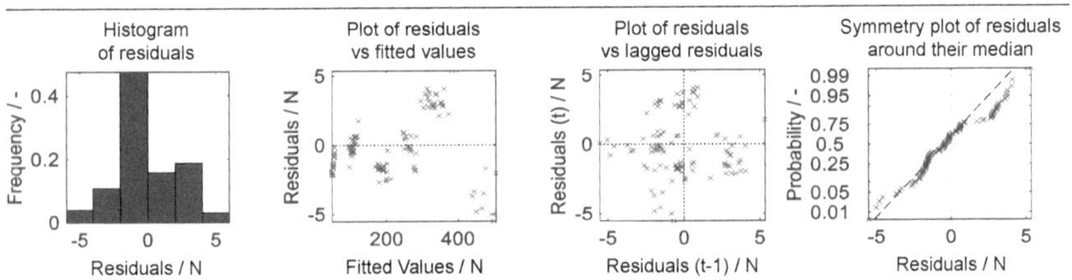

Bild IV-23: Schnittkraftmodell - Gl. 6-5

Cutting force model

Nonlinear Regression Model

$$\vartheta_{\gamma,s} \sim \frac{(1-\Gamma)\cdot P_{\phi}\cdot K_s}{\rho_{wst}\cdot c_{wst}\cdot v_c\cdot h_{cu}\cdot b_{cu}} + \vartheta_0 \quad and \quad \Gamma = c_1 - c_2 \cdot lg(n_{pe}\cdot tan(\phi))$$

Number of observations: 101, Error degrees of freedom: 99
Root Mean Squared Error: 12.9
R-Squared: 0.955, Adjusted R-Squared 0.955
F-statistic vs. zero model: 6.23e+04, p-value = 3.34e-154

Estimated Coefficients

	Estimate	SE	tStat	pValue
c_1	0.77022	0.0041035	187.7	3.5891e-128
c_2	0.32935	0.0037548	87.714	1.1248e-95

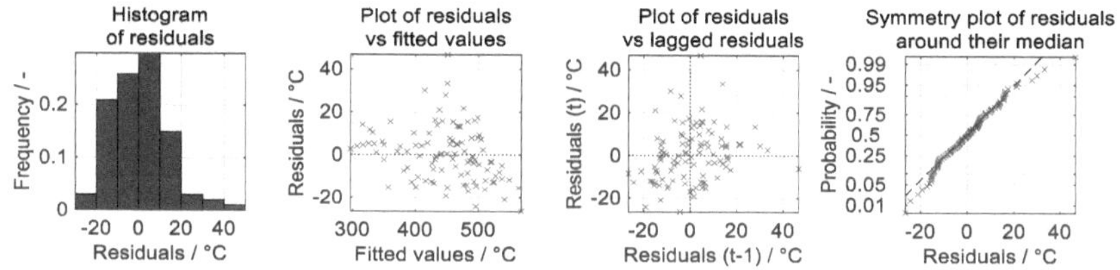

Bild IV-24: Schneidkantentemperaturmodell - Gl. 6-20 & Gl. 6-18
Cutting edge temperature model

Nonlinear Regression Model

$$\vartheta_{\gamma,s} \sim \frac{(1-\Gamma)\cdot P_{\phi}\cdot K_s}{\rho_{wst}\cdot c_{wst}\cdot v_c\cdot h_{cu}\cdot b_{cu}} + \vartheta_0 \quad and \quad \Gamma = \frac{c_1}{c_2+[n_{pe}\cdot tan(\phi)]^{c_3}}$$

Number of observations: 101, Error degrees of freedom: 98
Root Mean Squared Error: 12.5
R-Squared: 0.958, Adjusted R-Squared 0.957
F-statistic vs. zero model: 4.37e+04, p-value = 4.98e-153

Estimated Coefficients

	Estimate	SE	tStat	pValue
c_1	5.3138	0.56134	9.4662	1.7444e-15
c_2	6.3417	0.8383	7.5649	2.1251e-11
c_3	0.74789	0.029289	25.535	4.2264e-45

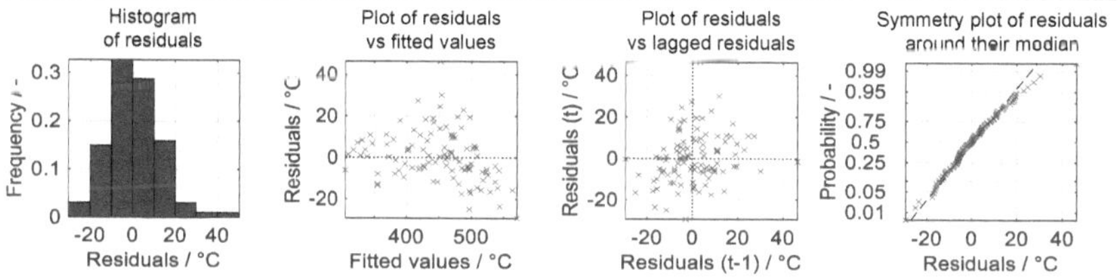

Bild IV-25: Schneidkantentemperaturmodell - Gl. 6-20 & Gl. 6-19
Cutting edge temperature model

Nonlinear Regression Model
$l_f \sim \frac{sin(\phi+\lambda-\gamma_{ne})}{cos(\lambda)\cdot sin(\phi)} \cdot c_1 \cdot h_{cu} \cdot \exp(r_c)$
Number of observations: 101, Error degrees of freedom: 100 Root Mean Squared Error: 1.65e-05 R-Squared: 0.98, Adjusted R-Squared 0.98 F-statistic vs. zero model: 1.76e+04, p-value = 3.22e-114

Estimated Coefficients	Estimate	SE	tStat	pValue
c_1	0.42777	0.0032248	132.65	3.222e-114

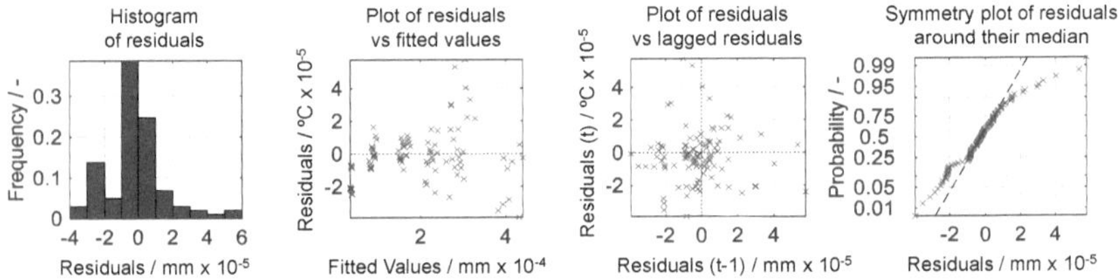

Bild IV-26: Kontaktlängenmodell - Gl. 6-25

Contact length model

Nonlinear Regression Model
$\vartheta_{\gamma,max} \sim c_1 \cdot \vartheta_{\gamma,f} \cdot n_{pe} + \vartheta_{\gamma,s}$
Number of observations: 101, Error degrees of freedom: 100 Root Mean Squared Error: 23 R-Squared: 0.981, Adjusted R-Squared 0.981 F-statistic vs. zero model: 8.02e+04, p-value = 4.61e-147

Estimated Coefficients	Estimate	SE	tStat	pValue
c_1	0.035614	0.00039117	91.043	5.2271e-98

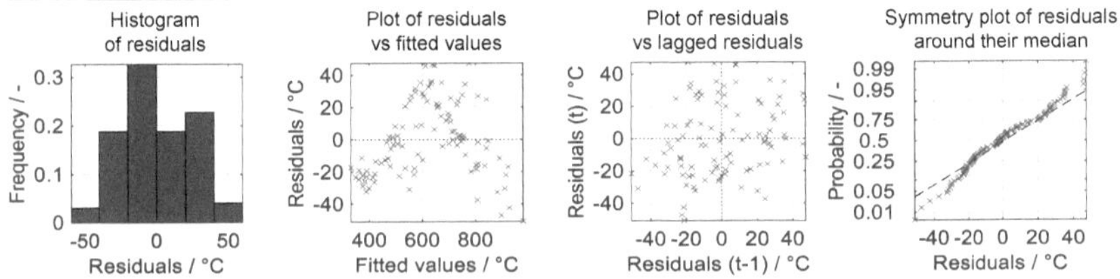

Bild IV-27: Maximale-Spanflächentemperatur-Modell - Gl. 6-21 & Gl. 6-27

Maximum rake face temperature model

IV.6 Variable Spanungsdickenverläufe

Variable chip thickness profiles

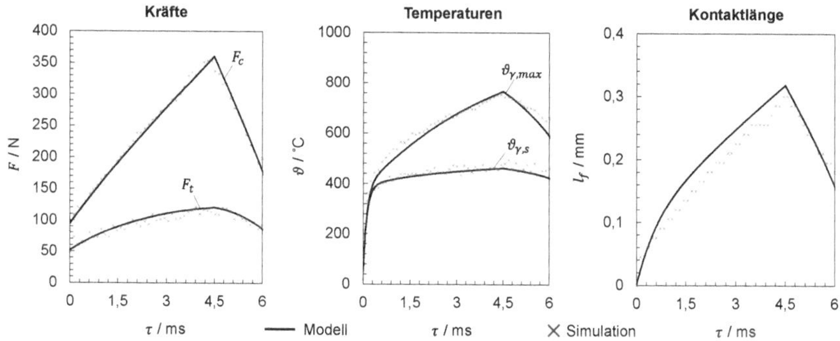

v_c = 200 m/min; b_{cu} = 0,1 mm; γ_{ne} = 10°; r_β = 10 µm; $h_{cu,B}$ = 0,25 mm, $h_{cu,A}$ = $h_{cu,C}$ = 0,05 mm, $l_{cu,B}$ = 15 mm, $l_{cu,C}$ = 22 mm

Bild IV-28: Spanungsdickenverlauf: v_c = 200 m/min, γ_{ne} = +10°

Chip thickness profile: v_c = *200 m/min,* γ_{ne} = *+10°*

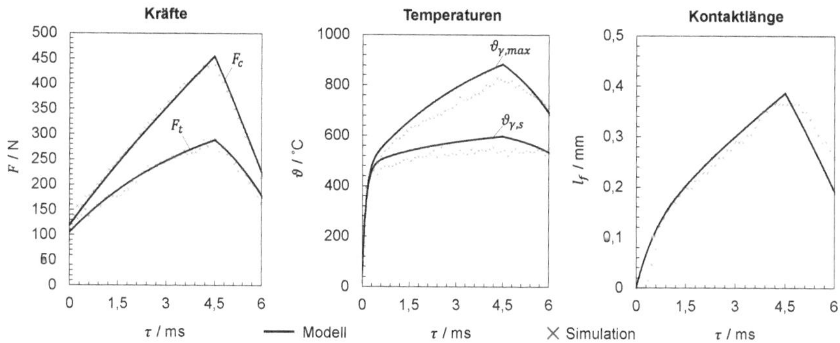

v_c = 200 m/min; b_{cu} = 0,1 mm; γ_{ne} = -10°; r_β = 10 µm; $h_{cu,B}$ = 0,25 mm, $h_{cu,A}$ = $h_{cu,C}$ = 0,05 mm, $l_{cu,B}$ = 15 mm, $l_{cu,C}$ = 22 mm

Bild IV-29: Spanungsdickenverlauf: v_c = 200 m/min, γ_{ne} = -10°

Chip thickness profile: v_c = *200 m/min,* γ_{ne} = *-10°*

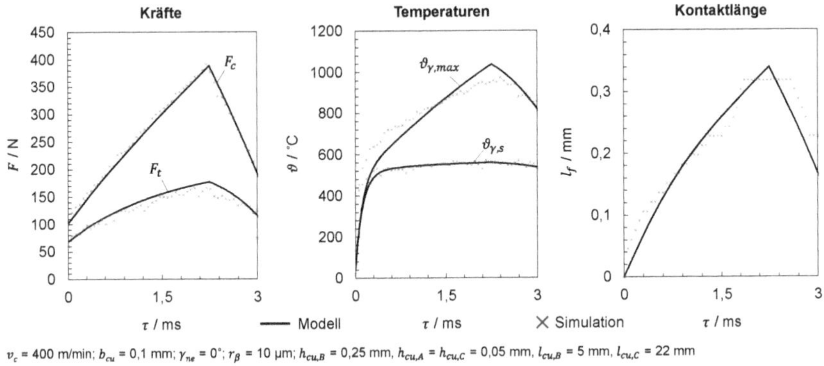

Bild IV-30: Spanungsdickenverlauf: v_c = 400 m/min, γ_{ne} = 0°

Chip thickness profile: v_c *= 400 m/min,* γ_{ne} *= -10°*

IV.7 Drehmoment über Wälzstellungen

Torque over generating positions

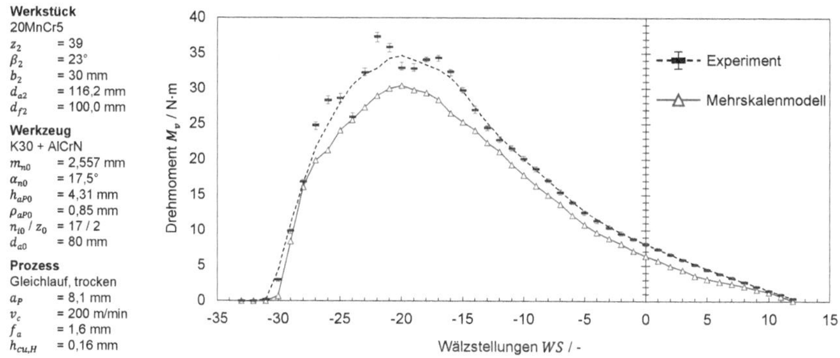

Bild IV-31: Drehmoment über WS: v_c = 200 m/min, f_a = 1,6 mm, Gleichlauf

Torque over GP: v_c *= 200 m/min,* f_a *= 1.6 mm, climb cut*

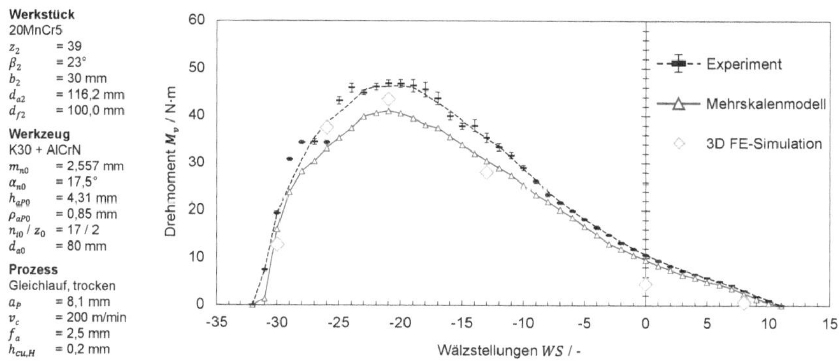

Bild IV-32: Drehmoment über WS: v_c = 200 m/min, f_a = 2,5 mm, Gleichlauf

Torque over GP: v_c *= 200 m/min,* f_a *= 2.5 mm, climb cut*

Werkstück
20MnCr5
z_2 = 39
β_2 = 23°
b_2 = 30 mm
d_{a2} = 116,2 mm
d_{f2} = 100,0 mm

Werkzeug
K30 + AlCrN
m_{n0} = 2,557 mm
α_{n0} = 17,5°
h_{aP0} = 4,31 mm
ρ_{aP0} = 0,85 mm
n_{i0} / z_0 = 17 / 2
d_{a0} = 80 mm

Prozess
Gleichlauf, trocken
a_P = 8,1 mm
v_c = 200 m/min
f_a = 3,5 mm
$h_{cu,H}$ = 0,24 mm

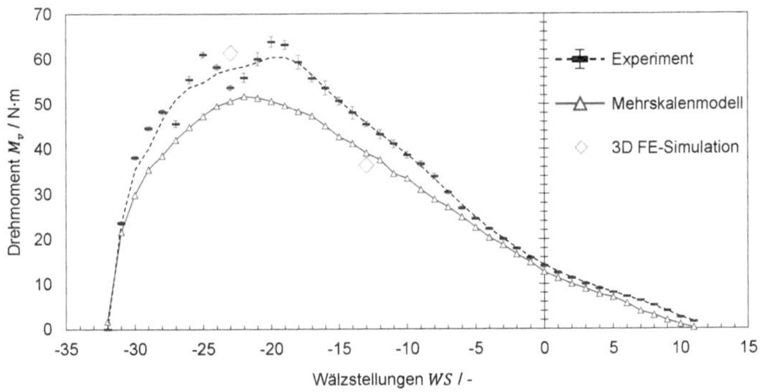

Bild IV-33: Drehmoment über WS: v_c = 200 m/min, f_a = 3,5 mm, Gleichlauf

Torque over GP: v_c *= 200 m/min,* f_a *= 3.5 mm, climb cut*

Werkstück
20MnCr5
z_2 = 39
β_2 = 23°
b_2 = 30 mm
d_{a2} = 116,2 mm
d_{f2} = 100,0 mm

Werkzeug
K30 + AlCrN
m_{n0} = 2,557 mm
α_{n0} = 17,5°
h_{aP0} = 4,31 mm
ρ_{aP0} = 0,85 mm
n_{i0} / z_0 = 17 / 2
d_{a0} = 80 mm

Prozess
Gleichlauf, trocken
a_P = 8,1 mm
v_c = 160 m/min
f_a = 2,5 mm
$h_{cu,H}$ = 0,2 mm

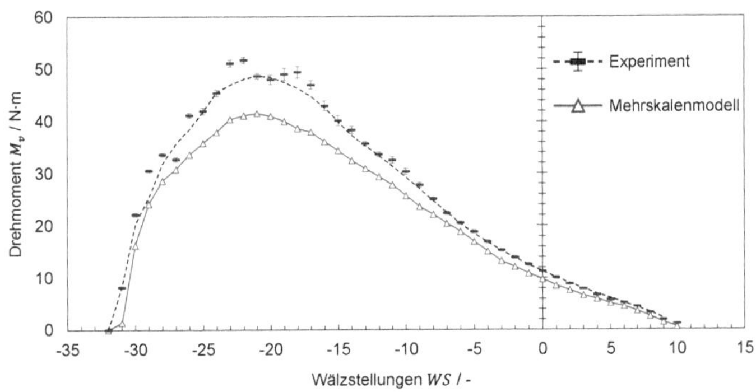

Bild IV-34: Drehmoment über WS: v_c = 160 m/min, f_a = 2,5 mm, Gleichlauf

Torque over GP: v_c *= 160 m/min,* f_a *= 2.5 mm, climb cut*

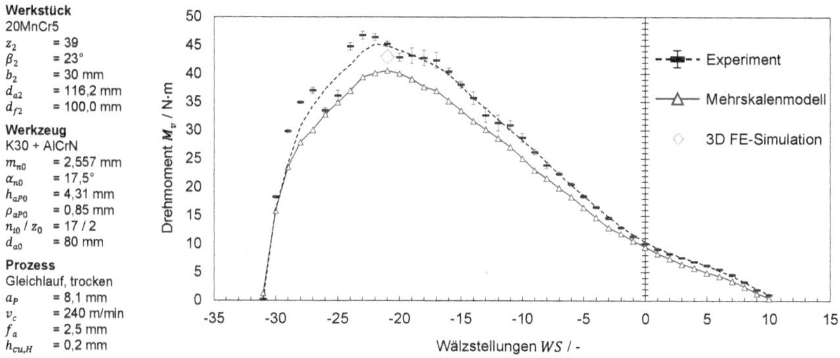

Bild IV-35: Drehmoment über WS: v_c = 240 m/min, f_a = 2,5 mm, Gleichlauf

Torque over GP: v_c *= 240 m/min,* f_a *= 2.5 mm, climb cut*

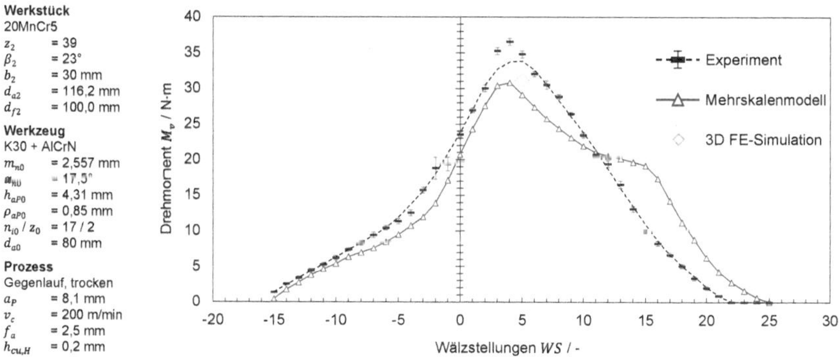

Bild IV-36: Drehmoment über WS: v_c = 200 m/min, f_a = 2,5 mm, Gegenlauf

Torque over GP: v_c *= 200 m/min,* f_a *= 2.5 mm, conventional cut*

IV.8 Maximale Temperatur – FE-Simulation vs. Berechnung

Maximum temperature – FE-simulation vs. calculation

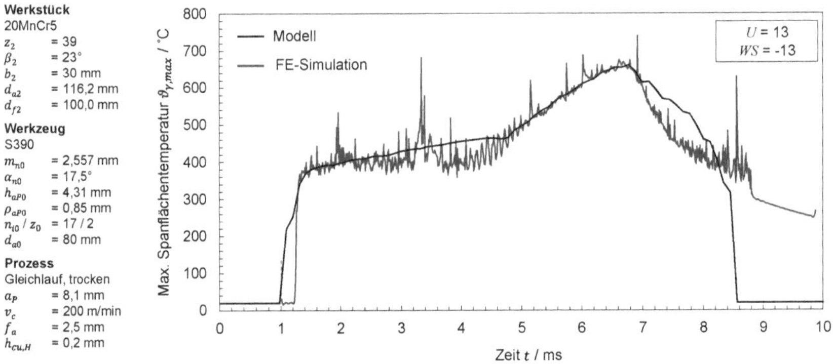

Bild IV-37: Max. Temperatur: v_c = 200 m/min, f_a = 3,5 mm, Gleichlauf, U = 10, WS = -13

Max. temperature: v_c = *200 m/min,* f_a = *3,5 mm, climb cut,* U = *10,* WS = *-13*

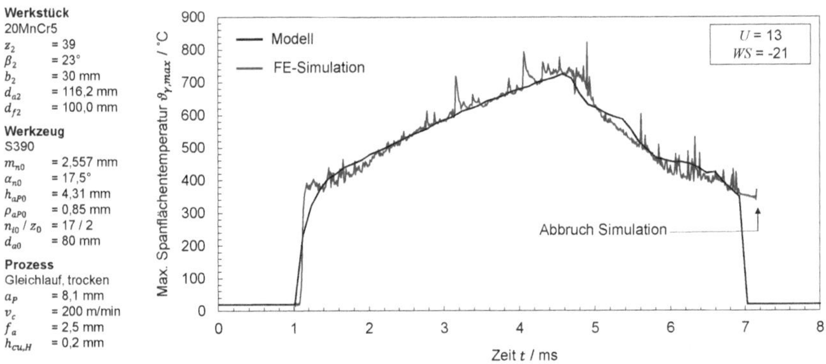

Bild IV-38: Max. Temperatur: v_c = 200 m/min, f_a = 3,5 mm, Gleichlauf, U = 10, WS = -23

Max. temperature: v_c = *200 m/min,* f_a = *3,5 mm, climb cut,* U = *10,* WS = *-23*

Werkstück
20MnCr5
z_2 = 39
β_2 = 23°
b_2 = 30 mm
d_{a2} = 116,2 mm
d_{f2} = 100,0 mm
Werkzeug
S390
m_{n0} = 2,557 mm
α_{n0} = 17,5°
h_{aP0} = 4,31 mm
ρ_{aP0} = 0,85 mm
n_{i0} / z_0 = 17 / 2
d_{a0} = 80 mm
Prozess
Gleichlauf, trocken
a_P = 8,1 mm
v_c = 240 m/min
f_a = 2,5 mm
$h_{cu,H}$ = 0,2 mm

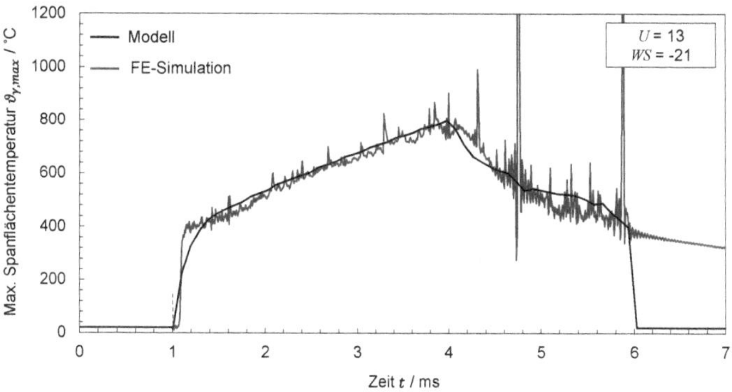

Bild IV-39: Max. Temperatur: v_c = 240 m/min, f_a = 2,5 mm, Gleichlauf, U = 13, WS = -21
Max. temperature: v_c *= 240 m/min,* f_a *= 2,5 mm, climb cut,* U *= 13,* WS *= -21*

Werkstück
20MnCr5
z_2 = 39
β_2 = 23°
b_2 = 30 mm
d_{a2} = 116,2 mm
d_{f2} = 100,0 mm
Werkzeug
S390
m_{n0} = 2,557 mm
α_{n0} = 17,5°
h_{aP0} = 4,31 mm
ρ_{aP0} = 0,85 mm
n_{i0} / z_0 = 17 / 2
d_{a0} = 80 mm
Prozess
Gegenlauf, trocken
a_P = 8,1 mm
v_c = 200 m/min
f_a = 2,5 mm
$h_{cu,H}$ = 0,2 mm

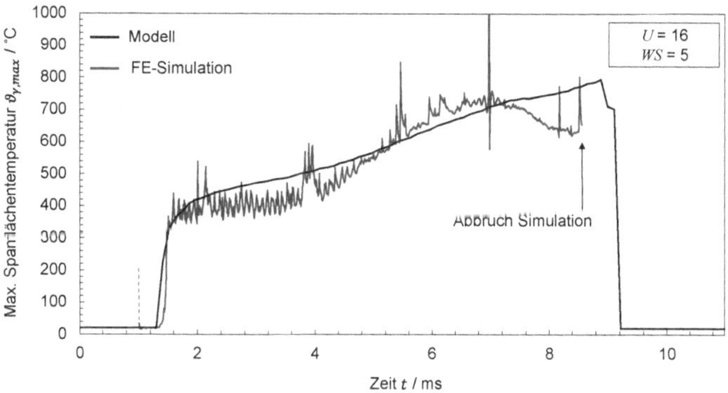

Bild IV-40: Max. Temperatur: v_c = 200 m/min, f_a = 2,5 mm, Gegenlauf, U = 16, WS = 5
Max. temperature: v_c *= 200 m/min,* f_a *= 2,5 mm, conv. cut,* U *= 16,* WS *= 5*

IV.9 Häufigkeitsverteilungen

Frequency distributions

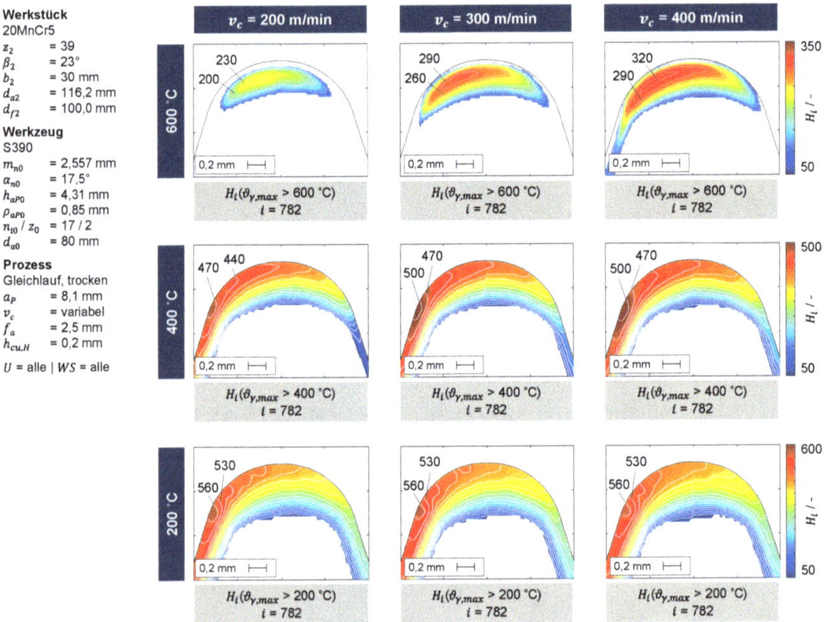

Bild IV-41: Histogramm: Maximale Temperatur, f_a = 2,5 mm, Gleichlauf

Histogram: maximum temperature, f_a *= 2,5 mm, climb cut*

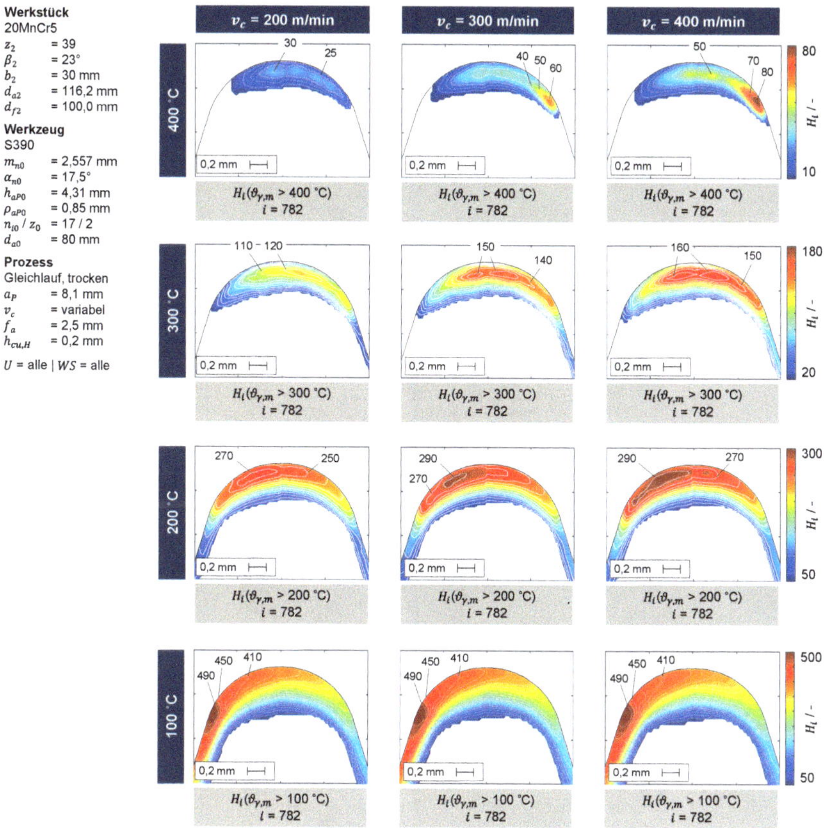

Bild IV-42: Histogramm: Mittlere Temperatur, f_a = 2,5 mm, Gleichlauf

Histogram: mean temperature, f_a *= 2,5 mm, climb cut*

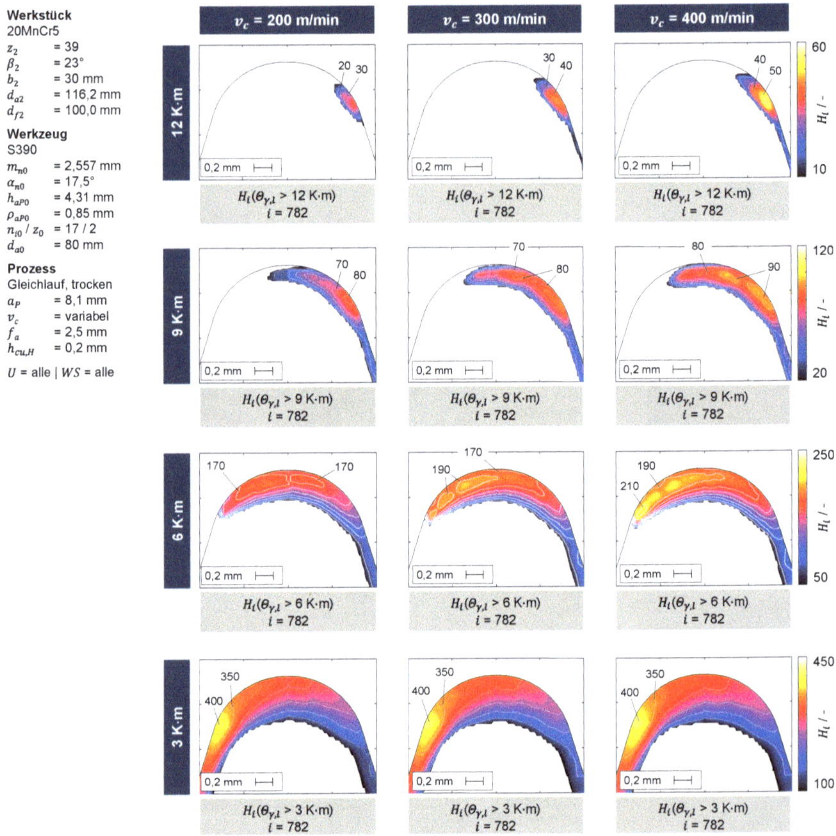

Bild IV-43: Histogramm: Temperatur-Weg-Integral, f_a = 2,5 mm, Gleichlauf

Histogram: temperature-distance-integral, f_a *= 2,5 mm, climb cut*

Werkstück
20MnCr5
z_2 = 39
β_2 = 23°
b_2 = 30 mm
d_{a2} = 116,2 mm
d_{f2} = 100,0 mm

Werkzeug
S390
m_{n0} = 2,557 mm
α_{n0} = 17,5°
h_{aP0} = 4,31 mm
ρ_{aP0} = 0,85 mm
n_{i0} / z_0 = 17 / 2
d_{a0} = 80 mm

Prozess
Gleichlauf, trocken
a_p = 8,1 mm
v_c = variabel
f_a = 2,5 mm
$h_{cu,H}$ = 0,2 mm

U = alle | WS = alle

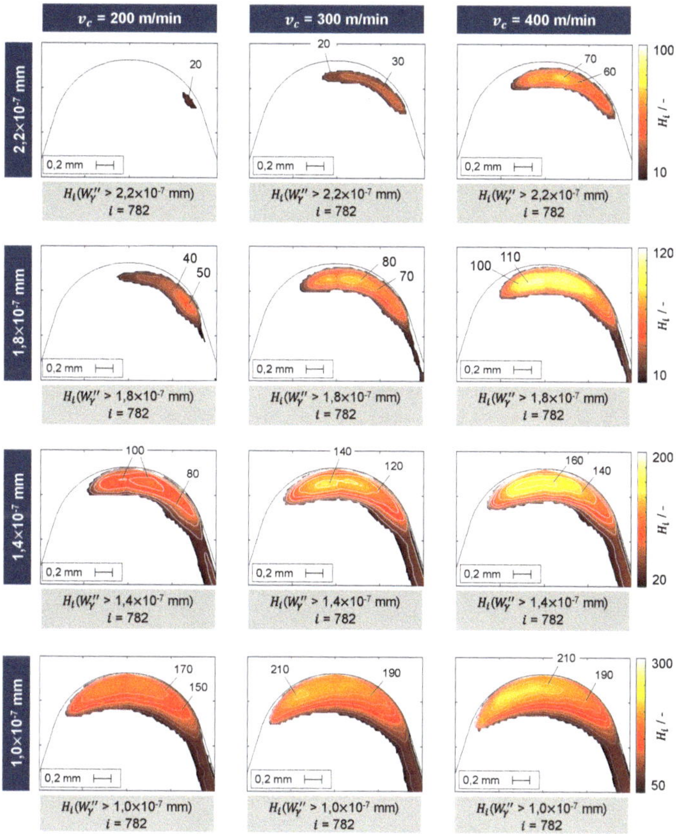

Bild IV-44: Histogramm: Bezogenes Verschleißvolumen, f_a = 2,5 mm, Gleichlauf

Histogram: specific wear volume, f_a *= 2,5 mm, climb cut*

In der Reihe **Ergebnisse aus der Produktionstechnik** zuletzt erschienen:

Welsing, Martin:
Bewertung der ökologischen Nachhaltigkeit von Produktionsnetzwerkkonfigurationen
ISBN: 978-3-98555-155-2
Erscheinungsdatum: 19.04.2023

Troß, Nico:
Mehrskalenmodellierung der thermomechanischen Werkzeugbelastung beim Trockenwälzfräsen
ISBN: 978-3-98555-158-3
Erscheinungsdatum: 19.04.2023

Beckers, Alexander:
Auslegung wirtschaftlich-technologisch optimierter Fertigungsprozessfolgen mittels prozessübergreifender Modellierung
ISBN: 978-3-98555-154-5
Erscheinungsdatum: 18.04.2023

Nicksch, Christoph:
Konfiguration verteilter Large-Scale Metrology Systeme in rekonfigurierbaren Montageumgebungen
ISBN: 978-3-98555-152-1
Erscheinungsdatum: 20.03.2023

Gipperich, Marius:
Untersuchung eines Zweistrahlprozesses als Ansatz zur Prozessstabilitätserhöhung des drahtbasierten Laserauftragschweißens
ISBN: 978-3-98555-151-4
Erscheinungsdatum: 15.03.2023

Ahmad, Mubarik:
Anregungsgerechte Auslegung und Tolerierung schnelllaufender Getriebe unter Berücksichtigung kurz- und langwelliger Verzahnungsabweichungen
ISBN: 978-3-98555-130-9
Erscheinungsdatum: 06.03.2023

Motschke, Tobias:
Analyse und Modellierung der Dämpfungseigenschaften von Spindellagern
ISBN: 978-3-98555-148-4
Erscheinungsdatum: 06.03.2023

Priwisch, Martin:
Kontaktfreie Bahnlaufregelung zur Herstellung funktionaler Mehrlagensysteme in einem kontinuierlichen Laminierprozess
ISBN: 978-3-98555-139-2
Erscheinungsdatum: 27.02.2023

Frye, Maik:
Recommending Data Preprocessing Pipelines for Machine Learning Applications in Production
ISBN: 978-3-98555-147-7
Erscheinungsdatum: 15.02.2023

Cremer, Sven:
Controlling der Migration in Produktionsnetzwerken
ISBN: 978-3-98555-145-3
Erscheinungsdatum: 09.02.2023

Edition Wissenschaft
Apprimus

Schmidhuber, Matthias:
Sozio-technische Problemlösungsfähigkeit von PPS-Systemen
ISBN: 978-3-98555- 143-9
Erscheinungsdatum: 07.02.2023

Schwarberg, Thomas:
Bestimmung der Logik von Innovationsideen für technische Systeme
ISBN: 978-3-98555- 142-2
Erscheinungsdatum: 07.02.2023

Nienheysen, Philipp:
Werkstattgerechte Schadensanalyse in CFK-Strukturbauteilen mit optisch georteter Ultraschallmesstechnik
ISBN: 978-3-98555-136-1
Erscheinungsdatum: 30.01.2023

Behrens, Jan:
Selbstkalibrierung von 5-Achs-Bearbeitungszentren mit Dreh-/Schwenktisch
ISBN: 978-3-98555-124-8
Erscheinungsdatum: 24.01.2023

Bickendorf, Philipp:
Tribologische und geometrische Auslegung von additiv hergestellten Werkzeug-einsätzen zur Feinblech-umformung
ISBN: 978-3-98555-133-0
Erscheinungsdatum: 24.01.2023

Helbig, Jens:
Typisierung und Auswahl von Referenzstrategien für den Werkzeugeinkauf
ISBN: 978-3-98555-122-4
Erscheinungsdatum: 19.12.2022

Ohlert, Marius:
Contact between Abrasive Media and Workpiece in Robot-guided Centrifugal Finishing
ISBN: 978-3-98555- 144-6
Erscheinungsdatum: 07.02.2023

Graberg, Tim:
Operationalisierung von digitalen Schatten im Werkzeugbau
ISBN: 978-3-98555-141-5
Erscheinungsdatum: 06.02.2023

Müller, Tobias:
Modellbildung mittels Symbolischer Regression zur Messunsicherheits-bestimmung komplexer Messprozesse
ISBN: 978-3-98555-146-0
Erscheinungsdatum: 30.01.2023

Kreß, Julian Maximilian:
Erbringung hybrider Leistungsangebote in Wertschöpfungsnetzwerken
ISBN: 978-3-98555-128-6
Erscheinungsdatum: 24.01.2023

Vierschilling, Sebastian Patrick:
Automatisierung der Standortauswahl in der Fabrikplanung
ISBN: 978-3-98555-134-7
Erscheinungsdatum: 09.01.2023

Wenning, Marius:
Kontextabhängige Anomaliedetektion zur visuellen Hinderniserkennung für automatisierte PKW im End-of-Line-Bereich
ISBN: 978-3-98555-121-7
Erscheinungsdatum: 19.12.2022

Edition Wissenschaft
Apprimus

FSC
www.fsc.org
MIX
Papier | Fördert
gute Waldnutzung
FSC® C083411

Zeitfracht Medien GmbH
Ferdinand-Jühlke-Straße 7
99095 Erfurt, Deutschland
produktsicherheit@kolibri360.de